Zur Sache, Experten!

Daniela Pucher

Zur Sache, Experten!

Sachbuch schreiben und vermarkten
Eine 10-Schritte-Anleitung

Daniela Pucher
Wien, Österreich

Illustrationen von Gerhard Vay
Wien, Österreich

ISBN 978-3-662-59223-6   ISBN 978-3-662-59224-3   (eBook)
https://doi.org/10.1007/978-3-662-59224-3

Die Deutsche Nationalbibliothek verzeichnet diese Publikation in der Deutschen Nationalbibliografie;
detaillierte bibliografische Daten sind im Internet über http://dnb.d-nb.de abrufbar.

Springer
© Springer-Verlag GmbH Deutschland, ein Teil von Springer Nature 2019

Das Werk einschließlich aller seiner Teile ist urheberrechtlich geschützt. Jede Verwertung, die nicht ausdrücklich vom Urheberrechtsgesetz zugelassen ist, bedarf der vorherigen Zustimmung des Verlags. Das gilt insbeson-
dere für Vervielfältigungen, Bearbeitungen, Übersetzungen, Mikroverfilmungen und die Einspeicherung und
Verarbeitung in elektronischen Systemen.
Die Wiedergabe von allgemein beschreibenden Bezeichnungen, Marken, Unternehmensnamen etc. in diesem
Werk bedeutet nicht, dass diese frei durch jedermann benutzt werden dürfen. Die Berechtigung zur Benutzung
unterliegt, auch ohne gesonderten Hinweis hierzu, den Regeln des Markenrechts. Die Rechte des jeweiligen
Zeicheninhabers sind zu beachten.
Der Verlag, die Autoren und die Herausgeber gehen davon aus, dass die Angaben und Informationen in diesem
Werk zum Zeitpunkt der Veröffentlichung vollständig und korrekt sind. Weder der Verlag, noch die Autoren
oder die Herausgeber übernehmen, ausdrücklich oder implizit, Gewähr für den Inhalt des Werkes, etwaige Fehler
oder Äußerungen. Der Verlag bleibt im Hinblick auf geografische Zuordnungen und Gebietsbezeichnungen in
veröffentlichten Karten und Institutionsadressen neutral.

Fotonachweis Umschlag: (c) Tamislav Forgo/Adobe Stock

Springer ist ein Imprint der eingetragenen Gesellschaft Springer-Verlag GmbH, DE und ist ein Teil von
Springer Nature.
Die Anschrift der Gesellschaft ist: Heidelberger Platz 3, 14197 Berlin, Germany

Für all die gescheiten Menschen, die ihr Wissen teilen und ihre Erfahrungen weitergeben. Es kann nie genug kluge Bücher geben!

Möge das Buch Ihre Bekanntheit steigern und Ihr Expertentum zum Leuchten bringen.

Was Sachbücher so attraktiv macht – für das Publikum und die Autoren

Eine Unternehmensberaterin, die ein Buch schreibt über die schwierige Aufgabe, Organisationen nachhaltig zukunftsfähig zu machen. Vertriebsprofis, die ihre Begeisterung über das Verkaufen mittels Buch weitergeben. Ein Schlaf- und Regenerationsexperte, der seine vielen Tipps für kurze und längere Erholungspausen im Alltag in einem Ratgeber zusammenfasst. Eine Gastronomin, die ihre ganz speziellen Frühstücksrezepte in einem Kochbuch verrät. Paartherapeuten, die ihr Wissen und ihre Erfahrungen über gelungene Liebesbeziehungen in Buchform weitergeben.

Was haben sie alle gemeinsam? Ihnen allen ist es gelungen, mit einem Buch ihren Bekanntheitsgrad zu erhöhen, neue Kunden zu gewinnen, ihren Status als Experte zu etablieren oder zu festigen, in weiterer Folge ihr Angebot auszubauen und ihre Preise zu erhöhen. Darüber hinaus empfinden sie es als eine große Befriedigung, sich selbst bewiesen zu haben, dass sie es können: ihr Wissen zwischen zwei Buchdeckel bringen. Und sie freuen sich, dass sie etwas weitergeben können, das anderen nützlich ist.

Das ist im Wesentlichen, was das Sachbuchschreiben so attraktiv macht. Natürlich können Sie sagen: Es reicht, wenn ich mein Wissen in einem Blog oder in den Social-Media-Kanälen beweise. Klar! Vielleicht ist das auch ein sehr guter Weg und zumindest ein vernünftiger Anfang für Sie und Ihre berufliche Entwicklung. Vielleicht aber sagen Sie auch: Ich halte es bestimmt nicht durch, täglich in den sozialen Netzwerken aktiv zu sein. Oder: Meine Zielgruppe ist nicht ausreichend im Internet unterwegs. Oder: Social Media ist mir zu wenig für meine Reputation. Dann ist ein Sachbuch Ihre Wahl!

Es ist für Kunden schwierig einzuschätzen, ob eine Expertin hält, was sie verspricht. Viel einfacher ist es, ein Buch aufzuschlagen und sich von ihrem Wissen und Erfahrungsschatz zu überzeugen. Wir mögen uns denken: Nur weil jemand Autorin ist, ist sie nicht automatisch auch die bessere Expertin. Aber man glaubt es gern. Einer Autorin gibt man einen Vertrauensvorschuss – schließlich hat man die Möglichkeit, mittels Buch quasi in ihr Gehirn zu blicken. Uns Autoren umgibt der Nimbus der Wissenden. Ein Buch ist wie ein Ritterschlag, der den Bildungsbürger zum Experten macht, der Bürger bildet. Ist das nicht wunderbar?

Die Idee, ein Buch zu schreiben, haben viele. Doch nur wenigen gelingt es, die Idee auf den Boden zu bringen. Es ist eben schwierig, „so nebenbei" ein Buch zu schreiben – da kann ich selbst ein Lied davon singen, denn auch dieses Buch, das Sie gerade in Händen halten, hat lange in meinem Kopf gegeistert und hat sich mühsam einen Platz in meinem Arbeitsalltag erkämpft, bis es endlich Realität wurde. Es ist so viel zu tun den ganzen Tag lang. Der Kalender ist gefüllt mit Kundengesprächen, Kundenprojekten, Buchhaltung, Marketing, Networking. Nicht zu vergessen: Zeit für die Familie, für Freunde und Hobbys – und ab und zu auch einmal gar nichts tun und die Beine hochlegen wäre auch nicht schlecht, oder? Zur Abwechslung einmal einen entspannenden Roman lesen statt der vielen Fachliteratur. Ihnen geht es vermutlich genauso.

Damit Sie Ihr Vorhaben zügig umsetzen können, habe ich dieses Buch für Sie geschrieben. Die Idee ist, Ihnen eine Schritt-für-Schritt-Anleitung zu geben, damit Sie erstens gut planen und zweitens zeitsparend arbeiten können. Auch wenn ein Buch ein Kreativprodukt ist, das sich nie hundertprozentig planen und auch nicht so ganz geradlinig abarbeiten lässt wie die Herstellung von Pralinen am Fließband – so ist uns Autorinnen und Autoren doch ein großer Dienst erwiesen, wenn uns jemand sagt: Zuerst brauchst du ein Konzept. Jetzt überlege, welchen Nutzen du deinen Lesern bringen willst. Und jetzt: Schreib! Bleib dran! Siehst du da vorne die Zielflagge? Nur noch zwei Kapitel, dann hast du es geschafft! Das ist, was ich für Sie mit dieser Anleitung erreichen möchte.

In diesem Sinn wünsche ich Ihnen gutes Gelingen bei Ihrem Buchprojekt. Möge der King im Content-Marketing Sie beflügeln, Ihr Geschäft ankurbeln und Ihren Kunden und Lesern einen echten Mehrwert bringen. Und Ihnen das gute Gefühl, der Welt etwas Sinnvolles dazugefügt zu haben.

Ihre Daniela Pucher

Inhaltsverzeichnis

Über die Autorin

Daniela Pucher lebt und arbeitet in der Nähe von Wien. 2005 erschien ihr erstes Sachbuch und 2007 das erste, das sie als Ghostwriter verfasste. Seitdem ist sie als Autorin, Autorenberaterin und Ghostwriter mit den Schwerpunkten Wirtschaft und Psychologie tätig. Sie begleitet Expertinnen und Experten, die sich mit einem Sachbuch am Markt positionieren wollen, und hilft ihnen von der konzeptionellen Idee bis zur Vermarktung. In ihrem Blog gibt sie regelmäßig Tipps und Einblicke in die Welt des Sachbuchschreibens. www.daniela-pucher.at

Die Autorin studierte Betriebswirtschaft, absolvierte einen Zertifikatslehrgang für akademische Schreibberatung sowie etliche Aus- und Weiterbildungen in journalistischem, therapeutischem, literarischem und kreativem Schreiben sowie eine Ausbildung zur Kunsttherapeutin und zum systemischen Coach.

Sachbuch: Der King im Content-Marketing

Krone aufsetzen und lächeln

Also ich finde, die Welt kann nie genug Bücher haben. Nur interessant müssen sie sein und gut lesbar, und wenn sie dann auch noch optisch eins A daherkommen, ist die Welt in Ordnung. Nun kommt es immer wieder vor, dass jemand sagt: Wie viele Bücher denn noch? Es gibt doch schon zu wirklich jedem Thema ein Buch! Ja, es stimmt, dass der größte Onlinebuchvertreiber der Welt beispielsweise knapp 8500 Titel zum Thema Motivation ausspuckt oder 65.000 Bücher zu Kommunikation. Dennoch – käme jemand zu mir mit der Idee, ein Kommunikationsbuch zu schreiben, ich würde nicht abwinken. Ich würde vielmehr die Gretchenfrage stellen: Wie halten Sie es mit der Kommunikation? Was ist Ihr persönlicher Zugang? Welche spezielle, indivi-

© Springer-Verlag GmbH Deutschland, ein Teil von Springer Nature 2019
D. Pucher, *Zur Sache, Experten!*, https://doi.org/10.1007/978-3-662-59224-3_1

duelle Erfahrung können Sie einbringen? Kurz: Wie können wir Ihr Thema beleuchten, sodass es etwas Neues bringt, einen spannenden Aspekt aufzeigt und somit markttauglich wird?

Die beste Strategie, um selbst aus einem Allerweltsthema etwas Besonderes zu machen, ist, ihm den individuellen Charakter des Autors überzustülpen. Wie denkt und handelt er, was ist ihm besonders wichtig? Was ist sein Alleinstellungsmerkmal und wie können wir dem Buch den Stempel so aufdrücken, dass dies klar erkennbar ist? Der Stoff, aus dem gute Bücher sind, besteht zu einem wesentlichen Teil darin, dass man das Thema „richtig" aufbereitet, und das heißt: Das Publikum muss es hinreißend, hilfreich, spannend finden. Es muss dem Markt etwas Neues hinzufügen, und wenn schon kein neues Thema, dann eine neue Sichtweise, ein neues Lösungsmodell oder auch eine neue Darreichungsform: nicht als Fachbuch, sondern als Ratgeber, nicht als Ratgeber, sondern als Erzählung, nicht als Erzählung, sondern als Graphic Novel. Darauf läuft es hinaus.

Das gelingt immer dann, wenn die Autorin oder der Autor bereit ist, von der ersten Idee abzurücken und zu überlegen, was ihre oder seine spezielle Sicht auf das Thema ist. Erst dann wird das 65.001. Kommunikationsbuch von Edi Müller zum 1. Edi-Müller-Expertenwissensbuch. Alle, die Edi Müller kennen, werden sagen: „Ha, typisch Edi, der findet selbst zum Thema Steuerreform ein paar Witze und Anekdoten." Sie werden ihn beim Lesen wiedererkennen. Alle, die ihn noch nicht kennen, werden neugierig auf ihn sein und sich denken: „Mein Steuerberater ist so ein langweiliger Typ, vielleicht sollte ich zu Edi Müller wechseln, dann macht selbst der Jahresabschluss mehr Spaß." Das ist der Plan!

Nur wenn Sie sich bemühen, Ihrem Sachbuch Ihre Einzigartigkeit aufzudrücken, kann es Ihnen gelingen, Ihr Buch zum King Ihres Content-Marketings zu machen. Content-Marketing, so definiert es der Verkaufstrainer Stephan Heinrich ganz schlicht, ist Marketing durch wertvolle Inhalte. Nun, ein Sachbuch erfüllt diese Aufgabe in höchster Form! Auch wenn Sie bereits aktiv Content-Marketing betreiben, weil Sie ein Blog pflegen oder in Diskussionsforen und sozialen Netzwerken mit Kunden und potenziellen Kunden in einen Dialog treten – mit einem Sachbuch setzen Sie diesen Bemühungen um Sichtbarkeit eine Krone auf.

Ob Sie Speaker sind oder Unternehmensberaterin, Coach oder Trainerin, Therapeut oder Steuerberaterin, Architekt, Ärztin oder Führungskraft: Für professionelle Wissensanbieter und Know-how-Trägerinnen ist Content-Marketing eine wunderbare Möglichkeit, Wissen auf unterschiedliche Weise zu präsentieren. Nutzen Sie das Sachbuch als ein ganz besonderes Content-Marketing-Medium. Als eines, das zum Sinnbild des Bildungsbürgertums wurde, das Wissen ebenso verspricht wie Unterhaltung, das Rat und Anregungen gibt und Hilfe in der Not, das inspiriert und motiviert. Eines, das den Anspruch des lebenslangen Lernens so selbstverständlich bedient wie den Wunsch nach persönlicher Entwicklung.

> **Shortcut**
>
> Ein Sachbuch setzt Ihrer Sichtbarkeit die Krone auf.

Setzen Sie sich also diese Krone auf und lächeln Sie selbstbewusst. Denn die Wirkung eines Buchs ist groß:

- Es adelt Sie als Expertin bzw. Experte auf Ihrem Fachgebiet,
- macht Sie sichtbar für neue potenzielle Kunden,
- macht Sie attraktiv für Vorträge, Keynotes, Podiumsdiskussionen,
- stellt Sie als interessanten Gesprächspartner für Journalistinnen dar, die Fachartikel oder Interviews mit Ihnen in Magazinen und Zeitungen veröffentlichen,
- was wiederum zusätzliche Aufmerksamkeit weckt und Ihre Bekanntheit und Reputation als Spezialist auf Ihrem Gebiet ausbaut und stärkt.
- Last, not least: Unternehmen, die Trainerinnen für ihre Mitarbeiter suchen, werden mehr Augenmerk auf jene legen, die ein Sachbuch zum Thema vorweisen können, und ihre Auswahl entsprechend vornehmen.

Sei glaubwürdig, authentisch und nützlich

Was für das erfolgreiche Anwenden von Content-Marketing generell gilt, gilt auch für Ihr Sachbuch: Machen Sie sich unverwechselbar und liefern Sie Mehrwert. Je besser es Ihnen gelingt, dem Buch Ihren individuellen Stempel aufzudrücken, desto besser. Auch wenn das anstrengender und mit mehr zeitlichem Aufwand verbunden ist. Als ich vor ein paar Jahren als Ghostwriter mit meinem Autor am Konzept und den Inhalten seines Buchs arbeitete und ich ihn wohl ein bisschen sehr mit meinen vielen Fragen in die Mangel nahm, stöhnte er und meinte dann: „Warum schreibst du nicht ein paar Bücher zu verschiedenen Themen und bietest sie Autoren an, die sie dir abkaufen und ihren Namen draufschreiben? Ich würde da sofort zuschlagen!"

Ein interessantes Geschäftsmodell, oder? Sachbücher schreiben und vorne am Cover den Platz für den Autorennamen freilassen. Funktionieren wird das nur leider nicht. An der Expertise würde es vermutlich nicht scheitern, doch glaubwürdig und authentisch? Da hätten wir ein Problem. Ein Buch, in dem meine

Erfahrungen, meine Herangehensweise, mein Wissen drinsteht, wird nicht zu einem anderen Autor passen. Nicht bei einem Sachbuch oder Ratgeber. Das wäre wie ein maßgeschneidertes Kleid in Größe 38 in Orange-Türkis, eher kurz und die Ärmel nicht zu eng, also perfekt für mich. Passt sonst niemandem außer mir. Wer es anzuziehen versucht, wird schnell merken: Es zwickt da und schlottert dort, die Farben passen gar nicht und vom Stil her ist es sowieso völlig daneben.

Sachbücher, Fachbücher, Ratgeber machen eine Autorin nur dann erfolgreich, wenn sie das Dreigestirn Glaubwürdigkeit, Authentizität und Mehrwert gleichermaßen erfüllen. Nur dann stimmt die Weisheit im Buch mit der Weisheit der Autorin überein. Eine Autorin, die ihr Leben in den Dienst alternativer Heilmethoden gestellt hat, wird daher ein Buch über Wadenwickel, Kräutermischungen und Akupunktur schreiben und keines über den richtigen Einsatz von Antibiotika. Das wäre, als würde sich eine Tierärztin im Buch als Tierschützerin darstellen und bei ihrer Buchpräsentation dann im Nerzmantel auftauchen. Man würde sie mit faulen Tomaten bewerfen!

Shortcut

Ihr Buch muss zu 100 Prozent Ihr Wissen und Ihren persönlichen Stil abbilden, nur dann ist es optimal für Ihr Marketing.

Damit Sie Ihr Buch maximal glaubwürdig und authentisch gestalten können, müssen Sie zunächst wissen, was Sie unverwechselbar macht. Wie positionieren Sie sich auf dem Markt, sodass Sie sich von der Konkurrenz abheben? Was ist Ihr USP, also Ihr Alleinstellungsmerkmal? Wenn Sie das wissen, können Sie Ihre Buchideen einer kritischen Prüfung unterziehen. Unverwechselbar, authentisch und glaubwürdig sind Sie, wenn Sie Folgendes berücksichtigen:

- Schreiben Sie nur das in Ihr Buch, was Sie zu 100 Prozent vertreten können und auch wollen. Das beginnt bei der Wahl des Themas und der Perspektive, aus der Sie es darstellen wollen, und setzt sich fort in allen Inhalten. Nicht jedes Buch, das andere Ihnen zu schreiben vorschlagen, ist auch für Sie wirklich repräsentativ und sinnvoll, auch wenn man solche Vorschläge durchaus ernst nehmen sollte.
- Schreiben und gestalten Sie Ihr Buch in einem Stil, der zu Ihnen passt und Ihre Persönlichkeit durchscheinen lässt. Eine Trainerin, die berühmt ist für ihre Witze zwischendurch, wird anders schreiben als ein um Wissenschaftlichkeit bemühter Professor oder eine sorgenvolle Ärztin oder Lebensberaterin.
- Seien Sie ehrlich und nennen Sie Quellen. Machen Sie eindeutig klar: „Das hier hat X gesagt oder entwickelt, das hier ist von mir." Denn es glaubt

Ihnen ohnehin kein Mensch, dass Sie die Bedürfnishierarchie, die Relativitätstheorie oder die Sachertorte erfunden haben. Wenn ein Leser Sie dabei erwischt, wie Sie ein Erklärungsmodell als Ihr eigenes ausgeben, obwohl klar ist, dass das nicht sein kann, verlieren Sie auf der Stelle jede Glaubwürdigkeit und man wird Ihre gesamte Expertise infrage stellen.

Falls Sie bei allen drei Punkten mit der Schulter gezuckt und „Aber selbstverständlich!" gesagt haben: Super! Doch selbstredend ist das nicht. Es ist mir schon passiert, dass ich als Ghostwriter mangels Information meinem Autor etwas in den Mund gelegt habe, das er nie gesagt hat, und er dann meinte: „Hm, ich hab das anders gemeint, aber das klingt auch gut, was du da schreibst. Lassen wir es so." Ich habe es natürlich nicht so gelassen, sondern hinterfragt und die Textstelle korrigiert. Und die Sache mit den korrekten Quellenangaben sehen viele Menschen leider immer wieder mit einer – sagen wir – etwas trüben Optik. „Der X hat das in seinem Ratgeber so geschrieben, das will ich auch so haben. Aber ohne Quellenverweis, denn das wäre mir peinlich. Sonst glauben die Leute doch, ich hätte keine eigenen Ideen!" Es scheint peinlich zu sein, zuzugeben, dass ein Kollege etwas weiß, was man selbst nicht ausreichend weiß. Es scheint aber nicht peinlich zu sein, abzuschreiben und sich mit fremden Federn zu schmücken? What the hell!

Im Sachbuch geht es um Glaubwürdigkeit, in der Literatur um Vertrauenswürdigkeit, stellte der Vorarlberger Schriftsteller Arno Geiger in einem Interview mit dem *Anzeiger* fest. Als Spezialist des Fiktionalen meinte er, es sei egal, ob man glauben kann, dass Kafkas Gregor Samsa als Käfer aufwacht, solange wir dem Autor vertrauen können, dass er uns etwas erzählt, das mit uns zu tun hat. Im Sachbuchbereich wird man Ihnen einen Käfermenschen nicht abkaufen. Da müssen Sie glaubwürdig sein. Dann sind Sie als Expertin oder Experte nämlich auch vertrauenswürdig.

Der Leitstern deines Marketings

Um wirksam Content-Marketing zu betreiben, braucht man also Glaubwürdigkeit und Authentizität, Wissen und Erfahrungen auf einem bestimmten Gebiet und die Fähigkeit, das Knowhow publikumsgerecht aufzubereiten. All das können Sie mit einem Sachbuch unter Beweis stellen. Mit Blogbeiträgen können Sie das auch, doch das tun viele. Aber genug Esprit und Sitzfleisch haben, um ein ganzes Buch zu schreiben? Das können nur wenige. Dabei beeindruckt es uns alle immer noch, wenn jemand von sich sagen kann: „Ich bin Autorin, ich habe ein Buch geschrieben". Ich habe es noch nie erlebt, dass so ein Satz resonanzlos im Raum verhallt ist. Autorin? Da will man unbedingt mehr wissen!

Apropos Content-Marketing: Sind Sie schon dabei? Sprich: Bloggen Sie, facebooken Sie, instagramen Sie schon? Das ist gut. Dann wird es vielleicht höchste Zeit für Sie zu prüfen, ob ein Buch tatsächlich in Ihr Marketingkonzept passt:

- Wie ist die aktuelle Situation Ihres Unternehmens? Was läuft gut, was könnte besser sein? Wenn Sie kein eigenes Unternehmen haben: Wie zufrieden sind Sie mit dem Verlauf Ihrer Karriere?
- Welche Ziele leiten sich daraus ab? Was möchten Sie erreichen?
- Stellen Sie sich vor, Sie haben das Buch, das Sie zu schreiben gedenken, bereits fertig geschrieben. Wer wird es lesen? Sind das mögliche Kundinnen oder Menschen, die Ihnen auf Ihrem beruflichen Weg behilflich sind?
- Anders herum gefragt: Wen müssen oder wollen Sie beeindrucken bzw. auf sich aufmerksam machen, damit Sie Ihr Geschäft ankurbeln bzw. Ihre Karriere vorantreiben können? Welches Buch müssten Sie schreiben, sodass Sie diese Menschen ansprechen?
- Welchen Marketing-Mix betreiben Sie derzeit aktiv – und wie gut lässt sich das Buch dazu nutzen, diese Aktivitäten zu verstärken und auszubauen?

Bedenken Sie auch, dass es Menschen gibt, die keine Bücher lesen – oder zumindest keine Sachbücher. Ihre Zielgruppe sollte also leseaffin sein. Wenn sie das nicht ist, ist es besser, Sie investieren Zeit und Geld in andere Marketingaktionen. Wenn Ihr anvisiertes Publikum jedoch gerne liest, dann ist ist alles klar: Ein Sachbuch muss her!

Entwickle ein Produkt!

Als Steve Jobs an der Entwicklung des ersten iPhones arbeitete, legte er mit Garantie all sein fachliches Wissen und Können in dieses Produkt hinein. Doch was er ganz bestimmt allem voranstellte, war, dass er darauf schaute: Was braucht der Kunde? Was gibt es derzeit am Markt? Wo ist die Marktlücke? Und: Was kann ich dazu beitragen, um diese Lücke zu schließen? Nur so konnte das erste Handy mit Touch-Display entwickelt werden.

Shortcut

Ein Buch ist wie jedes andere Produkt: Es muss für den Markt entwickelt und geschaffen werden.

Ein Buch zu publizieren ist nicht viel anders. Es will entwickelt und produziert werden und durchläuft dabei alle Phasen wie jedes andere Produkt: Jemand hat eine Idee, erkennt einen Kunden- bzw. Marktbedarf, dann wird es entwickelt, schließlich produziert, vermarktet und verkauft. Dass ein Buch im Grunde derselben Prozedur unterliegt, ist für viele Menschen nicht so offensichtlich – und vielleicht gehören Sie auch zu jenen, die nun entsetzt die Hände über dem Kopf zusammenschlagen: Ein Buch ist doch das Ergebnis des Zusammenspiels von Muse und Genie, oder? Bücher sind doch etwas Besonderes, Ehrbares, das kann doch nicht nach Schema F entstehen! Mag sein, dass meine pragmatische Sicht den Zauber zunichtemacht, den wir spüren, sobald wir Bibliotheken oder Buchhandlungen betreten. Vielleicht verzeihen Sie es mir aber auch. Ich selbst finde die Anwesenheit von Büchern dennoch magisch und zauberhaft, trotz meiner Hemdsärmeligkeit. Sie ermöglicht mir immerhin, aktiv mitzumischen und mitzugestalten in diesem spannenden Markt. Entzauberung hat auch etwas Gutes!

- An erster Stelle steht für Sie also die Idee für ein Sachbuch, die Sie vermutlich schon haben, denn sonst hätten Sie mein Buch nicht gekauft.
- Nun geht es darum, das 1 × 1 der Produktentwicklung anzuwenden: Was gibt es bereits auf dem Markt? Was brauchen die Leser? Wo ist die Lücke? Was kann ich dazu beitragen, um diese Lücke zu schließen?
- Wie soll ich das Buch gestalten, sodass es angenommen wird?
- Erst dann wird produziert, sprich: geschrieben und in weiterer Folge gedruckt,
- schließlich vermarktet und verkauft.

So kommt ein Buch in den Buchhandel. Sie sehen: Marketing für Ihr Buch beginnt nicht erst kurz vor dem Erscheinungstermin. Sondern gleich mit der ersten Idee, die Sie zwischen zwei Buchdeckel zu schreiben gedenken. Am besten, Sie fangen gleich an!

Schoko drin, Schoko drauf. Nur dann ist's ein Schokokuchen

Ich bin ein großer Fan des Marketings. Und zwar nicht nur, weil man sich dabei kreativ austoben kann, sondern weil es für mich dabei immer um Menschen geht. Denn letztlich werden Produkte nur deshalb geboren, weil es irgendwo einen Bedarf gibt. Mag schon sein, dass im Laufe der Menschheitsgeschichte Produkte entwickelt wurden, die keiner jemals wirklich gebraucht hat. Doch grundsätzlich entstehen neue Dinge deshalb, weil jemand einen Bedarf hat. Ist es nicht eine großartige Sache, etwas für jemanden zu erschaffen, der es brauchen kann?

Beim Schreiben ist das nicht anders. Klar können Sie jahrelang vor sich hin schreiben, für sich selbst oder für die Schublade. Das ist legitim. Auch ich schreibe Tagebuch oder lose Notizen nur für mich. Ich erhoffe mir damit, ein wenig Ordnung in meine Gedanken zu bringen – oder in mein Seelenleben. Doch wie viel befriedigender, kraftspendender ist es doch, für andere zu schreiben! In meinem Tagebuch wurstle ich dahin mit Worten und Sätzen, und es ist egal, wie unklar ich dabei formuliere, Hauptsache, es gereicht mir zu der einen oder anderen Erkenntnis. Doch was für ein Unterschied, wenn ich versuche, etwas so zu schreiben, dass es jemand anderer verstehen soll! So viel schneller habe ich Klarheit, eine Antwort, eine Erkenntnis nur für mich. Und alles nur, weil ich dann in meinem Kopf diesen potenziellen Leser sitzen habe, der mitdirigiert beim Orchestrieren des Textes.

Ein Sachbuch, das gut für Ihr Marketing ist, das Sie als Experte ins Rampenlicht stellt, mit dem Sie Ihren Bekanntheitsgrad erhöhen, kann Ihnen nur dann gelingen, wenn Sie von Anfang an Ihre potenziellen Leser mit an Bord haben. Ein Buch, das Sie gut finden, ist nur die halbe Miete. Wenn Sie erst nach dem Schreiben an Ihre Zielgruppe denken, können Sie ganz toll die Werbetrommel rühren, doch dann ist das Label „extra für Sie geschrieben" nur außen drauf geklebt. Innen drin steht ein Text, der nicht ausreichend an die Zielgruppe adressiert ist.

Machen Sie es also besser so wie Steve Jobs. Freuen Sie sich, dass Sie fachlich genug zu bieten haben, um ein gutes Buch zu schreiben. Doch stellen Sie die Kunden- und Marktorientierung voran.

„Innen drin" zeigen sich Ihre Bemühungen, indem Sie

1. Inhalte wählen, die einen Nutzen für Ihre Zielgruppe haben, und
2. diese Inhalte in einer Form präsentieren, dass sie für Ihr Publikum gut lesbar und verständlich sind.

Mit der Präsentation der Inhalte ist es in gewisser Weise wie mit der Usability von IT-Software: Eine Software ist dann in großem Maß erfolgreich, wenn sie nicht nur einen Bedarf deckt, sondern auch bedienerfreundlich ist und man nicht erst ein halbes Technikstudium braucht, um zu erkennen, wo der Einschaltbutton ist. Das haben mittlerweile auch die Programmierer verstanden (zumindest die, die erfolgreiche Apps herausgebracht haben).

Für die Usability eines Textes gibt es zwei Zauberwörter: Leserführung und Lesbarkeit. Eine „Der Leser wird das schon verstehen, wenn er nur will"-Mentalität beim Schreiben haut heutzutage nicht mehr hin, ebenso wenig die Einstellung „Soll er sich gefälligst ein bisschen anstrengen, wenn er das wissen will". Solche Überzeugungen kann sich bestenfalls noch ein Universitätsprofessor erlauben, dessen Studenten gar keine andere Wahl haben beim Lernstoff, als seine Bücher zu lesen. Obwohl: Nein, eigentlich auch nicht. Studenten, die mangels Verstehens bei seinen Prüfungen durchrasseln, werfen schließlich auch kein gutes Licht auf seine Fähigkeiten als Pädagoge.

Um das „Innen-drin" wird es in den ersten sieben Schritten dieser Anleitung gehen, denn das ist, was den meisten Autorinnen und Autoren zu schaffen macht. Das ist die eigentliche Produktentwicklung, und dabei möchte ich Ihnen unter die Arme greifen.

Auf der Ebene „außen drauf" geht es schließlich um die Verpackung, Vermarktung und den Verkauf. Auch die ist wichtig, damit der Inhalt Ihres Buchs auch die richtigen Käufer findet. Was nützt ein Schokokuchen, wenn Sie außen eine Zitronenglasur draufpappen? Allen Schokoliebhaberinnen dieser Welt würde der beste Schokokuchen entgehen, und das nur, weil Sie bei der Verpackung nicht achtgegeben haben! Nicht, dass Zitronenglasur nicht auch gut schmecken würde, aber Sie wecken schon ganz andere Erwartungen in der Kuchenkäuferin, wenn Sie ihr mit Zitrone daherkommen.

Außen drauf sind entscheidend:

1. Titel und Untertitel
2. Cover
3. Klappentext bzw. der Text auf der Buchrückseite
4. Die gesamte Kommunikation mit Ihren Lesern, den Medien und Multiplikatoren

Im Vergleich zu den Zutaten für die Buchinhalte sind diese vier Punkte ein Spaziergang. Okay – Titel und Untertitel sind mehr eine Klettertour mit Überhang, und für die Marktkommunikation brauchen Sie Ausdauer wie für einen Marathon. Doch im schlimmsten Fall können Sie vieles davon delegieren und sich helfen lassen: von einer Werbetexterin, einer Grafikerin, der Verlagslektorin oder einer Marketing- bzw. PR-Agentur. Trotzdem werden Sie auch darüber in dieser Anleitung alles Nötige erfahren, um selbst tätig zu werden. Also dann: Lassen Sie uns Kuchen backen!

Literatur

Heinrich S (2017) Content Marketing: So finden die besten Kunden zu Ihnen. Springer Gabler, Wiesbaden
Klein E (2018) Ein imaginäres Haus mit echten Türen und Fenstern. In: Anzeiger, das Magazin für die österreichische Buchbranche, Ausgabe 1/2018, S 31

Mögen Geld und Ruhm sich über mich ergießen

Nackte Tatsachen. Wie ein Sachbuch sich bezahlt macht

Immer wieder hört und staunt man über den Reichtum von Bestsellerautoren. Joanne K. Rowling hat es mit ihren Büchern zur Multimillionärin gebracht. Es gibt Sachbücher, die die Bestsellerlisten hinaufklettern und dann auf dem ersten Platz festzukleben scheinen, selbst wenn es sich um ein Buch über den Verdauungstrakt handelt wie das Buch *Darm mit Charme* von Giulia Enders. Dieses Buch hat im Jahr 2012 auf Anhieb die Bestsellerlisten erobert und hält sich nach wie vor hartnäckig in den Top Ten. Ob sich Frau Enders das je gedacht hat, als sie sich am Manuskript abrackerte? Je nach Branche kommt man um bestimmte Autorinnen und Autoren nicht herum – jede Führungskraft kennt Namen wie Reinhard Sprenger oder Fredmund Malik. Mit Werner Tiki Küstenmacher verbindet man den inneren Schweinehund, Lothar Seiwert hat sich mit seinen Zeitmanagementbüchern bekannt gemacht. Bei Neurobiologie und Hirnforschung fällt uns Gerald Hüther ein, Marcus Hengstschläger hat sich als Genetiker in Szene gesetzt und Vera F. Birkenbihl kennt wohl jeder, der sich näher mit dem Thema Kommunikation beschäftigen musste.

Andererseits hört man auch: Vom Buchschreiben kann keiner leben. Ein Autor bekommt pro verkauftes Buch vielleicht einen Euro, und den muss er noch versteuern. Damit lässt sich doch keine Familie ernähren! Gejammert wird jedenfalls genug unter den Autorinnen und Autoren, und man kann das schon verstehen: Da schreiben sie jahrelang an einem Buch, und dann schauen unter dem Strich womöglich gerade einmal 5000 Euro raus? Warum tut man sich das dann über-

© Springer-Verlag GmbH Deutschland, ein Teil von Springer Nature 2019
D. Pucher, *Zur Sache, Experten!*, https://doi.org/10.1007/978-3-662-59224-3_2

haupt an? Ist es wie beim Lottospielen, wo man hofft, wenn schon nicht diesmal, dann vielleicht beim nächsten Buch den Jackpot zu knacken?

Die Realität liegt wohl – Überraschung! – im breiten Spektrum der Mitte. Zwischen den oberen und den unteren Zehntausend gibt es eine große Mehrheit, die mit dem Ergebnis ihrer Bemühungen zufrieden sind. Denn der Erfolg orientiert sich nicht nur am Bestsellerstatus, auch wenn die meisten gerne davon reden. Vor allem im Sachbuchbereich muss man sich genau anschauen, was man unter Erfolg genau verstehen möchte und wann ein Buch genau das einlöst, was man sich von ihm verspricht. Sachbuchautorinnen und -autoren leben gewöhnlich nicht hauptberuflich vom Sachbuchschreiben. Sie haben bereits einen anderen guten Job – nämlich den, der sie zum Experten auf einem bestimmten Gebiet gemacht hat, über das sie nun schreiben möchten.

Reden wir also zunächst einmal über das, was man angeblich mit dem Buchschreiben nicht gut verdienen kann: Geld. Wenn wir alles rundum außer Acht lassen und nur die möglichen Buchverkäufe betrachten, was bringt so ein Buch rein monetär? Nehmen wir den Taschenrechner zur Hand. Ich schicke gleich einmal voraus: Dies ist eine Daumen-mal-pi-Rechnung, die keinen Anspruch auf Korrektheit bis auf die Kommastellen erhebt. Es geht auch nicht darum, dass Sie Chefcontrollerin eines Verlags werden wollen, sondern Sie wollen einen Einblick bekommen, wie bei der Buchkalkulation der Kuchen in etwa aufgeteilt wird.

Nehmen wir an, Ihr Buch ist im Handel um 20 Euro exklusive Umsatzsteuer zu haben. Die Umsatzsteuer lassen wir der Einfachheit halber gleich einmal weg, denn die bekommt der Fiskus und außerdem ist sie von Land zu Land unterschiedlich (Printbücher sind in Deutschland mit 7, in Österreich mit 10, in der Schweiz mit 2,5 Prozent versteuert). Von diesen 20 Euro Nettoverkaufspreis erhält der Groß- und Einzelhandel insgesamt etwa 35 bis 50 Prozent. Bleibt also dem Verlag etwas mehr als die Hälfte des Nettoverkaufspreises übrig, das wären dann so 10 oder 11 Euro. Das ist der Nettoerlös, mit dem der ganze Rest finanziert werden muss: die Kosten für Druck, Grafik, Lektorat etwa oder die Overheadkosten des Verlags – und Ihr Honorar.

Ihr Honorar wird als Prozentsatz vom Nettoverkaufspreis oder vom Nettoerlös berechnet, jedoch haben die Verlage in den letzten Jahren zunehmend den Nettoerlös als Basis herangezogen. Die Digitalisierung und der zunehmende Preisdruck der großen Buchhandlungen (Amazon natürlich, aber auch die anderen Marktriesen im deutschsprachigen Raum) haben wohl dazu beigetragen. Wie hoch ein Verlag den Prozentsatz Ihres Honorars ansetzt und Ihnen anbietet, wird nicht zuletzt auch davon abhängen, wie hoch die Marktchancen Ihres Buchs eingeschätzt werden. Sprich: Wenn es ein Nischenthema ist, wird der Verlag eher moderat ansetzen und sich vermutlich auch nicht allzu sehr auf Verhandlungen einlassen. Bei einem hoch brisanten Gesellschaftsthema, das die Medien rauf- und runterspielen, sieht die Sache bestimmt anders aus. Das soll nun nicht heißen, dass Sie mit dem Verlag nicht in jedem Fall über Ihr Honorar verhandeln sollen, im Gegenteil! Und sollte es trotz aller Hartnäckigkeit Ihrerseits nicht möglich sein, den Honorarsatz höher anzusetzen, dann schlagen Sie ein Staffelhonorar vor, das höher wird, je mehr Bücher sich verkaufen lassen. Ein Beispiel: 10 Prozent ab dem ersten verkauften Buch, 12 Prozent ab dem 2001. Buch, 14 Prozent ab dem 5001. Buch. Darauf kann sich ein Verlag besser einlassen, weil er bei höheren Verkäufen auch mehr verdient.

Shortcut

Der monetäre Aspekt: Sie erhalten einen Prozentsatz pro verkauftes Buch, eventuell ein Garantiehonorar, und eine Abgeltung von der Verwertungsgesellschaft.

Manche Verlage bieten ihren Autoren auch einen Vorschuss an, und das ist auch begrüßenswert, weil auf diese Weise ein Mindesthonorar abgesichert wird. Vorschüsse, sie werden auch Garantiehonorar genannt, werden mit den verkauften Exemplaren gegengerechnet. Begehen Sie also nicht den Denkfehler zu glauben, dass Sie mit dem Vorschuss ein zusätzliches Fixum zum sonst absatzabhängigen Honorar bekommen. Wenn Sie beispielsweise für ein verkauftes Buch 1 Euro Honorar bekommen und einen Vorschuss von 2000 Euro, dann bekommen Sie zwar den Vorschuss ausbezahlt, noch bevor auch nur ein Buch verkauft wurde. Doch dann haben Sie erst wieder ab dem 2001. verkauften Buch Anspruch auf weitere Honorarzahlungen. Garantiehonorare sind übrigens nicht zurückzahlbar – falls in Ihrem Vertrag etwas anderes steht, ist das nicht seriös und Sie sollten gut überlegen, ob Sie mit diesem Verlag wirklich handelseins werden wollen.

Zusätzlich zum Absatzhonorar haben Sie auch noch Anspruch auf Entgelte aus diversen anderen speziellen Verwertungen wie zum Beispiel dem Gebrauch Ihres Buchs in Büchereien oder Bibliotheken – für die Ausleihe oder auch das Kopieren einzelner Seiten. Weil es für Autorinnen und Autoren wie auch für Verlage unmöglich ist, mit jeder einzelnen dieser Stellen einen Vertrag auszuhandeln, hat man die Verwertungsgesellschaften ins Leben gerufen. Dort, wo Ihre Wahrnehmungsmöglichkeiten und die Ihres Verlags enden, werden sie tätig.

Allerdings müssen Sie diesen Anspruch erst geltend machen, und das tun Sie, indem Sie sich bei der Verwertungsgesellschaft registrieren und Ihr Buch anmelden – das ist in Deutschland die VG Wort, in Österreich die Literar Mechana und in der Schweiz die ProLitteris. Ähnlich wie in der Musik, wo beispielsweise ein Radiosender einen Obolus für jedes gesendete Lied an die Verwertungsgesellschaft zu zahlen hat, damit die es an den Künstler weitergibt, ist das auch bei Sprachwerken. Jede Bibliothek, jede Bücherei „verwertet" Ihr Werk, indem das Verleihen ihr Unternehmensgegenstand ist, und deshalb hat sie Abgaben an die Verwertungsgesellschaft zu entrichten, was in weiterer Folge an Sie ausgeschüttet wird. Vergessen Sie nicht, Ihr Buch zu melden, denn die Beträge sind oft gar nicht zu verachten!

Wann ist ein Buch erfolgreich?

Erfolg ist etwas höchst Persönliches und Subjektives, und Reichtum durch Buchverkäufe spielt dabei nicht die einzige Rolle. Wohlgemerkt: Wir sprechen hier von Sachbüchern, Fachbüchern und Ratgebern, nicht von Krimis oder Fantasyliteratur. Eine Literatin hat gewöhnlich ein ganz anderes Geschäftsmodell (und sie würde es wohl nicht als solches bezeichnen). Sachbuchautoren haben ihre eigenen Gedanken dazu, warum sie ihr Wissen zwischen zwei Buchdeckel schreiben.

Der Sinn hinter dem Buchschreiben kann ganz unterschiedlicher Natur sein. Da gibt es die Ärztin, die ihren Patientinnen und Patienten mit einem Nachschlagewerk ein Abschiedsgeschenk präsentiert, bevor sie in den Ruhestand geht. Oder den Steuerberater, der seinem Vater beweisen will, dass er doch mehr auf dem Kasten hat. Doch das sind eher die Ausnahmen. Die meisten Autorinnen und Autoren, mit denen ich zu tun hatte, lassen sich zu den folgenden vier Typen zuordnen.

Typ Unternehmer: Ich will mein Geschäft ankurbeln

Ein gestandener Vertriebsprofi saß mir einmal in meinem Büro gegenüber. Er lehnte sich siegessicher in den Ohrensessel und sagte: „Ein Bestseller. Das muss ein Bestseller werden, das ist doch logisch. Die Kunden sollen mir die Tür einrennen!" Dann grinste er und zwinkerte vergnügt mit den Augen. Nachdem er 20 Jahre lang Produkte und Leistungen quer durch die Branchen verkauft und sich in die Position eines CEO gehievt hatte, fand er es an der Zeit, sich selbstständig zu machen. Ein Buch, so dachte er, wäre da genau richtig, um den Markt auf sich aufmerksam zu machen. Und ein Bestseller, da brauchen wir gar nicht zu diskutieren, würde natürlich seine Umsätze schnell in die Höhe treiben.[1]

Der Mann hat völlig Recht, was die Sache mit der Aufmerksamkeit anlangt. Ein Buch ist wohl das wirksamste und eleganteste Marketing-Tool, das es gibt. Umso mehr, als das Beraterwissen, das er zu verkaufen gedachte, ein unsichtbares Gut ist. Ein Buch kann man in die Hand nehmen. Es ist fühlbar, es riecht gut und raunt: Kompetenz! Erfahrung! Ein Fachbuch oder Ratgeber ist die schönste Auslage, in der Sie Ihr Wissen, Ihre Haltung zum Thema und Ihren Stil so präsentieren können, dass sich Ihre Kunden die Nase daran plattdrücken werden. Bei jedem Gespräch, in dem Sie erwähnen, dass Sie Autor sind, wird man Sie nach dem Buch fragen. So lernt man Sie auf eine außergewöhnliche Weise kennen – und man wird über Sie sprechen. Wenn Ihr Werk gut gemacht ist, spiegelt es auch Ihren USP wider. Unwiderstehlich!

---

[1] Alle Beispiele in diesem Buch sind dem realen Alltag entnommen, doch habe ich sie zum Schutz der betreffenden Personen ein wenig verändert. Sollten Sie meinen, sich selbst (oder eine Ihnen bekannte Person) wiederzuerkennen: Sie sind auf dem Holzweg – und andererseits wieder nicht. Gute Geschichten können gar nicht so fiktiv sein, als dass man sich nicht in ihnen wiederfindet. Das ist doch der Grund, weshalb wir sie so lieben, nicht wahr?

Die Wahrscheinlichkeit, mit dem ersten Sachbuch gleich zur Bestsellerautorin zu avancieren, ist allerdings eher gering. Ich hoffe, Sie sind nun nicht allzu schmerzhaft von Ihrem rosa Wolkenschlösschen heruntergefallen. Abgesehen davon, dass die Definition von „Bestseller" ein bisschen schwierig ist, lässt er sich auch nicht wirklich planen. Könnten Verlage Bestseller „machen", dann gäbe es nur solche auf der Welt, nicht wahr?

Den Erfolg Ihres Buchs betrachten Sie besser in einem Gesamtpaket: Die zeitliche (und eventuell auch monetäre) Investition rechnet sich erst so richtig über die Umwegrentabilität. Weiter unten in diesem Kapitel werden wir uns dieses Phänomen näher anschauen.

Das, was Sie also realistischerweise tun können, ist, dass Sie dem Buch eine Schlüsselposition in Ihrem Marketing-Potpourri zuteilen. Gute Verlage tun immer etwas fürs Marketing, doch gerade bei einem Sachbuch sind Sie als Autorin der allerbeste Turbo. Fleißiges Buchmarketing lohnt sich, und das nicht zu knapp. Ich habe Kunden, die Wartelisten für Ihre Seminare anlegen müssen, seit sie ihr erstes Buch veröffentlicht haben. Doch dafür pflegen sie auch permanent den Kontakt zu den Medien, die über sie und ihr Thema berichten, sie in Radio- und TV-Formaten um ihre Wortspende bitten, Reportagen und Interviews abdrucken. Ihre mittlerweile zwei Bücher haben viel dazu beigetragen, dass Journalisten ihnen so viel Aufmerksamkeit schenken und ihre Auftragsbücher voll sind. Die bloße Existenz der Bücher alleine hätte das nicht geschafft.

> **Shortcut**
>
> *Sinnaspekt Geschäfte ankurbeln: Ihr Buch ist die beste Visitenkarte im Akquisitionsgespräch und lockt neue Kunden an.*

Dafür muss Ihr Buch kein Bestseller sein. Es reicht, wenn es sich gut verkauft. Manchmal reicht es sogar, wenn es bei Ihren Geschäftskunden gut ankommt. Wenn Sie es geschickt einsetzen, öffnet es Ihnen Türen zu neuen Kunden und Netzwerken. Es regt Journalisten an, über Ihr spannendes Thema zu schreiben und Sie dabei zu Wort kommen zu lassen. Sie werden also vielleicht nicht unbedingt reich und weltberühmt, aber zumindest erfolgreich und in einem viel größeren Kreis bekannt. Das ist Grund genug, Ihr Buch zu schreiben!

Typ Helfer: Ich möchte möglichst vielen Menschen helfen

„Es gibt so viele Menschen, die ausgebrannt und frustriert sind", erzählte mir eine Gesundheitstrainerin. „Sie müssen sich furchtbar anstrengen, um ihre Ziele zu erreichen, weil sie keine Energie haben." Mit sorgenvollem Blick berichtete sie mir von den Schicksalen ihrer Kunden. Seit vielen Jahren hilft sie ihnen dabei, wieder genug Power zu bekommen und Freude an der Arbeit oder am Leben insgesamt zu haben. Das ist ihre Leidenschaft. Wenn sie schildert, wie ihre Klientinnen und Klienten nach ein paar Coachingeinheiten viel entspannter werden, ihre Ernährung erfolgreich umstellen und wieder Energie, Lust und Interesse an den Facetten des Lebens bekommen, leuchten ihre Augen. Weil sie viel mehr Menschen helfen wollte, als sie in ihrer Praxis je bewältigen könnte, dachte sie an einen Ratgeber.

Der Ratgebermarkt boomt seit Jahrzehnten. Probleme wird es wohl immer zu bewältigen geben auf unserem Planeten. Es ist uns Menschen naturgegeben, dass wir sie lösen wollen, und wir brauchen Hilfe, wenn wir alleine nicht weiterkommen. Der Gang in die nächste Buchhandlung ist dabei für sehr viele am naheliegendsten, aus verschiedenen Gründen: Ein Buch ist deutlich günstiger als die Konsultation eines Coachs, einer Therapeutin oder Beraterin. Ein Buch zu lesen ist weniger aufwendig, als ein Seminar zu besuchen. Die Tatsache, dass es über „mein" Problem ein Buch gibt, beruhigt, zeigt es doch, dass man nicht alleine damit dasteht. Es verhilft zu einer Orientierung, um weitere Entscheidungen treffen zu können. Und jene, denen es schwerfällt, andere um Hilfe zu bitten, werden mit dem passenden Buch fündig, ohne Peinlichkeit und ohne sich aufdringlich zu fühlen. Ratgeber sind feine Helfer, die Erleichterung bringen für alle Lebenslagen, von der Zwillingsgeburt bis zum letzten Geleit.

> **Shortcut**
>
> *Sinnaspekt Helfen: Ratgeber und Selbsthilfebücher werden immer gerne gekauft, auch wenn es viele am Markt gibt. Sie können damit noch viel mehr Menschen helfen als in Ihrer Praxis.*

Vielleicht sind Ihnen da und dort kritische Stimmen zu Ohren gekommen, die den Sinn von Selbsthilfebüchern infrage stellen. Sie wären doch sinnlos, heißt es da, weil sie überhaupt nicht halten, was sie versprechen. Nun, ich denke, Sie sind Profi genug auf Ihrem Gebiet, um zu wissen, dass nicht jeder Deckel auf alle Töpfe passt. Wenn Sie zum Beispiel Lebens- und Sozialberater sind, dann wissen Sie, dass nicht alle Ihre Methoden bei allen Klientinnen und Klienten gleich gut wirken. Sie geben Ihr Bestes, und dennoch ist Ihnen bewusst, dass Sie niemandem ein leichtes Leben versprechen können. Eine Garantie aufs Lebensglück, das gibt es nun einmal nicht.

Nicht jede Intervention ist für jede Klientin gleich wirkungsvoll. Genauso ist es mit einem Ratgeber: Manche Menschen können mit den Tipps und Anregungen viel anfangen und sich selbst aus dem Sumpf ziehen. Andere versuchen es, brauchen aber dennoch Hilfe von Angesicht zu Angesicht und werden sich hoffentlich an die Autorin wenden und Kunde werden. Wiederum andere legen beim ersten, gescheiterten Versuch das Buch zur Seite – und wenn sie es ein wenig später wieder entdecken, fällt der Groschen.

Alles in allem mag manche Kritik an der Ratgeberschwemme berechtigt sein. Sie ist aber kein Grund zu verzagen, denn Ratgeber werden immer gerne gekauft. Schreiben Sie Ihr Selbsthilfebuch. Teilen Sie Ihr Wissen, Ihre Tipps und Anregungen mit denen, die Hilfe brauchen. Für die meisten ist es schon eine Erleichterung, wenn jemand ihr Problem fundiert in Worte fasst und in einen größeren Zusammenhang stellt. Seien Sie dieser Jemand, tun Sie den Menschen diesen Gefallen. Ein Buch ist wie ein Garten, den man in der Tasche trägt, sagt ein arabisches Sprichwort. Ihre Leserinnen und Leser können selbst entscheiden, ob sie darin spazieren gehen, sich einen Strauß Blumen pflücken oder alle Früchte ernten. Oder ob sie sich nach der Lektüre nicht doch besser direkt an den Gärtner wenden, der sie ein Stück durch ihr Leben geleitet.

Typ Guru: Ich möchte als glaubwürdiger und wissender Experte bekannt sein

Eine Kommunikationstrainerin erzählte mir einmal, dass sie einen größeren Auftrag verlor, weil ihr Konkurrent den Kunden mit einem Sachbuch beeindrucken konnte. Sie hatte „bloß" einen Rattenschwanz an tollen Referenzen, begeisterte Seminarteilnehmer und einen Sack voll profundem Wissen mit 20 Jahren Erfahrung vorzuweisen. Nur ein Sachbuch hatte sie nicht. Das wurmte sie.

Im Laufe der vielen Jahre als Trainerin und Coach sammelte sie Zertifikate, Seminarbescheinigungen, den Abschluss eines Hochschullehrgangs und sogar ein Masterstudium. Sie kannte sämtliche Kommunikationsmodelle in Theorie und Praxis, wusste Bescheid über alle Theorien zur menschlichen Psyche, hatte sich in Hypnotherapie vertieft und fand, dass sie trotz Jurastudium viel zu wenig über Gesetzgebung wusste. „Wissen ist etwas, das kann mir niemand wegnehmen", pflegte sie zu sagen. „Es ist mir total wichtig, alles zu wissen, was ich für meine Arbeit brauche. Das bin ich meinen Kundinnen und Kunden schuldig." Selbstredend, dass der verlorene Auftrag der Auftakt war, ihr ohnehin schon seit Jahren im Kopf kreisendes Buch zu schreiben. Autorin zu werden, das war längst überfällig.

Wissens-Junkies können nie genug wissen. Sie sind eine wahre Quelle nützlichen Know-hows. Die Millionen-Show ist ein Spaziergang für sie und Bibliotheken sind ihr Mekka. Meist haben sie jeden Winkel ihres Büros mit Büchern vollgestopft, weil sie zu jedem Aspekt ihres Themengebietes am liebsten alle Fachbücher in ihrer Nähe wissen möchten. Weil Wissen für sie ein so hohes Gut ist und Bücher das Sinnbild für Gelehrtheit, ist es ihnen ein echtes Bedürfnis, selbst Autorin zu werden. Es gibt wohl kaum etwas Motivierenderes zum Buchschreiben!

Bis vor wenigen Jahren waren Menschen wie diese Kommunikationstrainerin manchmal vorsichtig, wenn es um Buchveröffentlichungen ging. Ihr ganzes Wissen um gerade einmal 20 Euro pro Buch zu verkaufen, das schien ihnen nicht angemessen. Außerdem wollten sie es der Konkurrenz nicht unnötig leicht machen, die bei ihnen abkupfern könnte. Diese Sorgen haben sich seit dem Einzug von Social Media ins professionelle Marketing ein wenig entschärft. Es hat sich herumgesprochen, dass Content-Marketing höchst wirksam ist und die Konkurrenz mit dem geteilten Wissen noch lange nicht erfolgreich wird, denn dazu braucht es auch noch das Können in der Praxis.

Amerikanische Studien belegen, dass ein Buch zu den „top credible marketing methods" gehört, wie die Amerikanerin Allyson Macate ausführt. Ob Fachbuch, Sachbuch oder Ratgeber – es ist ein wunderbares Tool für Ihr Content-Marketing, mit dem Ihre Kunden einen Einblick in Ihr profundes Wissen bekommen. Es macht einen Unterschied, ob Sie jemandem gegenüber behaupten, dass Sie auf Ihrem Gebiet besonders gebildet sind, oder ob Sie es ihm beweisen, indem Sie ihm Ihr Buch unter die Nase halten. Das Buch macht Ihre Glaubwürdigkeit unschlagbar.

Bildung und Bücher haben eine ganz besondere Liebesbeziehung. Von den Schulbüchern der ersten Klasse über die dicken Fachwälzer an der Uni bis zum Zeitungsabo und den Sachbüchern für die Arbeit begleiten uns Wissen und Informationen in schriftlicher Form durchs Leben. Wer liest, ist klüger. Wer ein Buch schreibt, darf sich des Ritterschlags sicher sein. Er wird vom Bildungsbürger zum Autor, der Bürger bildet. Was für ein Karrieresprung!

Ganz zu schweigen davon, was Sie während des Schreibens alles lernen! Der portugiesische Literaturnobelpreisträger 1998 José Saramago sagte: „Manche Leute schreiben, um geliebt zu werden. Ich schreibe, um zu verstehen." Auch für die amerikanische Schriftstellerin Susan Sontag ist Schreiben mehr, als Worte auf Papier zu bringen. *Ich schreibe, um herauszufinden, was ich denke* heißt eine Publikation von ihr. Schreiben zwingt Sie, sich auf besondere Weise mit Ihrer Materie auseinanderzusetzen. Wenn Sie an Ihrem Buch arbeiten, werden Sie immer wieder mit neuen Fragen konfrontiert werden, mit denen Sie Ihre Expertise weiterentwickeln können. Es ist ein bisschen wie eine Doktorarbeit: Als Doktorandin legen Sie Ihr Thema fest, das Sie näher untersuchen wollen. Am Ende, wenn Sie nach vielen Monaten Recherche und Studium mit Ihrem Schriftwerk dem wissenschaftlichen Diskurs etwas Sinnvolles hinzugefügt haben, sind Sie ein paar Etagen tiefer in Ihre Materie eingetaucht und dürfen sich Spezialistin nennen.

Shortcut

Sinnaspekt Wissensentwicklung: Sie werden vom Bildungsbürger zum Autor, der Bürger bildet. Gleichzeitig entwickeln Sie Ihr Wissen während des Schreibens weiter.

Typ Traumerfüllung: Ich möchte endlich Autor sein!

Vielleicht haben Sie schon als Kind davon geträumt, Schriftsteller zu werden, aber es kam nie dazu. Zum Beispiel, weil man Ihnen glaubhaft versichert hat, dass die Karriere eines Schriftstellers Sie ewig am Hungertuch nagen lässt und Sie niemals eine Familie damit ernähren können. Sobald Sie erwachsen waren, haben Sie dann selbst nicht mehr daran geglaubt und haben die Hirngespinste in die Abstellkammer gescheucht. Trotzdem – der Traum vom eigenen Buch, der geistert immer noch in Ihrer Seele herum.

Willkommen in einem der größten Clubs der Welt. Ich weiß nicht, wie oft ich „irgendwann schreibe ich bestimmt eines" oder „ich wollte immer schon

…" gehört habe. Jedes Mal schwingt die Wehmut mit. Ich schwöre Ihnen, bei jedem solcher Sätze fällt irgendwo ein Schriftsteller tot vom Sessel. Das können Sie nicht verantworten. Also nehmen Sie Ihren Traum ernst und tun Sie endlich etwas! Ich habe das schließlich auch geschafft (ja, genau, meinetwegen sind früher auch einige Schriftsteller umgefallen) – ich habe mittlerweile sogar viele Bücher geschrieben und kann davon leben.

Noch dazu haben Sie jetzt eine konkrete Idee, nicht wahr? Und diese Idee lässt Sie nicht los. Das ist Ihre Chance. Sie haben sogar dieses Buch gekauft, damit Sie endlich wissen, wie Sie es angehen sollen. Sie wollen sich diesen Traum endlich erfüllen. Nur zu! Packen Sie es an, dieses wunderbare Projekt. Es macht glücklich, sich mit dem eigenen Know-how auseinanderzusetzen, indem man es aufschreibt. Es macht noch glücklicher, wenn Sie das auch noch so tun, dass andere einen Nutzen daraus ziehen, indem sie es lesen und dabei etwas Neues erfahren. Und es ist ein äußerst befriedigendes Gefühl, das eigene Buch in Händen zu halten, es aufzuschlagen und den herben Duft frischbedruckter Seiten zu schnuppern. Das Odeur der Autorenschaft!

Bleibt noch eine Sache zu klären. Denn vor lauter Schwärmerei kommt man ja gar nicht auf die Idee, dass Ihnen auch noch etwas anderes begegnen könnte außer Himmelwonneeierkuchen. Das wird es aber. Tut mir leid, falls ich jetzt als Spielverderberin daherkomme. Wappnen Sie sich ein bisschen, damit Sie gerüstet sind. Denn irgendwann wird das romantische Bild von der am Meer sitzenden, in Gedanken versunkenen Autorin der Realität weichen müssen. Ein Buch zu schreiben ist harte Arbeit, mit Frust und Selbstzweifel versetzt. Es erfordert ein hohes Maß an Durchhaltevermögen, Geduld und Hartnäckigkeit. Weil es leider tatsächlich so ist, dass nicht viele vom Buchschreiben alleine leben können, werden Sie einem Brotberuf nachgehen, der sich ständig vordrängelt. Dauernd werden Sie gestört bei der Suche nach dem Musenkuss und es ist wahrlich anstrengend, sich immer wieder aufzuraffen und Zeit zum Schreiben freizuschaufeln. Vielleicht gehen Sie sogar so weit und buchen ein schnuckeliges Cottage in Rosamunde-Pilcher-Land … und stellen nach einer Woche fest, dass die ursprünglich so verheißungsvolle Einsamkeit Ihnen jegliche Ideen raubt.

Lassen Sie sich nicht entmutigen. Wenn es Ihre Leidenschaft ist, Buchautor zu werden, wenn das wirklich Ihr Traum ist, dann sind Sie bereit für unwegsames Gelände. Dann kann Sie sowieso nichts erschüttern. Denn es ist toll, Bücher zu schreiben, die zweitschönste Sache der Welt!

> **Shortcut**
>
> *Sinnaspekt Traumerfüllung: Buchschreiben macht glücklich und hebt das Selbstwertgefühl. Und mit ausreichend Hartnäckigkeit kann es auch zum Beruf werden.*

Ein Rechenbeispiel, das Ihnen ein klares Bild von Ihren möglichen Einkünften als Autorin vor Augen hält, haben Sie bereits weiter oben im Kapitel lesen können. Wie gesagt: Die Idee kann aufgehen und Sie schreiben tatsächlich einen Bestseller oder – mindestens genauso lukrativ – einen Longseller. Wie der Name schon sagt, ist das ein Buch, das nicht in einer kurzen Zeit einen Hype erfährt, sondern das über viele Jahre sich guter Beliebtheit erfreut, sodass Sie als Autorin nicht in einem Jahr viel und danach wenig bekommen, sondern über einen langen Zeitraum ein gutes Auskommen finden.

Im besten Fall schreiben Sie jedes Jahr ein weiteres Buch und jedes wird ein Erfolg. Dann wird Ihr Jahreseinkommen jedes Jahr steigen, weil Sie nicht nur das Honorar für das neue, sondern auch für die älteren Bücher bekommen. Von der Verwertungsgesellschaft können Sie auch eine jährliche Ausschüttung erwarten.

Über Umwege zum Ziel

Ein Sachbuch kann auf dem Markt einschlagen wie eine Bombe, es kann aber auch nur bescheidene Verkäufe verbuchen. Oft haben Autoren Spezialwissen, das sie zum Besten geben wollen, das nur für eine kleine Zielgruppe interessant ist – und genau deshalb sollte es aber trotzdem verlegt werden. Warum soll jemand, der sich für das Komponieren von Liedern oder für Seiltanzen oder Bogenschießen interessiert, nicht auch einen Ratgeber kaufen können? Fachbücher haben per se meist eine eher kleinere Leserschar, und das ist logisch: Wenn Sie ein Fachbuch über Traumatherapie schreiben, adressieren Sie Ihre Kolleginnen und Kollegen, also Psychotherapeuten, die sich näher mit Traumatherapie befassen wollen. Das ist natürlich eine kleine Gruppe im Vergleich zu der großen Zahl der Ratsuchenden: Im deutschsprachigen Raum gibt es etwa 45.000 Psychotherapeutinnen und -therapeuten – wenn beispielsweise 10 Prozent davon Traumatherapie anbieten, sind das bloß 4.500 interessierte Personen, die das Fachbuch kaufen würden – theoretisch. Praktisch sind es viel weniger, die tatsächlich zum Buch greifen.

Doch selbst wenn Sie nur ein paar hundert Stück verkaufen, so kann sich das Veröffentlichen dennoch rentieren. Es kommt nur darauf an, wie gut Sie Ihr Buch für die Gewinnung neuer Kunden und neuer Aufträge oder als Sprungbrett für Ihre weitere Karriere zu nutzen verstehen. „Business authors don't count on their book's sales – they count on what their book sells", schreibt der US-amerikanische Sachbuchautor und Ghostwriter Derek Lewis. Das führt uns zu einem Stichwort, das manche von Ihnen aus der Wirtschaft kennen.

Umwegrentabilität nämlich, was bedeutet, dass Ihr Buch nicht direkt über den Verkauf rentabel ist, sondern indirekt – also über Umwege – über die Effekte, die Sie mit dem Buch auslösen. Konkret schlägt sich das in Ihrem Kerngeschäft nieder, indem Sie durch die Veröffentlichung mehr Aufträge und neue Kunden gewinnen, zu bezahlten Vorträgen und Keynotes eingeladen werden, zu denen Sie ohne Buch keinen oder nur schwer Zugang bekommen würden. Auch Ihre Honorarsätze werden Sie mit steigender Bekanntheit erhöhen können, auch das ein indirekter Verdienst des Buchs.

> **Shortcut**
>
> *Der Aspekt der Umwegrentabilität: Die Investition ins Buch rentiert sich über die steigenden Umsätze in Ihrem Kerngeschäft.*

Wie hoch der zusätzliche Umsatz durch das Buch ausfällt, können Sie nur selbst ausrechnen. Hier ein Beispiel: Nehmen wir an, Sie sind Sporttrainer und trainieren hauptsächlich Normalsterbliche, also keine Jan Frodenos oder Mikaela Shiffrins, sondern die sportwillige Variante von Hinz und Kunz. Eine Trainingsbegleitung für ein Jahr kostet bei Ihnen 1000 Euro. Durch Ihr Buch werden viele Sportbegeisterte auf Sie aufmerksam. Wenn nur zehn von denen sich denken „Hey, cooler Typ, so ein Trainingsplan über ein ganzes Jahr würde mir helfen, endlich beim nächsten Laufwettbewerb unter die ersten Fünfhundert zu kommen" und bei Ihnen einen Betreuungsvertrag abschließen, dann haben Sie jährliche Mehreinnahmen von 10.000 Euro gewonnen. Vielleicht schaffen Sie es dann auch endlich, eine ausreichend große Gruppe aus dem Kreis Ihrer Sportlerinnen und Sportler zusammenzubekommen, um ein Trainingscamp auf Lanzarote organisieren zu können – was zu weiteren zusätzlichen Einnahmen führt. Von den zehn neuen Kunden gibt es vielleicht zwei oder drei, die eine Freundin oder den Partner überreden, mitzumachen – Sie wissen schon: Ein Schneeballeffekt ist umso ergiebiger, je mehr Schneebälle ins Rollen kommen. Je mehr Menschen positive Erfahrungen mit Ihren Leistungen gemacht haben, desto mehr werden über Sie reden und Sie empfehlen.

Literatur

Allyson E (2016) How to boost your biz with a book. https://www.socialbuzzu. com/3523/allyson-machate-boost-biz-ghostwriter. Zugegriffen am 25.04.2019

Enders G (2017) Darm mit Charme. Alles über ein unterschätztes Organ, Bd 10. Ullstein, Berlin

https://literar.at/mitglieder/unsere-leistungen

Lewis D (2014) The Business Book Bible. Everything you need to know to write a great business book. Eigenverlag, Baton Rouge, S 122

Sontag S (2013) Ich schreibe, um herauszufinden, was ich denke: Tagebücher 1964–1980. Carl Hanser, München

Ärmel hochgekrempelt: Was ist zu tun?

Schritt 1: Mach dich startklar

Wie Sie sich einstimmen und sich auf Ihr Autorenleben vorbereiten. Wie Sie dafür sorgen, dass Sie bis zur letzten Seite dranbleiben. Über den Sinn von Plänen und die Spielregeln in der WissensCommunity.

Für den Schnellstart

1. Lass deinen Computer vorerst ausgeschaltet. Ein Sachbuch beginnt man nicht, indem man schreibt, sondern indem man zuerst einmal viel nachdenkt.
2. Sei ehrlich zu dir: Warum um alles in der Welt möchtest du ein Buch schreiben?
3. Sorge für ein Maximum an Lust und Laune fürs Schreiben.
4. Verschaffe dir einen Überblick über die bevorstehenden Aufgaben und lege Meilensteine fest.
5. Halte dich an die Spielregeln der Wissens-Community.

© Springer-Verlag GmbH Deutschland, ein Teil von Springer Nature 2019
D. Pucher, *Zur Sache, Experten!*, https://doi.org/10.1007/978-3-662-59224-3_3

Erkenne deinen inneren Motor

Ist es, weil Sie schon seit Jugendtagen mit verklärtem Blick seufzend sagen: „Ach, irgendwann einmal werde ich auch ein Buch schreiben." Oder liegt es daran, dass Sie seit Jahren von Ihren Kunden oder Seminarteilnehmern gefragt werden, wann Sie endlich Ihr Wissen zwischen zwei Buchdeckel zu pressen gedenken? Träumen Sie gar von einer Karriere als Autorin? Vielleicht hat Sie auch der Ehrgeiz gepackt, weil Sie endlich diesem einen Konkurrenten eins auswischen wollen, der Sie schon mehrmals mit mehr oder weniger lauteren Mitteln ausgebootet hat. Was auch immer Sie motiviert, ich habe die Erfahrung gemacht: Je besser ein Autor weiß, warum er ein Buch schreiben will, desto größer ist die Wahrscheinlichkeit, dass er es auch zu Ende bringt. Visualisieren Sie Ihr Ziel: ein Platz auf dem Podium beim Europäischen Forum Alpbach, Ihr Buch auf ganz vielen Schreibtischen in den Chefetagen – oder vielleicht Sie bei der Signierstunde auf der Frankfurter Buchmesse? Der persönliche Nutzen, der Sinn muss ausreichend groß sein. Wenn Sie nicht wissen, was es Ihnen bringt, sich die viele Arbeit anzutun, versiegt Ihre Energie bei der ersten Hürde.

Und Hürden wird es geben. Je nachdem, welcher Typ Sie sind, werden Sie irgendwann Zweifel plagen, ob das Buch denn am Ende irgendjemanden interessieren würde. Möglicherweise werden Sie sich fragen, ob Sie überhaupt das nötige Schreib-Know-how haben oder ob Sie nicht doch einem Anfall von Größenwahn erlegen sind. Und schon haben Sie sich selbst ausgebremst. Ach, denken Sie, zu viel Arbeit. Lohnt sich ja nicht. Und überhaupt: Ich habe ohnehin nicht wirklich etwas zu sagen. Die Psychologen nennen das übrigens den Versuch, eine kognitive Dissonanz aufzulösen, wenn man das, was man eigentlich tun wollte, wegargumentiert, damit man sich das Scheitern nicht eingestehen muss. Sorgen Sie also gut vor, damit Sie nicht ständig mit solchen

Monstern kämpfen müssen, die Ihr halbfertiges Buch auffressen wollen. Um gegen sie anzukämpfen, brauchen Sie weit mehr als ein vages „Ich wollte doch immer schon …" im Hinterkopf.

Wir Sachbuchautoren brauchen mehr als ein gutes Konzept. Wir brauchen den unbedingten Willen, das Buch zu schreiben, Autor zu sein. Wir brauchen ein klares Commitment, das da heißt: Ja, ich will! Ich will ein Buch schreiben, weil … Tja. Nun sind Sie schon gefordert: Warum wollen Sie dieses Buch denn schreiben? Soll es Ihr Geschäft ankurbeln? Sehen Sie sich als Expertin auf der Bühne, eingeladen, weil man Sie um Ihre Fachmeinung bitten möchte? Oder sind Sie eher altruistisch veranlagt und sehen den Sinn eines Buchs darin, einen größeren Kreis Hilfe suchender Menschen zu erreichen? Vielleicht haben Sie aber auch ganz andere Ambitionen: ihrer Schwester eins auswischen zum Beispiel, mit der Sie seit Kindestagen auf Kriegsfuß stehen, weil sie so eine Wichtigtuerin ist und Sie immer als Dummchen hingestellt hat. Oder Sie hoffen, dass Ihr Vater Sie endlich beachtet und liebt. Oder – und das kommt gar nicht so selten vor – Sie möchten mit Ihrem Buch einen ganz besonderen Schlusspunkt an das Ende Ihrer Karriere setzen, weil Sie in den Ruhestand gehen oder schon so viel verdient haben, dass Sie für den Rest des Lebens auf Arbeit verzichten können. Soll vorkommen!

Motive fürs Buchschreiben gibt es sehr viele. Im vorigen Kapitel habe ich Ihnen vier Typen vorgestellt, an die Sie sich gerne anlehnen können. Gut ist es, wenn Sie sich Ihr Ziel so plastisch wie möglich ausmalen. Was ist Ihr Zukunftsbild: als Trainer im ab nun ständig voll besetzten Seminarraum? Als gerade zur Chefärztin des größten Krankenhauses ernannte Medizinerin? Oder als Vortragender auf der nächsten re:publica? Was sind Ihre Motive?

- Welche Vision schwebt Ihnen vor: Sie auf der Bühne im Rampenlicht? Oder beim Akquisitionsgespräch mit dem Buch in der Hand statt einer Visitenkarte?
- Welches Gefühl ist das? Wie ist die Reaktion der anderen? Tun Sie sich den Gefallen und beschreiben Sie Ihre Vision so konkret wie möglich.
- Was wird anders sein, wenn das Buch publiziert ist und Sie sich Autorin nennen dürfen? Welche konkreten Erwartungen haben Sie?
- Wie lautet Ihr Commitment? „Ja, ich will …, weil …"

Erst denken, dann schreiben. Arbeite zuerst am Konzept

Angeblich gibt es nichts Gutes, außer man tut es. Also nicht denken: „Morgen werde ich die Welt retten", sondern gleich etwas tun, der Organisation *Ärzte ohne Grenzen* Geld spenden zum Beispiel. Zur Bank gehen, einzahlen, erledigt. Denn von Ihrem Darüber-Nachdenken allein können diese Ärzte keine Leben retten.

Beim Buchschreiben ist das ein wenig anders. Sprich: Es ist wichtig, dass Sie etwas tun, aber dieses Tun sollte zuerst einmal aus konkreten Gedanken bestehen, bevor Sie mit dem Manuskript beginnen. Schreiben ist eine Tätigkeit, die grundsätzlich viel Denken erfordert. Wenn vor dem Schreiben nicht (ausreichend) gedacht wurde, dann merkt man das. Wenn Sie als Autor keine Klarheit haben, dann hat sie auch Ihre Leserin nicht. Da hilft kein Drumherumschummeln.

Arbeiten Sie also zuerst am Konzept. Tüfteln Sie! Erst, wenn Sie ein klares Bild davon haben, was genau Sie sagen wollen und für wen genau Sie das Buch schreiben, können Sie sicherstellen, dass Sie effizient arbeiten und Ihre Botschaft eindeutig rüberkommt. Wenn Sie ein Haus bauen wollten, würden Sie doch auch nicht als Erstes ein paar Paletten Ziegel kaufen und diese irgendwie übereinanderlegen, oder? Sie würden zuerst am Grundriss feilen. Na also!

> **Shortcut**
>
> Ein Buch zu schreiben ist sehr viel mehr, als bloß das Manuskript zu schreiben. Sie brauchen vorher ein gut durchdachtes Konzept.

Ein gutes Buchkonzept verschafft Ihnen viel Klarheit in jeder Hinsicht: Warum möchte ich überhaupt dieses Buch schreiben? Wie will ich das Thema eingrenzen? Wen möchte ich damit erreichen? Für wen ist mein Buch interessant? Wie kann ich das Thema so strukturieren, dass es für die Leser sinnvoll ist? Welche konkurrierenden Bücher gibt es schon auf dem Markt? Wie muss ich mich von denen abgrenzen, damit ich Chancen habe? Wie kann ich das Buch vermarkten und dies in das Gesamtmarketing meines Unternehmens einbauen? Möchte ich, dass ein Verlag mein Buch publiziert, oder publiziere ich selbst? Wen brauche ich an meiner Seite, damit das Buch ein Erfolg wird?

Sich ohne Konzept hinzusetzen und in die Tasten zu hauen, erweist sich in 99 Prozent der Fälle als höchst ineffizient. Es sind schon fertige Manuskripte auf meinem Tisch gelandet, die komplett umgekrempelt werden mussten. Wenn ich den Autoren dann schonend beizubringen versuche, was noch zu tun sei, raufen sie sich entsetzt die Haare. Die vielen Monate, die sie sich mühsam Seite um Seite aus den Fingern gesogen haben, entpuppen sich als vertane Zeit. Frustriert stellen sie außerdem fest: Zum Umkrempeln habe ich keinen Bock. Also echt jetzt! Dann war all die Mühe erst recht umsonst.

Das ist das stärkste Argument für das Denken vor dem Schreiben: den ohnehin großen Aufwand so klein wie möglich zu halten. Damit Sie eine Idee für den Zeitaufwand bekommen: Wenn ich als erfahrener Ghostwriter für eine Autorin ein Buch schreibe, brauche ich für 200 Seiten im Schnitt etwa 200 bis 300 Stunden. Das ist schnell! Wenn Sie nicht hauptberuflich schreiben oder bereits viele Bücher geschrieben haben, werden Sie mangels Vertrautheit mit der Textsorte Buch deutlich länger brauchen. Außerdem müssen Sie recherchieren, sich Ihr Wissen aus den letzten Winkeln Ihres Gehirns zusammenklauben. Das erspare ich mir als Ghostwriter, denn ich brauche bloß meine Autorin zu fragen, und weil ich das Thema ganz entspannt von außen betrachten kann, sind meine Fragen sehr zielgerichtet. Im eigenen Saft zu schmoren, wie Sie das tun müssen, ist da schon ein ganz anderes Unterfangen. Ich schätze, Sie werden doppelt bis dreimal so lange brauchen.

Investieren Sie also lieber 20, vielleicht auch 30 Stunden oder mehr in ein Konzept, dann geht das Schreiben danach umso flotter. Machen Sie es wie beim Hausbau: Zeichnen Sie einen Grundriss, überlegen Sie, wie viele Räume Sie brauchen und was in welchen Raum hineinkommen soll. Dann wissen Sie, wo Sie welche Ziegel mit wie viel Mörtel so zusammenbauen, dass am Ende eine hübsche Villa dasteht und kein windschiefer Schuppen. Klären Sie zuerst ein paar wichtige Fragen, bevor Sie am Manuskript arbeiten. Dann machen Sie sich nicht nur selbst das Leben leichter, sondern Sie geben Ihrer Buchidee außerdem die Chance, von möglichst vielen Leserinnen und Lesern gemocht zu werden!

Verschaffe dir einen Überblick über dein Projekt

Kürzlich plauderte ich bei einer Party mit einem, der sich mit Marketing gut auskannte. So nebenbei erzählte er mir, dass er eine Idee für ein Buch hätte, aber nicht wüsste, wie er es angehen sollte. „Ich versteh das nicht", sagte er kopfschüttelnd, „ich weiß doch genau, was ich schreiben möchte. Trotzdem bekomme ich die Sache nicht auf den Boden."

Ich stellte meine ersten Fragen: Für wen er schreiben wolle? Welchen Nutzen diese Leser haben werden? Er stutzte – und dann lachte er. „Das sind doch ganz klassische Fragen aus dem Marketing", rief er. Ich nickte. Genau. Ein Buch zu entwickeln ist im Grunde nicht anders als jede andere Produktentwicklung auch.

Und wie bei der Entwicklung eines Produkts braucht es zumindest einen groben Projektplan, der die wichtigsten Meilensteine markiert. Das ist aus zweierlei Gründen hilfreich:

1. Sie bekommen eine gute Vorstellung davon, wann in den nächsten Monaten was auf Sie zukommt, und können das mit den Aufgaben in Ihrem Hauptgeschäft und Privatleben gut abstimmen. Interviews, die Sie in der Recherchephase führen wollen, können Sie beispielsweise leichter zwischen Ihren Terminen unterbringen als eine Schreibeinheit von mehreren Stunden.
2. Ein Buch ist ein großes Projekt, das Sie mehrere Monate, vielleicht sogar mehr als ein Jahr beschäftigen wird. So etwas Großes anzugehen, ist für viele ein zu großes Hindernis, weswegen sie nie damit beginnen. Wenn Sie das große Projekt hingegen filetieren, haben Sie immer nur kleine Schritte vor sich. Die Wahrscheinlichkeit zu starten steigt also enorm.

> **Shortcut**
>
> Ihr gesamter Arbeitsprozess lässt sich grob in drei Phasen teilen: Konzept, Manuskript, Marketing.

„So nebenbei" lässt sich ein Buch nun einmal nicht schreiben, weil man dem Alltag nicht „so nebenbei" ein paar hundert Stunden abzwacken kann. Die zehn Schritte, die ich Ihnen in diesem Buch vorschlage, sind in erster Linie jene wesentlichen Aspekte und Kompetenzen, die für ein gutes Buch nötig sind. Sie können und sollen sie auch als Zwischenschritte betrachten. Zumindest aber sollten Sie diese Teilziele anpeilen:

Phase 1: Einstimmen, Konzeptarbeit, Recherche. Output: klare Ziele, Klarheit über die Inhalte, ein markttaugliches Buchkonzept (das in einem Exposé festgehalten ist) und ein zumindest grobes Marketingkonzept. Außerdem ausreichend Wissen, um für das Schreiben gerüstet zu sein.
Phase 2: Schreiben des Manuskripts in Entwurfsqualität und Überarbeitung. Output: verlagsfertiges Manuskript, das an den Verlag bzw. beim Selfpublishing an die Lektorin weitergereicht werden kann.
Phase 3: Marketing. Output: ein konkreter Plan, der Ihre Zielgruppe vom Wert Ihres Buchs und Ihres Wissens überzeugt.

Die Zeit läuft. Plane dein Leben als Autor

Das Schwierige am Buchschreiben ist, dass man das üblicherweise nebenbei macht. Sie haben einen Hauptberuf, der Sie die meiste Zeit des Tages in Anspruch nimmt. Kunden wollen, dass Sie ihre Projekte zügig zu Ende bringen. Wenn Sie angestellt sind, erwartet Ihr Arbeitgeber tagsüber Ihren vollen Einsatz. Bleibt der Abend und das Wochenende, um am Buch zu schreiben, und da konkurriert Ihr Schreibprojekt mit Familie, Freunden, Hobby und – nicht zu vergessen – dem süßen Nichtstun. Muss ja schließlich auch sein.

Ihr Hauptjob geht immer vor, das ist nun einmal so. Mir ist es bei diesem Buch auch nicht anders gegangen: Da hat man einen Tag fürs Buch blockiert, und dann ruft die Stammkundin an und fragt, ob man ihr nicht spontan unter die Arme greifen kann, es wäre dringend. Schon ist er weg, der eine Tag, so schnell kann man gar nicht schauen. Oder man nimmt sich vor, am Abend ein wenig früher Schluss zu machen, doch dann war der Tag so furchtbar stressig, dass Sie am Abend gerade noch die Kraft haben, eine Packung Chips aufzureißen und sich vor den Fernseher zu setzen.

Ein Plan muss also her, und zwar einer, der solche Hürden aushält. Theoretisch ist das ein einfaches Rechenspiel: Sie wollen in einem Jahr mit Ihrem Manuskript fertig sein und wollen einen 200 Seiten starken Ratgeber schreiben. Weil Sie vorsichtig sind, planen Sie zwei Monate fürs Konzept, bleiben zehn Monate übrig, das sind etwa 43 Wochen. Abzüglich Urlaub und sicherheitshalber einer Woche Grippe haben Sie 37 Wochen zur Verfügung.

Das heißt, Sie müssen pro Woche 16 Stunden zur Verfügung haben, damit Sie Ihr Ziel, in einem Jahr zu publizieren, geschafft haben. Das sind zwei ganze Tage oder täglich etwa drei Stunden. Wenn Sie so viel Zeit nicht erübrigen können, haben Sie nur zwei Möglichkeiten: den Publikationstermin hinauszuschieben oder sich professionelle Hilfe zu holen, einen Ghostwriter zum Beispiel oder eine Autorenberaterin, die Ihnen hilft, so effizient wie möglich zu arbeiten.

Praktisch gesehen hält sich so ein Autorenleben nicht unbedingt an Zahlenspiele. Ich hatte einmal eine Kundin, die eine sehr strukturierte Frau war. Wir wollten in sieben Monaten zehn Kapitel fertig haben, also berechnete sie den monatlichen Soll-Output: 1,4 Kapitel wollte sie an jedem Monatsende geliefert bekommen. So gut ich verstehen konnte, dass sie gerne eine monatliche Fortschrittskontrolle haben wollte, so sehr sah ich die Enttäuschung auf sie zukommen. Die dann auch kam: Woran soll man erkennen, dass 1,4 Kapitel fertig sind? An der Anzahl der Zeichen kann man das schlecht festmachen, weil man vorher doch nicht weiß, wie lang das Kapitel werden wird. An der Zeit? Ebenso wenig. Dass ein Kapitel (vorläufig) fertig ist, erkennt man als Autorin daran, dass man alle geplanten Inputs besprochen hat – und es sich fertig anfühlt. Was nicht heißt, dass man es womöglich in ein paar Monaten nicht für sinnvoll erachtet, es noch einmal radikal zu verändern.

Kreativarbeit lässt sich schwer in ein Zahlenkorsett zwängen. Versucht man es trotzdem, leidet meistens die Kreativität. Natürlich gibt es auch das Phänomen, dass Kreative kurz vor Abgabeschluss erst so richtig tolle Ideen kreieren. Vielleicht sind Sie auch der Typ, der es mag, sich unter Druck zu setzen, weil Sie dann schneller vorankommen. Ich habe kürzlich gelesen, dass die bessere Alternative zum Druck der Zug wäre: Menschen würden besser und auch mit viel mehr Freude arbeiten, wenn ein Ziel sie ziehen würde, anstatt dass die Zeit oder der hohe Anspruch sie unter Druck setzt. Das hat etwas, finde ich.

Wie auch immer Sie persönlich gestrickt sind, hier finden Sie einige Anregungen zur Schreibplanung und -organisation.

Die großen Meilensteine

Im Grunde lässt sich ein Buchprojekt in drei große Phasen unterteilen: Konzeptphase, Manuskriptphase und Marketing. Die Verlagssuche läuft meistens als Zwischenschritt parallel zum Schreiben am Manuskript, was daran liegt, dass Sie für die Verlagssuche ein erstes Kapitel brauchen, das Sie als Probetext einreichen. Das Buchmarketing läuft parallel mit der Endfertigung an. Hier ist ein Überblick, was Sie wann zu tun haben:

- ***Phase 1: Einstimmen, Konzept und Recherche***
Wie bereits weiter oben beschrieben, beschäftigen Sie sich zunächst damit, aus Ihrer vagen Idee ein konkretes, markttaugliches Buchthema zu machen. Markttauglich bedeutet, dass Sie alle Register des Marketings ziehen und sich fragen:

  - Was treibt mich an, dieses Buch zu schreiben? Was hält für mich die Spannung aufrecht, sodass ich die Energie bis zum Ende nicht verliere?
  - Wie kann ich mein Thema unwiderstehlich machen, sodass es auf genügend Interessenten stößt?
  - Wer sind meine Leserinnen und Leser?
  - Was ist die Kernbotschaft?
  - Wie strukturiere ich die Inhalte?
  - Welchen Nutzen soll mein Buch bringen?
  - Welche Argumente kann ich liefern, die den Buchhandel von meinem Buch überzeugt?

- Was ist mein persönliches Ziel und wie muss das Buch beschaffen sein, dass es ein gutes Trägermedium für mein Marketing ist?
- Welche konkreten Maßnahmen möchte ich für das Buchmarketing, respektive für mein Unternehmens- oder Selbstmarketing umsetzen?

Parallel dazu werden Sie recherchieren, sich in die Fachliteratur vertiefen, lesen, was Kolleginnen zum Thema bereits geschrieben haben, vielleicht auch Interviews führen.

- ***Zwischenschritt: Verlagssuche***
Für die Verlagssuche brauchen Sie

- ein überzeugendes Exposé,
- einen Probetext,
- eine Auswahl an geeigneten Verlagen.

Sie schreiben die Verlage an und fragen gegebenenfalls nach. Interessiert sich ein Verlag konkret für Ihr Buch, werden Sie Klärungsgespräche zu führen haben, die hoffentlich in einen Autorenvertrag münden.

Wenn Sie jetzt schon wissen, dass Sie selbst publizieren wollen, heißt es, die geeigneten Partner für die Produktion zu finden: Lektorinnen, Grafiker und eine Selfpublisherplattform oder eine Druckerei.

- ***Phase 2: Manuskripterstellung, Endfertigung (und Selfpublishing)***
Erst jetzt geht es an das eigentliche Schreiben. In dieser Phase können Ihre Hauptaufgaben je nach Thema und Wissensstand sein:

- Schreiben, Kapitel für Kapitel, und überarbeiten
- Recherche: Lesen einschlägiger Fachliteratur, Interviews mit anderen Experten führen, Internetrecherche, vielleicht sogar eine Umfrage starten
- Kontakthalten mit Ihrer Ansprechpartnerin im Verlag, sofern Sie einen haben

Wenn Sie Ihr Manuskript fertig geschrieben haben, schicken Sie es (hoffentlich zeitgerecht) an den Verlag. Ihre Ansprechpartnerin (Lektorin, Editorin) kümmert sich darum, dass es lektoriert und das Cover gestaltet wird. Nach wenigen Wochen bekommen Sie Ihr Manuskript von der Lektorin zurück mit der Bitte, alle Korrekturen und offenen Fragen durchzuarbeiten. Das ist meist noch einmal ein Aufwand von einem oder mehreren Tagen – je nach

Qualität Ihres Textes. Auch beim Cover werden Sie ein Wörtchen mitreden dürfen. Das Manuskript kommt anschließend in den Satz und Sie erhalten es ein letztes Mal in Form der Druckdatei (z. B. als pdf) mit der Bitte um endgültige Freigabe. Dann haben Sie es geschafft.

Ab dem Zeitpunkt, wo Cover und Druckdatei freigegeben sind, braucht der Verlag ein paar Wochen für den Druck. Doch in dieser Zeit sind Sie ohnehin schwer beschäftigt: mit dem Anwerfen Ihrer Marketingmaschinerie nämlich!

Im Fall des Selfpublishing: Gegen Ende der Fertigstellung Ihres Manuskripts werden Sie einen Grafiker beauftragen und die Lektorin rechtzeitig avisieren, damit sie Zeit für Ihr Manuskript blockieren kann. Sobald Ihr Grafiker Ihnen die Druckdatei geschickt hat, können Sie die Veröffentlichung und Produktion in Auftrag geben – beispielsweise mithilfe einer der Selfpublisherplattformen.

- ***Phase 3: Pre-Marketing, Publikation und Marketing***
Bereits Wochen vor dem Publikationstermin sollten Sie beginnen, Ihr Buch anzukündigen. Was Sie in dieser Phase konkret zu tun haben, hängt von Ihrem Marketingkonzept ab. Social-Media-Aktivitäten, Blogbeiträge und Newsletter, Buchpräsentation zum Erscheinungstermin, weitere Lesungen und Präsentationen, Gespräche mit Journalistinnen, Vorträge oder Seminare zum Buch sind mögliche Tätigkeiten, die garantiert für Kurzweil in Ihrem Leben sorgen werden.

Ziele setzen

Die großen Meilensteine eignen sich wunderbar als Zwischenziele, die da zum Beispiel heißen können: In zwei Monaten habe ich das Konzept fertig, einen Monat später Exposé und Probekapitel. In der ersten Woche von Monat 4 schreibe ich meine bevorzugten Verlage an und beginne dann gleich mit dem nächsten Kapitel. Pro Kapitel plane ich zwei Monate ein.

Ob diese Zielvorgaben tatsächlich machbar sind, hängt von vielen Faktoren ab: Wie erfahren sind Sie im Schreiben? Wie viel Rechercheaufwand werden Sie haben? Wie klar ist Ihre Idee? Und: Wie viel Zeit können Sie pro Woche für das Schreiben reservieren? Wie viel Energie haben Sie am Ende eines Arbeitstages noch übrig, um sich an den Computer oder in die Bibliothek zu setzen? Außerdem müssen Sie damit rechnen, dass Sie während der ersten

Kapitel feststellen, dass Ihre Kapitelgliederung adaptiert werden muss. Das ist ganz normal, doch es fühlt sich ein bisschen an, als müssten Sie zurück zum Start. In jedem Fall wird es Sie ein wenig aufhalten und Ihren Zeitplan durcheinanderbringen.

Planen Sie jedenfalls nicht zu detailgenau. Wenn Sie mit Ihrem Verlag vereinbart haben, dass das Manuskript 500.000 Zeichen haben soll, macht es wenig Sinn, wenn Sie sich als Ziel setzen, pro Stunde 1000 Zeichen zu produzieren. Denn ob Sie das schaffen, ist enorm abhängig davon, wie sehr sich der Inhalt gerade dagegen wehrt, von Ihnen in wohlfeile Worte gefasst zu werden. Inhalte sind so! Ich schaffe zum Beispiel manchmal an einem Tag gerade einmal eine halbe Seite, doch ich habe auch schon in einem Anfall von perfektem Schreibflow 15 Seiten geschafft. Auch Kapitel lassen sich nicht so einfach im Vorhinein auf eine Seitenzahl festmachen.

Schreibzeiten fixieren: täglich, wöchentlich, monatlich

Zweifelsohne hat jede Phase so ihre Eigenheiten. Mir erscheinen die ersten beiden besonders heikel und daher wichtig zu planen: die Konzept- und die Manuskriptphase. Verlagssuche und Marketing fügen sich leichter in Ihren Alltag ein bzw. der Verlag sorgt dafür, dass Sie aktiv werden. Die Konzeptphase scheint mir deshalb heikel, weil Sie ohne Planung und klares Ziel zwischen Alltäglichem schnell darauf vergessen. Daher: Blockieren Sie in Ihrem Kalender wöchentlich einen halben Tag (oder mehr) oder täglich ein oder zwei Stunden – je nachdem, wie es für Sie praktikabel ist.

Strategien, um am Ball zu bleiben, gibt es verschiedene. Manche meiner Kolleginnen haben täglich eine Schreib-/Buchzeit fix in ihrem Kalender eingetragen, beispielsweise jeden Morgen eine Stunde, bevor die eigentliche Arbeit beginnt. Das hat den wirklich charmanten Vorteil, jeden Tag mit einer Zeit für sich selbst, mit etwas garantiert Sinnvollem zu beginnen und nicht wie sonst oft mit Fremdgesteuertem. Andere Autoren blockieren sich zwei Mal wöchentlich einen halben Tag oder einen Tag in der Woche, weil ihnen die halbe Stunde täglich zu kurz ist. Wenn Sie am Freitag zu Mittag Ihr Büro schließen, könnten Sie den Freitagnachmittag zu Ihrer Schreibzeit deklarieren und wenn möglich gleich einen Teil des Samstags dranhängen. Oder Sie machen es wie ich, erklären jede zweite Woche zur Buchschreibzeit und schreiben in dieser Woche in jeder freien Minute.

Eine Best Practice gibt es dafür nicht. Jeder Mensch ist ein bisschen anders gestrickt. Täglich eine Stunde hat den Vorteil, dass Sie Ihr Projekt ständig im

Kopf haben und es nie aus den Augen verlieren. Ein Nachteil kann sein, dass gerade dann, wenn Sie so richtig ins Schreiben kommen, die Stunde vorbei ist. Eine ganze Woche unter das Motto „Mein Buch hat Vorrang" zu stellen, hat wiederum den Vorteil, dass Sie so richtig tief in Ihre Materie eintauchen können und dabei ordentlich weiterkommen. Am besten, Sie probieren aus, was Ihnen am ehesten zusagt.

Das Gefährlichste ist, dass Sie den Faden verlieren. Das passiert schneller, als man denkt. Da müssen Sie den einen Schreibtermin im Kalender streichen, weil ein Kunde kurzfristig etwas von Ihnen braucht, den zweiten, weil Sie krank werden, und den dritten, weil Ihr Sohn die Masern bekommen hat. Danach ist die To-do-Liste endlos lang geworden, daher verschieben Sie die nächsten beiden Schreibtermine ebenfalls, um sie abzuarbeiten und wieder Normalzustand herzustellen. Und schon ist Ihr Buchprojekt in weite Ferne gerückt.

Seilschaften bilden

Ich persönlich gehöre zum Typ „Ich lass mir von niemandem sagen, wann ich schreiben soll, nicht einmal von mir selbst". Das ist schwierig, weil ich mich dann nämlich nicht an meine Schreibzeiten halten will, auch nicht, wenn ich sie in meinen Kalender eintrage. Es passiert ja nichts, wenn ich ihn nicht einhalte, keiner wartet auf mich, keiner wird sich beschweren oder mir die Ohren langziehen. Vielleicht kennen Sie das. Dann hilft nur eines: Treffen Sie mit anderen Menschen eine fixe Vereinbarung, und zwar so, dass es Ihnen unangenehm ist, wenn Sie sich nicht daran halten. Das kann ein Freund sein oder eine Kollegin.

Wobei es nicht ausreichen wird, dass Sie sagen: „Bis Ende nächster Woche schicke ich dir Kapitel 3." Denn was passiert denn schon, wenn Sie sich nicht daran halten? Eben. Ich habe für das Schreiben dieses Buchs folgende Vereinbarung mit einer Kollegin getroffen: Zu jedem Kapitel gibt es einen Gesprächstermin, bei dem ich ihr erzähle, was ich in dieses Kapitel hinzuschreiben gedenke. Sie hat sich ihrerseits auf dieses Gespräch vorbereitet, indem sie sich Fragen überlegt hat. Bis zum nächsten Termin einen Monat später (wo wir über das nächste Kapitel sprechen wollen) musste ich ihr zumindest einen Rohtext schicken. Das hat wunderbar funktioniert, und zwar deshalb, weil ich ein wirklich schlechtes Gewissen bekommen hätte, wäre ich „vertragsbrüchig" geworden. Schließlich hat sie für unsere Termine auch Vorbereitungszeit investiert!

Wenn das alles nichts hilft, wenden Sie sich an einen professionellen Schreibcoach. Dem müssen Sie nämlich ein Honorar zahlen – vielleicht ist das Motivation genug, dass Sie von einem Termin bis zum nächsten tun, was Sie vereinbart haben!

Schreibklausuren organisieren

Eine der romantischsten Vorstellungen über das Leben eines Autors ist, dass er in einem Cottage sitzt, gedankenversunken auf das endlose, blaue Meer blickt und so sein Buch schreibt. Wahlweise träumen manche auch vom Häuschen am See oder der stillen Almhütte. Als ich mich zu Beginn dieses Jahrtausends selbstständig machte, hatte ich diesen Traum ebenfalls. Selbstverständlich habe ich ihn auch wahr werden lassen! Ich mietete mich für zwei Wochen ein in einem schnuckeligen kleinen Hotel an der Küste Kroatiens, Zimmer mit Balkon und Meerblick.

Am ersten Tag musste ich einmal ankommen. Am zweiten Tag wollte ich die Umgebung erkunden, man muss schließlich wissen, wo man gelandet ist, bevor man sich schutzlos der Muse ausliefert. Am dritten Tag wehte ein sachtes Lüftchen und die Sonne schien, also ging ich spazieren und verirrte mich, sodass ich erst am Nachmittag zurückkehrte. Da war es mir zu spät, noch mit dem Schreiben zu beginnen. Am vierten Tag war es mir auf dem Balkon zu heiß, also setzte ich mich zum Arbeiten ins Zimmer. Ebenso am fünften Tag, doch da wurde es mir zu blöd, immer nur sehnsüchtig durch das Fenster auf das tolle blaue Meer zu schauen, also ging ich schwimmen. So ging das immer weiter. Zudem fühlte ich mich in der zweiten Woche zunehmend einsam, das verdarb mir dann restlos die Lust am romantischen Autorinnendasein. Sie können sich also vorstellen, wie ergiebig meine zwei Wochen Schreibzeit am Meer waren.

Das soll nun nicht heißen, dass es Ihnen auch so geht. Vielleicht bin ich nur viel zu undiszipliniert, während Sie es bestens beherrschen, bei so einer Schreibklausur abwechselnd zu arbeiten und das Leben zu genießen. Ich wollte Sie auch nur warnen. Denn grundsätzlich ist eine Schreibklausur eine tolle Sache! Wochenlang sich nur einer einzigen Sache – nämlich noch dazu Ihres absoluten Lieblingsthemas – zu widmen und alles andere, alle Verpflichtungen und lästigen To-dos des Alltags links liegen lassen zu können, das hat etwas. Wenn Sie so eine Schreibklausur planen, empfehle ich Ihnen nur eines: Planen Sie sie nur zusätzlich zu Ihren täglichen oder wöchentlichen Schreibzeiten. Denn in zwei mal zwei Wochen Schreibklausur bekommen Sie Ihr Buch niemals fertig.

Little friends

Woran erkennt man den typischen Autor? Am Notizbuch, das er immer eingesteckt hat, sogar, wenn er ins Theater geht oder ins Fitness-Center. Es liegt üblicherweise jede Nacht auch am Nachtkästchen. Denn Geistesblitze sind unberechenbar, sie kommen zu den unmöglichsten Zeiten und geraten seltsamerweise gerne schnell wieder in Vergessenheit, wenn man sie nicht schnell notiert. Sie sind oft genug wirklich wertvoll. Selbstverständlich ist es völlig egal, ob dieses Notizbuch aus Papier oder aus Bits and Bites gemacht ist und ob Sie Ihre Gedanken aufschreiben oder auf Band sprechen.

Eine Pinnwand, ein Whiteboard oder eine Flipchart-Tafel helfen Ihnen, immer einen Blick auf den aktuellen Stand Ihres Projekts zu haben. Ich habe zu diesem Zweck einen Ausdruck des Konzepts und später die Kapitelstruktur angepinnt und kann auch hier händisch Notizen hinzufügen, wenn ich gerade keinen Computer angeschaltet habe. Ein weiterer Vorteil einer solchen „Projektwand" ist, dass sie groß genug ist, um nie übersehen zu werden oder gar in Vergessenheit zu geraten.

Eine Ordnermappe kann Ihnen helfen, Zeitungsausschnitte, Notizzettel und Ähnliches kapitelweise zu sortieren: Jedes Fach im Ordner steht für ein Kapitel in Ihrem Buch, sodass Sie darin Notizen, Zeitungsausschnitte und Ähnliches sammeln können und gleichzeitig ein wenig Ordnung haben. Es gibt nichts Schlimmeres als eine Schuhschachtel voller Zettel, die Sie erst auseinanderklamüsern und außerdem bei jeder dritten Notiz rätseln müssen, was Sie sich dabei gedacht haben und für welche Stelle im Buch Sie diese Weisheit unbedingt festhalten wollten.

Little enemies

Viele Autorinnen und Autoren machen früher oder später Bekanntschaft mit einem lästigen ungebetenen Gast: dem inneren Kritiker. Sehr oft ist er ein verkleideter Perfektionist, ein Besserwisser, ein ewig Unzufriedener. Er nimmt sich viel zu wichtig, daher sollten wir mit diesem Kerl noch ein Hühnchen rupfen, bevor Sie den nächsten Schritt für Ihr Buch setzen.

Er hat seine Wurzeln meist in Glaubenssätzen, die wir entweder unreflektiert aus unserem Elternhaus mitgenommen oder die wir selbst im Laufe unseres Lebens aufgestellt haben. Er sorgt dafür, dass Sie

- nie anfangen oder
- nie fertig werden,
- unterwegs verzagen oder
- die Freude verlieren.

Zwei Wege führen meiner Erfahrung nach am schnellsten heraus aus der Kritikerfalle:

1. Machen Sie aus dem „little enemy" einen „special friend", auch wenn Sie ihn als Verhinderer, als Belastung erleben. Es gibt kaum etwas auf der Welt, das keinen Sinn hat – der innere Kritiker hat den Sinn, Sie zu beschützen. Er möchte Sie davor beschützen, dass Sie Fehler machen, und das ist doch gar keine so schlechte Ambition, oder? Würdigen Sie den inneren Kritiker als eine wertvolle Eigenschaft von Ihnen – eine Eigenschaft, die Ihren Anspruch nährt, nicht verantwortungslos Halbwissen von sich geben, sondern Fundiertes, Interessantes und Hilfreiches für Ihre Leserinnen und Leser.
2. Setzen Sie den inneren Kritiker also nicht vor die Tür. Geben Sie ihm besser einen Platz, der seiner Aufgabe angemessen ist, denn es ist ja nicht so, dass er für nichts gut ist. Denn das ist es eigentlich, was destruktiv an diesem Gesellen ist: Er übertreibt es mit seinem Beschützerinstinkt wie eine Übermutter, die ihre Kinder erdrückt vor lauter Liebe. Der richtige Platz für den inneren Kritiker ist nicht an Ihrem Schreibtisch, sondern am besten im Nebenzimmer. Und der richtige Zeitpunkt, ihn auf den Plan zu rufen, ist immer erst, nachdem Sie etwas geschrieben haben. Schreiben Sie erst Ihr Konzept fertig, dann, beim Überarbeiten, darf er mitreden. Schreiben Sie Ihre Rohfassung zügig bis zum Ende, erst dann holen Sie ihn an Ihre Seite. Wenn Sie ihn früher ranlassen, mutiert er zur Schreibblockade.

Shortcut

Zähmen Sie den inneren Kritiker, auch wenn er eine wichtige Funktion für Sie hat.

Benimm dich. Vom Respekt gegenüber geistigem Eigentum und der Sorgfalt gegenüber eigenem Wissen

In jeder Gesellschaft gibt es Spielregeln. Will man sich Gehör verschaffen und respektiert werden, ist es ganz praktisch, sie zu kennen und zu befolgen. Manche sind nur Gepflogenheiten, die man vielleicht sogar ganz bewusst brechen möchte, um aufzufallen. Manche sind aber sogar festgeschriebenes Gesetz. Ob Sie bei einem Verhandlungstermin Ihrem Kunden die Tür zum Besprechungszimmer aufhalten oder nicht, das dürfen Sie selbst entscheiden und auf diese Weise beeinflussen, ob man Sie als höfliche, charmante Person betrachtet oder nicht. Doch wenn Sie Ihrem Kunden den Kopf einschlagen, nur weil er mit Ihrer Preisgestaltung nicht einverstanden ist, wird das Strafgesetz greifen und Sie zum Knastbruder machen.

Regel Nr. 1: Hab Respekt vor dem geistigen Eigentum anderer

Auch in der Bücherwelt gibt es Spielregeln und ihre wichtigste heißt: Haben Sie Respekt vor dem geistigen Eigentum anderer Autorinnen und Autoren. In anderen Worten: Halten Sie sich an die Zitierregeln! Ihr seriöser Ruf, Ihr gutes Image wird davon abhängen, wie gut Sie diese Spielregel beherrschen. Sie sind an jene Gepflogenheiten angelehnt, die in der Wissenschaft seit langem gelebt werden. Der grundlegende Gedanke, der die Wissens-Community treibt, ist: Forscherinnen und Forscher betreiben Studien und schreiben darüber, um das Wissen stets weiterzuentwickeln und der Gesellschaft brauchbare Antworten zu liefern. Sie knüpfen dabei an bereits bestehende Erkenntnisse an, über die vor ihnen schon andere geschrieben haben. Daher ist es nicht nur Ehrensache, sondern Pflicht, diese Anknüpfungspunkte klar zu markieren, indem sie die Quellen auf eine bestimmte, vereinheitlichte Weise benennen. Auf diese Weise werden alle Erkenntnisse und Theorien, alte wie neue, miteinander verknüpft.

Shortcut

Wissen braucht respektvollen Umgang – sowohl Ihres als auch das anderer Experten.

Dieses Community-Gefühl – also Teil einer großen Wissensgemeinschaft zu sein – mag ich sehr. Ich bin der Meinung, dass es durchaus auch auf uns Sachbuchautorinnen und -autoren erweiterbar ist. Auch wenn wir keine wissenschaftlichen Studien betreiben, so haben wir dennoch viel ausprobiert, unser Wissen und unsere Theorien an der Realität erprobt. Daraus hat sich unsere persönliche Erfahrungswelt entwickelt, die es wert ist, sie mittels Buch weiterzugeben. Wenn Sie sich beispielsweise seit Jahren mit agilem Management beschäftigen, haben Sie Ihre eigenen Erkenntnisse und Erfahrungen in sich. Doch Sie konnten diese nur entwickeln, weil sie einmal etwas gelernt haben, vielleicht

Wirtschaft studiert oder sich in die Fachliteratur eingelesen haben, um Ihren Job gut und richtig zu machen. Sie haben von anderen Autoren etwas über Change-, Veränderungs- und Transformationsmanagement gelernt und vielleicht Bücher, Fachartikel und Aufsätze von Zukunftsforschern verschlungen.

Diesen Umstand müssen Sie würdigen, wenn Sie Ihr Buch über agiles Management schreiben. Das heißt nicht, dass Sie nun alle Ihre Lehrerinnen und Professoren in einer Danksagung aufzählen sollen, nein. Sie müssen viel konkreter sein, indem Sie, wenn Sie sich in Ihren Ausführungen auf ein Modell, eine Erkenntnis, eine Theorie, eine Erfahrung eines anderen Autors beziehen, diese Person und ihr Buch nennen. Hier also die gängigen Zitierregeln:

Bei Fachbüchern ist es üblich, dass die Autorin im Fließtext an der Stelle genannt wird, wo Sie sie zitieren: „Wie Muster ausführt, …" Am Ende des Satzes bringen Sie einen Fußnotenverweis an, und in die Fußzeile schreiben Sie: „Muster, 2009, S. 47–48". Manchmal wird statt der Fußnote die Quelle auch im Fließtext in Klammern gesetzt: „Wie Muster ausführt, …". Im Literaturverzeichnis am Ende des Buchs listen Sie alle Werke ausführlich auf, und zwar beispielsweise so: „Muster, Maxine (2009) Zukunftsmanagement. 3. Auflage. Wien: Utopiaverlag". Alternativ kann das Erscheinungsjahr auch nach hinten rutschen, dann sieht das so aus: „Muster, Maxine: Zukunftsmanagement. 3. Auflage. Wien, Utopiaverlag 2009". Zitieren Sie aus einem Aufsatz, der in einer Zeitschrift erschienen ist, steht im Literaturverzeichnis: „Muster, Maxine, Zukunftsmanagement, in: Der Utopist, Ausg. 5/18, S. 12–15".

Was tun Sie bei E-Books und Internetverweisen? Ähnlich wie bei Büchern geben Sie auch bei den E-Books den Namen, das Erscheinungsjahr, den Titel samt Untertitel, Auflage, Ort und Verlag an. Wenn das E-Book Seitenzahlen anführt, nennen Sie diese, wenn nicht, dann behelfen Sie sich, indem Sie Kapitel und Unterkapitel anführen, damit jemand, der die Stelle sucht, sie so gut wie möglich finden kann. Internetverweise werden im Literaturverzeichnis mit URL und dem Datum des letzten Zugriffs angeführt.

Bei Sachbüchern und Ratgebern gelten diese Zitierregeln grundsätzlich ebenfalls, nur werden sie nicht so strikt angewendet. Zum einen wird die Person, auf die man sich bezieht, im Fließtext viel geschmeidiger in den Satz eingefügt, zum anderen sind Fußnoten und Quellenverweise im Fließtext unüblich. Bei Sachbüchern geht es eben auch um die möglichst gute Lesbarkeit und die gefällige und auch optisch ansprechende Darreichung des Textes. Wer einmal das Fachbuch eines Hochschulprofessors aufgeschlagen und dort auf jeder zweiten Seite fünf Zentimeter in Minischrift gehaltene Fußnoten vorgefunden hat, weiß, was ich meine. Man möchte das Buch am liebsten in den hintersten Winkel verbannen!

Dass die Zitierregeln bei Sachbüchern weniger streng gehandhabt werden, entbindet Sie aber nicht von der Pflicht, alle Quellen zu nennen, von denen Sie Inhalte für Ihr Buch verwenden. Ein „Ach, da kommt doch bestimmt keiner drauf" gilt ebenso wenig wie „Wenn ich meinen Kollegen in meinem Buch als Quelle nenne, glauben meine Leser doch, dass ich selbst nichts weiß". Seien wir ehrlich: Wenn Sie glauben, dass man Sie nicht ernst nimmt, weil Sie eine Quelle nennen, wie steht es denn dann ganz generell mit Ihrer Glaubwürdigkeit als Autor? Ich kann Ihnen versichern, dass Sie, eben *weil* Sie Fairness und Respekt gegenüber dem Urheberrecht anderer zeigen, respektiert und ernst genommen werden.

Warum ich Ihnen das hier, bereits zu Beginn des Buchs, darlege, wo wir uns doch noch gar nicht um Ihre Buchidee gekümmert haben? Weil Sie möglicherweise Ihrer Idee bereits nachgehen und schon fleißig recherchieren und Fachliteratur rauf- und runterlesen. Weil Sie sich dabei Notizen machen, was davon Sie in Ihrem Buch verwenden werden. Und weil es deshalb klug wäre, wenn Sie nicht nur die Inhalte notieren, sondern auch die Quelle, so vollständig wie oben beschrieben mit Angabe von Verlag und Seitenzahl. Sie wollen doch nicht so enden wie manche meiner Kunden, die mich mit schreckgeweiteten Augen entsetzt anblicken, weil ich sie auf die Reise schicken muss, um zu all den klugen Notizen die Quellen zu suchen. Das ist eine Mordsarbeit, das kann ich Ihnen garantieren!

Interview mit Heike Baller

Was für viele Menschen anspruchsvolle und zeitraubende Arbeit ist, hat Heike Baller zu ihrem Beruf gemacht: Sie hat Bibliotheken, Google & Co zu ihrem Spielfeld gemacht und übernimmt Recherche-Aufträge. Dass sie die Zitierregeln beherrscht, gehört zu ihrem Job dazu wie für den Bäcker das Wissen über Mehlsorten. Ich habe ihr Wissen angezapft und ihr ein paar Fragen gestellt.

Heike, wie zitiert man richtig?

Die wichtigste Regel heißt: Wähle einen Zitationsstil und behalte ihn im ganzen Text bei. Ins Literaturverzeichnis gehören alle relevanten Angaben: Name, Titel, gegebenenfalls Untertitel; bei Beiträgen in anderen Büchern oder Zeitschriften ein „in:" mit der Angabe des übergeordneten Titels oder Zeitschriftentitels und die Seitenangaben. Bitte nie S. 35 ff. schreiben, sondern S. 35–47. Bei Zitaten aus dem www gehört die URL in die Angaben und das Datum des letzten Zugriffs. Der Ort für die Angabe des Erscheinungsjahrs variiert je nach Zitationsstil – mal in Klammern nach dem Namen, mal hinter Ort und Verlag.

Es gibt einen Unterschied zwischen den Zitiergepflogenheiten in Fachbüchern und Sachbüchern bzw. Ratgebern. Worin besteht er?

Sachbücher und Ratgeber verzeichnen manchmal nicht die gesamte Literatur, sondern geben nur eine Auswahl an empfehlenswerten Titeln an. Auch die Verweise auf die Gedanken anderer Menschen werden nicht detailliert belegt. Für Fachbücher – also wissenschaftliche Literatur – ist der detaillierte Nachweis übernommener Gedanken zwingend erforderlich. Im Literaturverzeichnis müssen alle Quellen genannt werden, die die Autorin oder der Autor im Laufe der Entstehung zu Rate gezogen hat.

Viele Autorinnen und Autoren sind sehr belesen und haben beim Schreiben ihres Sachbuchs dann ein großes Problem. Sie schreiben etwas, von dem sie wissen, dass sie das aus irgendeinem Buch haben, nur: Wo, verdammt nochmal, habe ich das bloß gelesen?! Was kannst du empfehlen?

In analogen Zeiten habe ich aufs Exzerpieren geschworen: Für jeden Text schrieb ich das heraus, was mir wichtig erschien und die Seitenzahl an den Rand. So kann man in digitalen Zeiten auch noch arbeiten – mit digitalen Hilfsmitteln. Ansonsten verweise ich gern auf die verschiedenen Angebote der Literaturverwaltungssoftware – bei den meisten kann ich Zitate und Bemerkungen mitspeichern und teils auch automatisch in meinen Text mit einbauen.

Literaturverwaltungssoftware – was ist das und was kann sie?

Bei Literaturverwaltungssoftware handelt es sich um selbst erstellte Datenbanken – man gibt die Titeldaten ein, kann den Zitationsstil festlegen und in Notizfunktionen beispielsweise direkte und indirekte Zitate ablegen. Besonders ausgereift ist da *Citavi*, ein Schweizer Angebot. Mit dieser Anwendung kann man sogar bis zu einem gewissen Grad recherchieren. Ich finde es recht selbsterklärend – aber ein bisschen Einarbeitung ist schon nötig. Das gilt erst recht für *EndNote*, eine amerikanische Software, die an manchen Unis bevorzugt wird. Es gibt auch bei manchen MS-Office-Programmen Add-ins, die man gut nutzen kann. Von *Citavi* gibt es eine Free-Version, in der man bis 100 Titel pro Projekt speichern kann – bei so vielen Projekten wie man will.

Bei Sachbüchern gibt es normalerweise weit nicht so viel zu recherchieren wie bei wissenschaftlichen Arbeiten. Da scheint mir eine Software mitunter ein wenig übertrieben. Hast du auch hier einen Rat, ein Tool für den „kleinen" Gebrauch?

Egal, wie man sich Notizen macht – es muss in Fleisch und Blut übergehen, Autor, Titel und die Seitenzahl zu notieren. Ich hab früher mit Collegeblöcken gearbeitet und die Notizen zum Exzerpt auf die linke Seite geschrieben und auf der rechten Seite dann eben das Exzerpt. Ich bin da recht old school und halte das auch heute noch so. Das muss wohl jede und jeder selbst rausfinden, was am besten passt. Am wichtigsten ist die Genauigkeit beim Arbeiten: Quelle und die dazugehörigen Angaben übersichtlich halten und immer, immer, immer die Seitenzahlen notieren!

Was tut man bei Theorien oder Modellen, die schon beinahe Gemeingutstatus haben, weil sie seit Jahrzehnten tausendfach zitiert werden wie beispielsweise die Maslowsche Bedürfnispyramide?

Eine Regel besagt, dass Inhalt von Lehrbüchern, also die Vermittlung von Grundlagenwissen, nicht zitierwürdig ist – das sehe ich für solche Theorien ähnlich. Das muss dann also nicht mit Quellenangabe verifiziert werden.

Gibt es eine maximale Anzahl von Wörtern, die man zitieren darf?

Das hängt von der Textart ab: Studentische Seminararbeiten sollten nur wenige und kurze wörtliche Zitate verwenden; in wissenschaftlichen Monografien können schon mal ganze Absätze angegeben werden. Insgesamt gilt: Wörtliche Zitate sollten nur verwendet werden, wenn es nicht anders geht. Von konkreten Zahlen habe ich noch nichts gehört.

Wie ist das mit Bildern bzw. Grafiken und deren Abdruckrechten – wie geht man da korrekt vor?

Will jemand Bilder aus dem www verwenden, sollte er auf die Lizenzierung achten – bei Creative-commons-Lizenzen reicht oft schon die Namensnennung. Ansonsten müssen die Rechteinhaber – das können natürliche Personen oder Institutionen wie Verlage oder wissenschaftliche Einrichtungen sein – wegen des Abdruckrechtes befragt werde. Gegebenenfalls ist eine Lizenzgebühr zu zahlen.

Manche Autoren meinen, das mit dem Zitieren müsse man nicht so eng sehen – oder sie finden, der Urheber bzw. die Urheberin würde das Zitierte doch ohnehin nie finden. Was hast du dazu zu sagen?

Absolutes No-Go. Geht gar nicht. Wenn ich mich anderer Leute Gedanken bediene, habe ich das zu kommunizieren.

Mit welchen Sanktionen muss man rechnen, wenn man falsch oder gar nicht zitiert?

Kommt auf den Kontext an – an der Uni kann das zum erzwungenen Abbruch des Studiums führen. Werden Plagiate nachträglich entdeckt, droht der Entzug des erschlichenen Titels. Im nichtuniversitären Bereich ist das schwieriger – es gibt da keine Instanz, die Sanktionen verhängen kann.

Das heißt, wenn ich in meinem Sachbuch schlampig bin, passiert nichts?!

Ich fürchte, nein. Es muss halt jemandem auffallen, der muss es melden – meist beim Verlag. Aber es gibt keine übergeordnete Behörde, die da zentral etwas regelt. In einem Fall ist ein Sachbuch wieder eingestampft worden. Einer der Autoren hat einfach Wikipedia abgekupfert – und ein Facebook-User hat es entdeckt.

Wenn Hinweise eingehen, gibt es die Möglichkeit, in einer Neuauflage Fehler zu korrigieren. Abschreiben ist bei einem Verlagsvertrag jedenfalls vertragswidrig und wird dann mit den entsprechenden juristischen Mitteln behandelt – nur selten in der Öffentlichkeit.

Heike Baller arbeitet seit mehr als 20 Jahren als Rechercheurin. Sie gibt Seminare rund um Recherche und Literaturrecherche u. a. an der Universität zu Köln und bei der Akademie des Philologenverbandes in Düsseldorf. www.profi-wissen.de

Regel Nr. 2: Recherchiere gründlich

So wie Sie Respekt vor dem geistigen Eigentum anderer haben sollten, so sollten Sie auch Ihr eigenes geistiges Eigentum hegen und pflegen. Sorgen Sie dafür, dass alles, was Sie in Ihr Buch schreiben, Hand und Fuß hat. Ich meine damit nicht, dass Sie nicht auch Vermutungen äußern dürfen – sämtliche Zukunftsforscher hätten sonst schlechte Karten. Doch begründen sollten Sie Ihre Vermutung schon. Ihre Leserinnen und Leser wollen Ihre Gedanken schließlich nachvollziehen können.

Ansonsten heißt es: Ran an die Recherche! Lesen Sie sich ein in Ihr Thema, interviewen Sie Fachleute oder vom Problem Betroffene. Ein Buch zu schreiben heißt immer auch, Bücher zu lesen. Weil Recherche eine ziemlich zeitaufwendige Angelegenheit ist, dachte ich, ich frage Heike Baller – die uns oben bereits über das Zitieren aufgeklärt hat – nach ihren favorisierten Tipps, damit Sie möglichst effizient recherchieren können.

„Man braucht eine gute Recherchestrategie", sagt sie. „Was genau will ich finden? In welche Richtung geht es? Will ich beispielsweise etwas über den Geschmack, die Vermarktung oder die Geschichte des Weinbaugebiets Burgund wissen? Man muss schon sehr präzise formulieren, um das Richtige zu finden." Man müsse Ober- und Unterbegriffe zu den einzelnen Suchworten sammeln. Synonyme helfen dabei, aus dem eigenen Wording auszubrechen und so eine größere Bandbreite zu finden.

Auch eine hilfreiche Frage, die die Suche gut eingrenzen kann: Gibt es Stellen, die mit meinem Thema befasst sind? Gibt es Personen, die ich fragen kann? Vielleicht gibt es eine Touristeninformation für die Region Burgund oder einen Weinbauverband, wo man digital oder auch persönlich anfragen kann.

Für Hintergrundrecherchen navigiert Heike Baller zwischen analogen und digitalen Quellen, bemüht Bibliotheksdatenbanken, klappert Archive ab und entstaubt schon einmal den einen oder anderen verlassenen Winkel im Keller einer Minibibliothek. Eine ihrer dringenden Empfehlungen: Bei der Onlinerecherche immer wieder die Suchmaschinen wechseln. Und ein zweiter Tipp, aus dem Journalismus entliehen: Verifizieren Sie jede Information, die Sie recherchiert haben, durch mindestens eine zweite Quelle. Das unterscheidet den Qualitätsjournalismus von Gratiszeitungen und der Yellow Press. Ich denke, Sie wissen, was Sie Ihren Leserinnen und Lesern bieten wollen!

Für das effiziente Durcharbeiten Ihrer Fachliteratur habe ich auch noch Anregungen – oder besser gesagt, der gebürtige Schwede Göran Askeljung hat in seinem Buch zusammengefasst, wie man effizient vorgeht, um aus einem Buch das herauszulesen, was man wirklich braucht. Er empfiehlt, zuerst darüber nachzudenken, was Sie von einem Buch erwarten. Was ist Ihr Ziel? Was können Sie von diesem Buch erwarten? Erst denken, dann lesen, ist seine Devise, ähnlich wie ich es weiter oben beim Schreiben empfohlen habe. Bevor Sie das Buch aufschlagen, machen Sie sich Gedanken:

- Welches Ziel verfolge ich, weswegen ich dieses Buch lesen möchte?
- Wer ist der Autor oder die Autorin? Was ist seine Expertise? Welche Sichtweise kann ich daher grundsätzlich erwarten?
- Worum geht es im Buch? Worum wird es – aufgrund der Autorenexpertise – wohl nicht gehen?
- Wann wurde das Buch geschrieben? Ist es aktuell? Wenn nicht, welche Färbung werden die Inhalte aufgrund der damaligen gesellschaftlichen Situation erhalten haben?
- Was waren Ziel und Zweck für den Autor, dieses Buch zu schreiben?
- Welche neuen Erkenntnisse erwarte ich aufgrund dieser Lektüre zu bekommen?

Erst dann schlagen Sie das Buch auf und beginnen mit der Lektüre. Wobei auch hier Askeljung vorschlägt, nicht jedes einzelne Wort von Anfang bis zum Ende zu lesen. Er hat die Trichtermethode entwickelt, bei der Sie

- im ersten Schritt das Buch Seite für Seite rasch scannen, um sich einen Überblick zu verschaffen: Was steht wo, welche Kapitel kann ich auslassen, welche Teile werde ich genauer lesen?
- Im nächsten Schritt konzentrieren Sie sich nur auf die Teile, die Sie als relevant identifiziert haben, und lesen diese mit größerer Aufmerksamkeit.

Diese Vorgehensweise hat den Vorteil, dass Sie sich bei jedem Buch nur auf das fokussieren, was wirklich bedeutsam für Ihre Recherche ist. Probieren Sie es aus!

Schritt 2: Finde ein unwiderstehliches Thema

Zwischen „alles, was ich weiß" und „nur ja nicht zu viel verraten" spannt sich das Universum der Möglichkeiten. Wie Sie aus Ihrem Fachgebiet jenen Teil herausschälen, der Ihrem Publikum gefällt, Ihren Zielen dient und die Konkurrenz links liegen lässt.

Für den Schnellstart

1. Entscheide dich für ein Thema, das dich und dein Wissen gut repräsentiert.
2. Checke, ob dieses Thema eine ausreichend große Leserschaft findet.
3. Wähle den Inhalt nicht zu groß und nicht zu klein.
4. Unterziehe deinThema dem Konkurrenztest.

Wähle das richtige Thema. Der Wurm muss dem Fisch schmecken. Und dem Angler

Menschen, die vielleicht einmal Ihre Kunden werden, werden Sie als Experte wahrnehmen – als Experte für das, was in Ihrem Buch steht. Man wird bei Ihnen anfragen, ob Sie bei Veranstaltungen einen Vortrag halten können – zu dem Thema, über das Sie Ihr Buch geschrieben haben. Es wird Journalistinnen auf Sie aufmerksam machen, die auf der Suche sind nach jemandem mit einem speziellen Fachwissen – und weil ihnen Ihr Buch in die Hände gefallen ist, gehen sie davon aus, dass das Ihr Kerngebiet ist! Was neuerlich Menschen auf Sie aufmerksam macht, die dann das Interview mit Ihnen in der Zeitung lesen und mehr von dem haben wollen, was Sie im Buch schon geschrieben haben.

Kurz: Ihr Name und das Thema Ihres Buchs werden künftig in einem Satz genannt. Man wird Ihren Namen mit dem Thema verknüpfen. So wie man Tikki Küstenmacher mit dem Schweinehund verbindet und Lothar Seiwert mit Zeitmanagement und André Kostolany als Börsenguru bekannt ist, so wird man auch Ihnen ein Markierungsfähnchen in die Hand drücken, mit dem Sie kräftig schwenken dürfen. Das ist schließlich einer der Gründe, warum Sie sich das alles antun. Es ist daher gut, wenn Sie Ihr Thema ausreichend lieben, denn nach einem halben Jahr die Scheidung einreichen, das wird nicht möglich sein.

Andererseits – aus der Leserperspektive betrachtet – soll Ihr Buch für andere einen Nutzen bringen. Es hilft der beste Ratgeber nix, wenn den Rat, der drinsteht, niemand brauchen kann. Oder wenn ihn nur ein paar wenige Menschen brauchen. Ach, Sie schreiben gar keinen Ratgeber, sondern ein Fachbuch, das ohnehin nicht allzu großen Absatz finden wird? Es gilt trotzdem dasselbe: Das Fachthema muss jemanden interessieren, sodass der Kauf Ihres Buchs für ihn einen Nutzen hat, in dem Fall die Erweiterung seines Fachwissens.

> **Shortcut**
>
> *Strengen Sie sich an: Ein Buch soll etwas verändern. Es soll Probleme lösen, uns klüger machen, uns unterhalten. Enttäuschen Sie Ihr Publikum nicht!*

Jetzt verstehen Sie auch, warum das Kapitel diese seltsame Überschrift trägt: Weil es nicht nur darum geht, Kunden – respektive Leser – glücklich zu machen, sondern auch sich selbst. Ja, der Wurm muss den vielen Fischen schmecken, die im Teich schwimmen. Er muss aber auch Ihnen selbst schmecken. Vielleicht sollten Sie also statt des Wurms lieber ein Stückchen Brot an Ihre Angel hängen, es sei denn, Sie haben einen Hang zu kulinarischen Abenteuern. Brot mögen die Fische – und Sie auch! Sie sehen also, das ist gar nicht so schwierig.

Sollten Sie zu der Sorte Marketingpurist gehören, dem es absolut widerstrebt, etwas anderes außer dem Kundennutzen gelten zu lassen, weil doch nur der Kunde König ist, dann stellen Sie sich doch nur einmal vor, was es für

Sie bedeuten würde, sich ein paar Jahre lang nur von ekligen Würmern ernähren zu dürfen. Zugegeben, Würmer haben bestimmt ausreichend Proteine und sind demnach wohl irgendwie gesund – aber ein genussvolles Leben haben Sie dann sicher nicht. Und wer an seinem Buchthema nicht längerfristig Freude hat, der wird auch nicht erfolgreich sein damit. Der Markt spürt es, wenn Sie nicht dahinterstehen, das kennen Sie doch bestimmt aus Ihrem Unternehmeralltag.

Nehmen wir ein Beispiel. Stellen Sie sich vor, Sie würden mit Ihrem Buch „20 Wege, die Bilanz zu frisieren" berühmt werden. Über die Grenzen hinaus, Wahnsinn! Das Buch wird der Schlager schlechthin und man hat, wenn man an kreative Bilanzfälschung denkt, nur ein Gesicht vor Augen: Ihres. Die Sache kann in zweierlei Hinsicht ins Auge gehen. Da wäre einmal Ihr Ruf: Wenn Sie beabsichtigen, unter die Nobelkriminellen zu gehen, ist das rein marketingtechnisch betrachtet okay. Die Mafia hat bestimmt Bedarf an Koryphäen wie Sie. Für alle redlichen Kaufleute und Unternehmer werden Sie aber zur heißen Kartoffel: Man wird Sie sofort fallen lassen. Die zweite Krux bei der Sache ist, wenn Sie in Wahrheit gar kein leidenschaftlicher Buchhalter sind. Es ist Ihnen im Grunde ziemlich egal, ob ein Unternehmen mit der Bilanz sein Schicksal besiegelt, Hauptsache, in der doppelten Buchhaltung herrscht unterm Strich Summengleichheit, damit Sie beruhigt Feierabend machen können. Ihr Herz hängt da aber nicht dran. Echt nicht.

Leidenschaft entwickeln Sie jedoch sehr wohl nach Büroschluss in der Kneipe beim Dartspielen. Da sind Sie in Ihrem Element. Sie haben sogar schon Preise gewonnen. Wenn der Markt Sie aber einmal als kreativen Bilanzprofi erkannt hat, lässt er Sie nicht so leicht wieder los. Sie werden zu Vorträgen und Podiumsdiskussionen eingeladen und zu Fernsehsendungen. Keine Zeit mehr für Darts! So ist das. Die Geister, die Sie rufen, die werden Sie nicht so schnell wieder los. Besser, Sie wählen solche Geister, die Sie gar nicht loswerden wollen. Schreiben Sie lieber ein Buch über Darts.

> **Shortcut**
>
> *Die Geister, die Sie rufen, werden Sie nicht mehr los. Wählen Sie daher sorgsam, über welches Thema Sie ein Buch veröffentlichen wollen.*

Oft erzählen mir meine Autoren, dass sie über ihre Kunden zum Buchthema gefunden haben. „Wo kann man lesen, was du uns heute erzählt hast?", werden sie nach dem Seminar gefragt oder „Das ist eine ganz neue Sichtweise, die Sie uns heute präsentiert haben. Sie müssen ein Buch darüber schreiben!". Solcher Art von verstecktem Lob und Feedback geht natürlich runter wie Butter. „Gute

Idee", sagen Sie dann geschmeichelt oder „Ich hab schon daran gedacht" – und exakt ab diesem Zeitpunkt haben Sie einen Floh im Ohr, der sich nicht, aber auch gar nicht vertreiben lässt. Besser Sie nehmen diesen Floh und machen etwas daraus. Können Sie darüber schreiben? Wollen Sie überhaupt?

Drehen und wenden Sie die Idee und prüfen Sie genau, ob Sie wirklich wollen, wovon Sie seit Längerem träumen bzw. was Ihre Kunden Ihnen ins Ohr gesetzt haben. Prüfen Sie Ihr Thema von allen Seiten auf Herz und Nieren:

Schmeckt Ihnen das Thema?

- Entspricht es dem, wofür Sie stehen wollen?
- Betrifft es Ihr Kerngeschäft?
- Haben Sie die Kompetenz, um darüber 200 Seiten lang zu schreiben?
- Brennen Sie für dieses Thema?
- Welches Label würde man Ihnen verpassen? Analog zu „Seiwert, das ist doch der Zeitmanagementexperte" – was würden man über Sie sagen: „Ah, das ist doch die/der …"
- Wie gefällt Ihnen dieses Label?
- Wird Ihnen dieses Label auch in fünf Jahren noch gefallen?

Schmeckt das Thema Ihren Leser(inne)n?

- Welchen Nutzen hat man, wenn man Ihr Buch kauft?
- Was genau macht die Leserinnen schlauer, wenn sie es gelesen haben?
- In welcher Not/bei welchem Problem holen Sie Ihre Leser ab?
- Zu welchen Fragen bekommen sie eine Antwort?

Sie können natürlich sagen: Ich brenne nicht für mein Thema, aber ich brenne dafür, Kohle zu verdienen und mithilfe des Buchs meine Verkäufe anzukurbeln. Sie sind zum Beispiel Unternehmensberaterin, seit vielen Jahren schon, doch das Seminargeschäft läuft seit einiger Zeit etwas mau. Früher haben Sie geschwärmt für Ihren Job und wohl tausend Mal davon gesprochen, ein Buch zu schreiben. Das Buch ist noch immer in Abrahams Schoß und die Begeisterung über Ihre Arbeit hat sich abgenutzt. Doch nach einem Berufswechsel ist Ihnen auch nicht gerade. Sie haben ja nur ein bisschen den Drive verloren, wenn Sie ehrlich sind. Und weil Sie gehört haben, dass man mit einem Sachbuch die Geschäfte gut ankurbeln kann, da dachten Sie, das wäre einen Versuch wert.

Nun denn, dann hoffe ich, dass Sie beim Buchschreiben Ihren Drive wiederfinden – die Chancen dazu stehen gut. Wer weiß, vielleicht hilft Ihnen die Auseinandersetzung mit den Inhalten des Buchs, wieder Feuer zu fangen.

Bücher können bekanntlich unberechenbar sein. Es heißt ja: „Haben Sie keine Angst vor Büchern. Ungelesen sind sie völlig harmlos." Na, und ungeschrieben erst! Wenn Sie aber damit beginnen, können Sie damit rechnen, dass es etwas mit Ihnen macht. Vielleicht finden Sie Ihre alte Liebe wieder.

Grenze dein Thema ein. Nimm lieber den Diamanten als das ganze Gebirge

Sport ist mein Hobby. Ich liebe es zu schwimmen, Rad zu fahren und erst recht zu laufen, sogar das Training meiner Bauchmuskulatur mag ich, auch wenn viele Sportler dabei plötzliche Fluchtreflexe bekommen. Dementsprechend habe ich als langjähriger Buchjunkie ungefähr einen Regalmeter an Fachliteratur im Wohnzimmer stehen: Triathlon für Einsteiger, Athletiktraining für Triathleten, Bücher über Schwimmen, Rennradfahren, Laufen, Pilates, über die Anatomie des Stretchings. Ach, natürlich: Bücher über Sporternährung nicht zu vergessen und die Rennradwerkstatt, falls am Rad einmal etwas scheppert. In Anbetracht dieser kleinen Spezialbibliothek könnte man sich schon fragen: Wäre es für mich nicht praktischer, gäbe es ein Buch, in dem alles drinsteht? Am besten wohl gleich alles über alle Sportarten? Warum müssen es denn so viele verschiedene Bücher sein? Es wäre doch viel einfacher, alles gesammelt in einem Werk zu haben. Spart Platz. Und man muss weniger abstauben.

Abgesehen davon, dass vermutlich die Hälfte der Bücher gereicht hätte und die zweite Hälfte nur meinem Kaufrausch geschuldet ist, der mich jedes Mal in einer Buchhandlung überfällt: Jedes dieser Werke hat seinen eigenen Schwerpunkt. Die Triathlonbücher sagen mir, wie man alle drei Sportarten in Kombination trainiert und zeichnen mir ein Stimmungsbild über diesen anspruchsvollen Sport. In Athletik für Triathleten erfahre ich, welche Muskelgruppen wofür aufgebaut werden müssen und wie ich sie richtig in Kombination trainiere. Doch wenn ich speziell etwas über die Muskelarbeit beim Schwimmen lesen möchte, finde ich in diesen Ratgebern nichts. Dafür brauche ich ein Buch, das sich ausschließlich dem Schwimmen widmet.

So soll das auch sein. Ein Buch, in dem wirklich alles erschöpfend drinsteht, das könnte ich vermutlich gar nicht alleine heben. So viel Krafttraining könnte ich gar nicht machen. Und stellen Sie sich nur vor, was passieren würde, wenn mir bei der Bettlektüre die Augen zufallen und mir dieser Wälzer auf die Nase fällt! Viel zu gefährlich. Außerdem glaube ich, dass es gar nicht einen einzigen Menschen geben wird, der alles über Sport erschöpfend schreiben kann. Jeder Mensch hat seine eigene Vorlieben und seinen eigenen Zugang zu einem bestimmten Thema.

Shortcut

Verabschieden Sie sich von der Idee, all Ihr Wissen zwischen zwei Buchdeckel zu packen. Ihr Thema braucht klare Konturen. Wenn Sie viel zu sagen haben, machen Sie lieber zwei Bücher draus. Oder drei. Oder vier.

Außerdem ist es zielgruppentechnisch klug, zu differenzieren: Das Buch über Schwimmtraining kaufe nicht nur ich als Triathletin, sondern auch Menschen, die ausschließlich schwimmen wollen. Diesen fiktiven Zwei-Tonnen-Wälzer, in dem nur unter „ferner liefen" etwas übers Schwimmen steht, kauft ein Hobbyschwimmer bestimmt nicht, denn dort ertrinkt er in der Flut von Informationen, die er gar nicht braucht. Die Schwimmbuchautorin hat hier gegenüber dem All-in-one-Autor nicht nur beim Schreiben einen klaren Vorteil: Das spezifischere Thema lässt sich besser vermarkten als das allumfassende Thema.

Natürlich hat auch das Eingrenzen seine Grenzen. Das All-in-one-Buch über Sport ist zu unspezifisch. Eine Eingrenzung ist also zum Beispiel Triathlon – spricht alle Triathleten an. Nächste Eingrenzung: Schwimmen – spricht Triathleten und Schwimmer an. Nächste Eingrenzung: Kraulschwimmen – da hätte ich schon meine Zweifel, ob es genügend Interessenten gibt. Und erst recht bei der Eingrenzung: Die Technik des Überwasserzugs beim Kraulschwimmen für den linken kleinen Finger.

Sie sehen, nicht zu weit und nicht zu eng sollte das Thema eingegrenzt sein. Na toll, denken Sie jetzt vielleicht. Das klingt nach Omas Binsenweisheit. Buchschreiben ist aber leider auch keine exakte Wissenschaft. Da geht es viel eher um Ausprobieren und ums Gespür und den Hausverstand. Und ein bisschen Glück muss sowieso immer dabei sein. Ein paar Anregungen habe ich für Sie dennoch, wie Sie mit Ihrem Thema experimentieren können, indem Sie die Grenzen weiter oder enger ziehen:

- Spezialgebiet: Wie das Thema Sport hat jedes andere Thema Unterbereiche. So lässt sich statt eines All-in-one-Marketingbuchs besser ein Buch über

Marketingstrategien oder Direktmarketing, Werbung oder Verkauf, Zielgruppen oder andere Teilbereiche des Themas schreiben – auch wenn Sie All-in-one-Marketingspezialistin sind. Schreiben Sie besser mehrere Bücher!

- Spezielle Zielgruppe: Genauso können Sie Ihr Thema eingrenzen, indem Sie sich auf ein bestimmtes Publikum beschränken. Anstatt „Das große Buch der Alternativmedizin" zu schreiben, schreiben Sie „Alternative Heilmethoden für Kinder" oder „Alternative Heilmethoden für Allergiker".
- Spezielle Fragestellung: Ihre Kunden stellen immer wieder dieselben Fragen? Sie beobachten bei verschiedenen Klienten immer wieder dieselben Probleme? Vielleicht lässt sich daraus ein Buch machen. Die Aussage einer Psychotherapiepatientin „20 Jahre nach der Scheidung meiner Eltern sind sie immer noch schlecht aufeinander zu sprechen. Als ihre Tochter sitze ich nach wie vor zwischen den Stühlen und leide" könnte der Anlass für ein Buch über den erfolgreichen Umgang mit geschiedenen Eltern sein.
- Spezielle Perspektive: 2017 erschien das Buch zweier Verkaufsprofis. Ihre Idee: Weil das Thema Verkauf schließlich ein großes Thema ist, setzten sie sich eine spezielle Brille auf und beschäftigten sich mit den Vorurteilen gegenüber dem Verkauf. Genauso gut könnte man vielleicht auch etwas über die Philosophie des Verkaufens schreiben oder über den sozialen Aspekt des Verkaufens.
- Spezielle Branche: Ein Buch über PR bekommt einen viel konkreteren Touch, wenn man es für eine bestimmte Branche schreibt. PR für Berater hat bestimmt andere Inhalte als PR für Kultureinrichtungen.

Ich denke, Sie erahnen es mittlerweile: Es gibt keinen Zaubertrank, sodass Sie nur noch zweimal kräftig umzurühren brauchen und schon haben Sie das perfekte Buchthema. Vielmehr werden Sie mehrere Denkschleifen drehen zwischen den einzelnen Schritten: Sie grenzen es zum Beispiel ein, überlegen dann aus der Sicht Ihres Publikums und kommen zum Schluss, dass es die falsche Eingrenzung war. Sie wählen eine andere Perspektive, die Ihrem Publikum besser gefallen wird, dann kommen Sie aber drauf, dass das Thema nun zwar auf ausreichend Interesse stoßen wird, doch nun stellen Sie fest, dass Sie das Thema jetzt nicht mehr so prickelnd finden und vermutlich die Freude am Schreiben verlieren werden. Sie müssen das Thema also erneut anpassen. In Schritt 3 widmen wir uns der konkreten Eingrenzung Ihrer Leserinnen und Leser. Es kann passieren, dass Sie danach wieder hierher zurückblättern werden, um erneut darüber nachzudenken, ob das Thema immer noch optimal gewählt ist.

Schrubbe und poliere. Mach dein Thema markttauglich

Vor einigen Jahren kam eine Autorin mit einem fertigen Manuskript zu mir. „Ich habe einfach täglich geschrieben", verriet sie mir ihre Herangehensweise, als sie ihr 700-Seiten-Manuskript auf den Besprechungstisch wuchtete. Was denn das Thema sei, fragte ich. Da begann sie zu stottern. „Na ja", meinte sie, „über meine Zeit, in der ich meine Mutter pflegte, bis ich sie in ein Heim geben musste". Ein Erfahrungsbericht also? „Nein. Also ja, ein bisschen. Aber schon auch wie ein Ratgeber. Ich habe viele Tipps aufgeschrieben, wie man diese anstrengende Zeit gut übersteht." Also ein Ratgeber mit autobiografischen Geschichten zur Untermalung? „Nein, schon mehr autobiografisch als ratgebend. Obwohl … über Spiritualität habe ich auch viel geschrieben, das ist für mich ein wichtiges Thema. Ich möchte den Menschen Anregungen geben, über gewisse Dinge neu nachzudenken."

Wir haben unsere Ärmel aufgekrempelt und sind systematisch ans Werk gegangen: Was möchte sie ihrem Publikum genau mitteilen? Wie passt das Thema zu ihrer Arbeit als Lebens- und Sozialberaterin? Welchen Nutzen sollen die Leserinnen und Leser haben? Wie wäre es, wenn wir das Thema weiter eingrenzen oder ausweiten? Sie wissen schon – all diese Fragen und kreativen Schleifen, über die Sie gerade vorhin gelesen haben.

Als Nächstes war es dringend nötig, das Genre-Durcheinander zu entwirren. Denn es sollte eine Autobiografie und ein Ratgeber und auch noch ein Sachbuch sein. Was also jetzt?

Shortcut

Entscheiden Sie sich für ein Genre: dem Publikum, dem Verlag, der Buchhändlerin und auch Ihnen selbst zuliebe.

Sie meinen, es wäre egal, die Leser würden das schon merken? Dann versetzen Sie sich doch einmal in diese Lage: Sie suchen einen Beziehungsratgeber. Sie gehen in eine Buchhandlung, in der es keinerlei Unterteilungen gibt. Belletristik und Sachliteratur, Krimis und Selbsthilfebücher, Fantasy und Kinderbücher liegen wie Kraut und Rüben beisammen. Und nehmen wir weiters an, dass auf den Büchern auch kein Hinweis steht, der Ihnen Klarheit gibt. Was müssen Sie tun? Jedes einzelne Buch aufschlagen und reinlesen, um zu erkennen, was es ist. Ein mühsames Unterfangen! Ein Buch mit dem Titel „Schenk mir dein Herz" kann eine Liebesschnulze genauso sein wie ein Ratgeber. Was ich an Ihrer Stelle tun würde? Ganz schnell die Beine unter die Arme nehmen und aus diesem Laden flüchten!

Sie sehen, es ist nicht egal, in welche Schublade Sie Ihr Buch legen. Denn Ihr Publikum kennt diese Schubladen und will sich an ihnen orientieren. Ein Genre-Mix ist also keine gute Idee. Auch an die armen Buchhändler muss man denken: Wohin sollen sie ein Buch stellen, das so uneindeutig ist? Zu den entsprechenden Fachbüchern, zu den Selbsthilferatgebern? Zu den Autobiografien?

Ich denke, an dieser Stelle ist ein bisschen Genre-Einmaleins angebracht:

- Fiction und Non-Fiction: Zunächst unterscheiden wir zwischen Roman bzw. Literatur und Sachbuch. Die englischen Begriffe Fiction und Non-Fiction finde ich allerdings treffender, weil sie das Wesen der Unterscheidung klarmachen. Sachbücher beinhalten Wissen und halten sich an die Regeln der Wissensgemeinschaft: Man bezieht sich auf vorhandenes Wissen und fügt Selbstgedachtes und Weiterentwickeltes dazu. Romane sind hingegen erfundene Geschichten und es ist manchen Autoren oft sogar wichtig, extra darauf hinzuweisen, dass handelnde Personen nichts mit der Realität zu tun haben.
- Wie man Non-Fiction unterteilen kann, da gibt es verschiedene Zugänge. Die aus meiner Sicht einfachste ist: Fachbuch, Sachbuch, Ratgeber und Autobiografien. Für Statistiken wird in der Branche noch viel weiter differenziert - da findet man Rubriken wie Kochbücher, Reiseführer, Schul- und Lehrbücher und eine Unterscheidung zwischen den Fachbüchern unterschiedlicher Wissenschaftszweige, doch das würde uns zu weit führen. Wichtig für Sie ist eine Abgrenzung, die Ihnen und Ihren Lesern Orientierung im Sinne der Inhalte und der Sprache gibt.

  - Ein Ratgeber richtet sich an ein breites Laienpublikum. Er soll ein Problem lösen und Fragen der Leser beantworten.
  - Ein Sachbuch zählt ebenfalls zur breit angelegten Populärliteratur und wird für das interessierte Laienpublikum geschrieben. Es präsentiert ein

Thema so, dass Leserinnen angeregt werden zu lernen, ihre Sichtweise zu ergänzen oder zu verändern.

- Ein Fachbuch richtet sich hingegen an ein meist kleineres Fachpublikum. Es zeichnet sich durch Detailtiefe aus und erläutert neue Modelle und Konzepte, damit die Leser ihre Expertise ausweiten können. Hier können Sie auch bedenkenlos Ihr Fachvokabular verwenden.
- Autobiografien sind Erzählungen, zählen aber deshalb zur Non-Fiction, weil sie sich eben an real Erlebtes halten. Sie befriedigen die Neugierde ihrer Leserschaft, indem sie Einblicke in das Leben anderer (berühmter) Menschen gewähren und/oder zeigen, wie jemand beispielsweise eine Lebenskrise erfolgreich bewältigt hat.

Und was ist mit den so genannten erzählenden Sachbüchern oder den Sachbuchromanen? Ja, solche gibt es. Erstere sind Sachbücher oder auch Ratgeber, die mit sehr vielen Beispielen arbeiten. Jedes Beispiel wird wie eine Geschichte dargestellt. Der Sachbuchroman ist tatsächlich ein Zwitter aus den beiden Genres: Die darin erzählte Geschichte (der Roman) wird zum Träger des Sachthemas. Gar nicht so einfach zu schreiben, so viel kann ich Ihnen verraten. Denn Sie brauchen dafür nicht nur Wissen übers Sachbuchschreiben, sondern müssen auch die Klaviatur des Romanschreibens beherrschen, vom Plot über den Spannungsbogen bis zur Erfindung lebendiger Protagonisten.

Zwitter können problematisch werden, wenn Sie sich auf Verlagssuche begeben. Es kann sein, dass Sie keinen Verleger finden, der den Willen hat, dieses höhere Risiko einzugehen – aus oben genannten Gründen: Der Zwitter ist für die Käufer nur schwer einzuordnen und wird daher nicht so gut wahrgenommen. Natürlich gibt es Sachbuchromane, die es in die oberen Verkaufsränge geschafft haben. Der US-amerikanische Unternehmensberater Patrick Lencioni hat eine ganze Reihe solcher Zwitter geschrieben. Auch *Der Termin* von Tom DeMarco oder *Fish!* von Lundin/Paul/Christensen sind Beispiele dafür. Doch wenn Sie genauer schauen, werden Sie feststellen: Die Autoren waren zum Zeitpunkt der Publikation bereits erfolgreich – da ist das Risiko für den Verlag marginal. Die Autoren haben bereits eine große Fangemeinde, sodass sich auch ein Sachbuchroman mit hoher Wahrscheinlichkeit gut verkaufen wird.

Die Gewissensfrage. Ist dein Thema konkurrenzfähig?

Es wird Zeit, dass Sie einen Blick über Ihren Tellerrand machen und schauen, was andere Autoren zu Ihrem Thema bereits geschrieben haben. Wer weiß, am

Ende hat jemand anderer schon Ihr Buch geschrieben! Dann können Sie sich die Arbeit sparen. Schreiben Sie besser ein anderes Buch. Die Konkurrenzanalyse hat zwei Vorteile für Sie:

1. Sie können besser die Chancen Ihres Buchs einschätzen, wie es auf dem Markt angenommen wird.
2. Für den Fall, dass Sie feststellen, dass sich Ihre Idee zu wenig von der Konkurrenz abhebt, können Sie nachbessern, um ein markttaugliches Konzept hinzulegen.

Sie haben also überhaupt keinen Grund zu verzagen, wenn Sie feststellen, dass es ein ähnliches Buch bereits gibt. Im Gegenteil: Für mich ist das gleichbedeutend mit einem Startschuss zu einem Kreativprozess, der Spaß macht! Es gibt bereits Bücher über Personalentscheidungen in der IT-Branche? Kein Problem! Machen Sie aus Ihrem Buch eine 10-Punkte-Anleitung oder beschränken Sie sich auf Softwarespezialisten aus Indien oder weiten Sie Ihre Erfahrungen aus und berichten über die Schwierigkeiten, in einer Branche erfolgreich zu rekrutieren, in der chronischer Mangel an hoch qualifizierten Fachkräften herrscht.

Wenn das auch nicht hilft, weil es das alles ebenfalls schon gibt, drehen Sie den Spieß um und schreiben ein ironisches Handbuch für garantiert hohe Fluktuationsraten und niedrigen Qualifikationslevel in der Belegschaft. Vielleicht bringt Sie auch die Frage weiter, was Sie einzigartig macht. Vielleicht waren Sie selbst viele Jahre Softwarespezialistin und kennen die Personalbüros aus der entgegengesetzten Perspektive. Schreiben Sie ein Buch darüber, wie Sie es erlebt haben, wenn Personalbüros händeringend um Ihre Gunst geworben haben – und was dabei alles falsch gelaufen ist.

Wozu so ein Blick zu den Konkurrenzwerken in den Bücherregalen führen kann, nicht wahr? Hier ein paar Anregungen, wie Sie vorgehen sollten:

1. Werfen Sie einen Blick in Ihr Bücherregal daheim bzw. an Ihrem Arbeitsplatz. Welche der Bücher stehen im Wettbewerb zu Ihrem Buch?
2. Besuchen Sie ein paar Buchhandlungen und gehen Sie zu den Regalen, wo Sie Ihr Buch gerne sehen möchten. Welche sind Ihre Konkurrenzwerke?
3. Recherchieren Sie im Internet, nicht nur auf Amazon, und geben Sie jene Stichworte ein, von denen Sie annehmen, dass sie Ihr potenzielles Publikum

verwenden würde. Welche Bücher, die der Filter ausspuckt, sind Ihre Konkurrenten?

4. In allen drei Situationen machen Sie Folgendes:

   a. Sie notieren Autor, Titel, Verlag, Erscheinungsjahr
   b. Jeden Titel arbeiten Sie durch, sodass Sie erkennen, worauf die Autorin ihren Fokus gelegt hat, welchen Stil sie aufweist, welche Zielgruppe, welche Inhalte – und was sie ausgelassen hat, kurz: welches Konzept dem Buch zugrunde liegt.
   c. Und jetzt die entscheidende Frage: Inwiefern unterscheidet sich Ihr Buch von diesem? Schreiben Sie für jeden gefundenen Titel einen Zweizeiler, der das klarmacht.

5. Der Unterschied, den Sie herausfinden, sollte auf einen Wettbewerbsvorteil abzielen, sprich: Führt der Unterschied zu einem Lesernutzen, der groß und attraktiv genug ist, um damit zu punkten?
6. Nun sind Sie bestimmt bereit, einen USP für Ihr Buch zu definieren, also ein Alleinstellungsmerkmal, das sich von allen anderen Werken abhebt. Versuchen Sie es!

Haben Sie nun alles beisammen? Thema, eine spannende Eingrenzung, die richtige Wahl des Genres, den USP für Ihr Buch? Wunderbar! Dann wenden wir uns doch der nächsten Frage zu: Wer wird Ihr Buch lesen?

Schritt 3: Lerne dein Publikum kennen

Das Mantra nicht nur in der Werbung: Kenne deine Zielgruppe und kenne ihre Bedürfnisse, Wünsche, Sorgen und Probleme. Wie man die Kraft des Zielgruppendenkens für den Schreibprozess nutzen kann, damit der Inhalt pointiert, das Schreiben effizient und das Buch ein Verkaufserfolg wird.

Für den Schnellstart

1. Lerne dein Publikum gut kennen, dann kannst du viel zielorientierter schreiben.
2. Schreib nicht für alle, aber für möglichst viele.
3. Identifiziere deine primäre Zielgruppe.
4. Wähle deinen Lieblingsleser, für den du schreibst.
5. Prüfe dein Thema noch einmal, ob es deiner Zielgruppe gefällt.

Nutze die Kraft des Zielgruppendenkens

Stellen Sie sich vor, es ist Ihr Geburtstag und Sie haben Ihre Familie eingeladen, um gemeinsam zu feiern. Nach dem Essen und einem freundlichen Toast auf das Geburtstagskind springt Tante Helga vom Sessel auf und drückt Ihnen ein Päckchen in die Hand. „Das kannst du bestimmt gut gebrauchen", sagt sie, und es wird Ihnen ein wenig mulmig zumute. Die Tante ist berüchtigt für ihre Strickwut und beehrt die Familie seit Jahren mit dem Output ihrer Leidenschaft. Sie packen aus – und halten eine grüngelb gestreifte Krawatte in der Hand. Selbst gestrickt natürlich. Die Tante fixiert Sie erwartungsvoll und es gelingt Ihnen, dankbar zu lächeln. Als Sie am nächsten Arbeitstag beim morgendlichen Ritual die Krawatte wieder entdecken, fragen Sie sich kopfschüttelnd: Was hat sich die Tante dabei gedacht? Sie muss doch wissen, dass Sie nicht nur keine gestrickten Krawatten tragen, sondern gar keine. Sie haben noch nicht einmal einen Anzug im Kleiderschrank hängen, weil Sie als Inhaber eines Sportgeschäfts ohnehin nur mit legerer Kleidung herumlaufen. Klarer Fall von „Ich schenke das, was mir gefällt". Die Tante hat wohl noch nie etwas von Kundenorientierung gehört. Oder von Zielgruppen.

Manche angehenden Autoren verhalten sich ähnlich wie Tante Helga: Sie schreiben das, was ihnen selbst gefällt, was sie für interessant und sinnvoll halten. Schließlich sind auch sie die Experten und wissen, was lesenswert ist, genauso wie Tante Helga Strickexpertin für Krawatten ist. Ob das Buch einem Leser Nutzen bringt, darüber zerbrechen sie sich nicht den Kopf. Das mag passen, wenn Sie Universitätsprofessor sind und ein Lehrwerk verfassen, das einen fixen Platz auf der Pflichtliteraturliste für Ihre Studentinnen und Studenten hat, die ohnehin keine andere Wahl haben, als Ihr Buch für die nächste Prüfung durchzuackern.

Sie aber schreiben einen Ratgeber oder ein Sachbuch. Sie können Ihren Lesern an der Kasse nicht die Pistole an die Schläfe halten, um sie davon zu überzeugen, Geld für Ihr Buch herauszurücken. Sie kommen nicht darum herum, Ihre Leserinnen und Leser kennenzulernen, und zwar so gut wie möglich. Was nützt

Ihnen schon das klügste Buch, wenn es niemand braucht? Selbst wenn es glasklar zu sein scheint, dass das Thema hundertprozentig den Nerv einer großen Leserschar berührt, müssen Sie Ihr Publikum kennen, um zu wissen, WIE Sie ihm die Inhalte näherbringen. Sie müssen wissen, wie Ihre Leser ticken.

Shortcut

Je besser Sie Ihre Zielgruppe kennen, desto leichter fällt Ihnen das Schreiben und Vermarkten.

Die Vorteile, das Publikum gut zu kennen, sind für uns Autoren unwiderstehlich und haben einen gemeinsamen Nenner: Es erleichtert Ihnen die Arbeit enorm!

1. Je genauer Sie wissen, was Ihr Publikum braucht, desto besser können Sie das Thema eingrenzen und das Buchkonzept ausrichten.
2. Sie verhindern, dass Sie in Ihrem eigenen Saft schmoren und nur das schreiben, was Sie selbst interessiert – mit der Gefahr, dass das Buch sonst niemanden interessiert. Wenn Sie in die Schuhe Ihrer Leserinnen und Leser steigen, wird sich Ihr Thema vermutlich ganz anders darstellen. Ihre Leser haben andere Fragen als Sie als Expertin und haben eine andere Wissensbasis, die Sie berücksichtigen müssen.
3. Sie wissen auch viel besser, WIE Sie schreiben. Bei einem Fachpublikum dürfen Sie beispielsweise mit Fachvokabular um sich werfen, bei einem Laienpublikum nicht.
4. Ohne eine klare Zielgruppendefinition wird es für Sie schwer, einen Verlag zu finden. Denn nicht nur, dass auch Verlage eine bestimmte Klientel bedienen, die mit Ihrer zusammenpassen muss; wenn Sie ohne Zielgruppendefinition daherkommen, wird man annehmen, dass Sie Ihre Hausaufgaben nicht gemacht haben, und wird sich nicht leicht begeistern lassen.
5. Je besser Sie Ihr Publikum kennen, desto besser wissen Sie, was Sie schreiben – und was Sie nicht schreiben sollen. Sie verzetteln sich nicht und kommen nicht vom Hundertsten ins Tausendste.
6. Je klarer die Inhalte auf den Lesernutzen abgestimmt sind, desto besser wird das Buch wahrgenommen und gekauft. Die Kenntnis über Ihre Zielgruppe ist eine wichtige Voraussetzung für Ihr Buchmarketing, denn wo sollen Sie Ihre Leser denn suchen und ansprechen, wenn Sie nicht einmal wissen, wer diese sind?

Das ist doch überzeugend, oder? Bleibt nur die Frage offen, wie Sie das Ihrer Tante Helga klarmachen können. Denn der nächste Geburtstag kommt bestimmt!

Think big! Schreib nicht für alle, aber für möglichst viele

Würde ich Ihnen gerade gegenübersitzen und Sie fragen „Für wen ist Ihr Buch denn nützlich?", ich wette, Sie hätten so etwas wie „eigentlich fast alle Menschen" auf der Zunge liegen. Nicht ganz? Okay, Sie dachten an: Manager, Experten, Studierende der entsprechenden Fakultäten, Betroffene, Angehörige der Betroffenen, Ihre Kolleginnen und Kollegen, Studierende anderer Fachrichtungen, sonstige Interessierte. Was in etwa der Aussage „eigentlich fast alle" sehr nahe kommt.

Ich verstehe das ja. Sie sind begeistert von Ihrem Thema, haben sich möglicherweise Ihr Leben lang der Materie gewidmet. Sie brennen für Ihre Sache, und so soll es auch sein. Doch bleiben wir ein wenig auf dem Teppich. Sie haben Ihr Leben der Tiefseeforschung gewidmet – und seien wir ehrlich: Viele, sehr viele andere Menschen auf diesem Planeten beschäftigen sich lieber mit anderen Dingen. Entschuldigen Sie bitte, dass ich das so brutal ausspreche. Etliche können gar nicht einmal schwimmen, geschweige denn tauchen, und fürchten sich sogar vor dem Wasser. Sie haben andere Interessen: Segeln oder Fallschirmspringen oder Hochgebirgsklettern, gesunde Ernährung, Psychologie, die Organisation eines Ameisenstaats, die Fresswut Schwarzer Löcher und die unzähligen anderen spannenden Bereiche, die uns das Leben bietet. Es ist schlicht unmöglich, dass Sie tatsächlich (fast) alle Menschen ansprechen.

Der Grund, warum Sie das Gefühl haben, alle würden sich für Ihr Thema interessieren, liegt vermutlich darin, dass Sie – wie jeder von uns – in Ihrer eigenen Filterblase leben und dementsprechend von Gleichgesinnten umgeben sind. Oder Sie haben einfach noch nicht viel über Ihr Publikum nachgedacht und „eigentlich alle" ist eher so eine Verlegenheitsantwort. Kann ja auch sein. Aber egal. Schauen wir uns das genauer an.

Nehmen wir an, Sie hätten die Idee, ein Buch über Unternehmensgründung zu schreiben. Ihr erster Impuls auf die Frage nach der Zielgruppe ist natürlich: alle, die vorhaben, in naher Zukunft ein Unternehmen zu gründen oder sich als Einzelunternehmer oder Freiberuflerin selbstständig zu machen. Je nachdem, in welchem Land Sie leben, werden Sie sich schon allein aufgrund der rechtlichen Grundlagen für Deutschland, Österreich oder die Schweiz entscheiden müssen. Damit haben wir die erste Eingrenzung vollbracht: Sagen wir, alle Deutschen, die vorhaben zu gründen, sind Ihre Zielgruppe. Nun, das sind pro Jahr über 600.000 Menschen. Wunderbar. In Ihren Augen erscheinen Euro-Zeichen – schon allein die Vorstellung von 600.000 verkauften Büchern ... Doch dann hat Ihr Ehemann einen anderen Vorschlag für Sie: ein Buch für Neugründer, aber nur für den Handel. Er selbst spielt mit dem Gedanken, einen Onlineshop zu eröffnen, und Sie hegen sofort den Verdacht, dass der pure Eigennutz ihn auf diese Idee gebracht hat.

Doch ist die Idee wirklich so schlecht? Würden Sie für alle 600.000 Unternehmensgründer schreiben wollen, müssten Sie zum einen in allen Branchen versiert sein, vom Industriebetrieb bis zu den Versicherungsmaklern, und ich bekäme ein bisschen Angst angesichts eines wohl viele hundert Seiten dicken Buchs. Zum anderen stellt sich jedoch auch noch ein anderer, nicht uninteressanter Gedanke: Nehmen wir an, es gibt in einer Buchhandlung neun Bücher über Gründung ganz generell, nur eines trägt den Titel „Gründen im Handel“. Nun nehmen wir weiters an, dass 25 Prozent aller Gründer einen Handel betreiben wollen. Diese 25 Prozent fühlen sich garantiert von Ihrem Buch weit mehr angesprochen als von den neun anderen. Das bedeutet: 25 Prozent der Käufer fassen Ihr Buch ins Auge – die restlichen 75 Prozent verteilen sich auf die neun anderen. Würden Sie ebenfalls über Gründen ganz allgemein schreiben, wäre Ihr Buch eines von zehn und Sie hätten – rein rechnerisch – eine potenzielle Leserschaft von nur 10 Prozent.

Shortcut

Des Autors Paradoxon: Je enger die Zielgruppe, desto weiter der Käuferkreis.

Sie sehen, auch wenn es auf den ersten Blick absurd wirkt: Sie wählen bewusst eine kleinere (aber dennoch ausreichend große) Zielgruppe und erreichen trotzdem mehr Leser. Weil es eben nicht nur Ihr Buch auf dem Markt gibt, sondern viele andere. Es ist von Vorteil, sich auf diese Art einen USP – das Alleinstellungsmerkmal – zu schaffen, mit dem Sie aus der Masse herausragen können.

Mach es dir leicht. Über Zielgruppen und Kollateralleser

Reinhard Sprenger ist unbestritten ein erfolgreicher Sachbuchautor, der mit Titeln wie *Mythos Motivation* oder *Das Prinzip Selbstverantwortung* die Bestsellerlisten hochgeklettert ist. Mir persönlich ist seine Sprache zu distanziert, zu wissenschaftlich, ich lese ihn daher auch nicht. Auch die Bücher des Börsengurus André Kostolany sind Bestseller. Ich lese sie aber nicht, weil mich die Materie nicht genug interessiert.

Ich bin sicher, den beiden Herren ist das ziemlich egal. Sie schreiben schließlich nicht für mich, sondern für ihr spezielles Publikum. Würde Herr Kostolany extra für mich ein Buch schreiben, das mich interessiert, hätte er eine Leserin gewonnen – und tausende aus seiner treuen Leserschaft verloren. Also warum sollte er das tun? Ein Autor kennt sein Publikum und erfüllt ihm seine Wünsche. Gleichzeitig bleibt er sich selbst treu und schreibt über die Themen, die seine Leidenschaft sind. So muss das sein.

Interessanterweise habe ich trotzdem sowohl Bücher von Sprenger als auch von Kostolany gekauft. Warum? Weil ich diese Bücher für bestimmte Kundenprojekte gebraucht habe. Bin ich also doch Teil der Zielgruppe? Jein. Herr Kostolany hat seine Bücher nicht für mich, die Autorenberaterin und Ghostwriterin und an Geldanlage nur wenig interessiert, geschrieben. Sondern für Börsenspekulanten und alle, die es werden wollen. Ich gehöre da nicht dazu. Ich bin für ihn aber das, was ich als Kollateralleserin bezeichne: Ich bin am Inhalt nicht wirklich interessiert, habe aber trotzdem etwas davon.

Dieser Umstand ist eine feine Sache. Sie müssen sich um einen kleinen Teil Ihrer Leserschaft gar nicht bemühen, ja, Sie müssen nicht einmal darüber nachdenken, ob es sie überhaupt gibt – sie kaufen Ihr Buch trotzdem. Allerdings nur, wenn es am Buchmarkt sichtbar genug ist. Womit wir wieder zu Ihrer primären Zielgruppe kommen, die sollte nämlich Ihre ganze Aufmerksamkeit bekommen.

Nehmen wir einmal an, Sie möchten ein Buch über Line-Dancing schreiben. Sie sind seit vielen Jahren Tanzlehrerin und haben vor fünf Jahren ein Studio eröffnet. Nun möchten Sie sich mit dem Buch ins Rampenlicht stellen und die Werbetrommel rühren, damit Sie Ihre Tanzkurse vollbekommen und ausbauen können. Ihre Zielgruppe? Natürlich denken Sie an alle, die Line-Dancing erlernen möchten. Deshalb haben Sie Schritt-für-Schritt-Anleitungen vorgesehen, verziert mit Geschichten und unterhaltsamen Anekdoten aus Ihrer langjährigen Erfahrung mit Ihren Schülerinnen und Schülern.

Außerdem, so überlegen Sie, würden bestimmt auch andere Tanzlehrer zum Buch greifen, denn die sind immer auf der Suche nach neuen Choreografien. Der Gedanke gefällt Ihnen. Gleichzeitig wird Ihnen ein wenig mulmig bei der Vorstellung, dass Ihre Konkurrenz mitliest: Da müssen Sie schon auch noch einiges an fundierten Hintergründen und Theorien und pädagogischen Kniffen reinpacken, denn sonst glauben die ja, Sie hätten keine Ahnung vom Lehren!

Shortcut

Verlassen Sie sich darauf, dass Ihr Buch auch andere kaufen, die Sie gar nicht auf dem Radar haben.

Diesen Spagat können Sie sich getrost sparen. Sie können – und sollen sogar – es sich viel leichter machen und sich nur auf eine Zielgruppe konzentrieren. Wenn Sie für beide Zielgruppen schreiben, wird Folgendes passieren:

- Sie werden sich inhaltlich verzetteln. Da schreiben Sie beschwingt und motivierend für alle Tanzwilligen über die Freude am Line-Dancing, dann fallen Ihnen Ihre Kollegen ein, die Sie gar nicht motivieren müssen. Also bauen Sie Theorien und Techniken ein und vielleicht auch historische Hintergründe. Ob das die Hobbytänzer in der Ausführlichkeit interessiert? Wohl eher nicht!
- Sie werden nicht die passende Sprache finden. Tanzlehrern können Sie bestimmte Fachbegriffe zumuten, die Laien nicht verstehen werden und auch nicht müssen. Schrittanleitungen für Ihre Schüler werden den Tanzlehrern ein Gähnen entlocken. Die didaktischen Tricks und technischen Feinheiten, wie man unbeholfenen Schülern eine Weave mit anschließendem Back Rock, Kick Ball Change, Dreiviertel-Turn und Sway Hips beibringt, werden wiederum Ihre Schüler irritieren, die stattdessen viel lieber noch mehr Schwänke aus Ihrem Tanzschulbetrieb lesen würden. Kurzum: Sie werden oft in der Zwickmühle sein und Entscheidungen zu Inhalten und Formulierungen treffen müssen, die am Ende doch nicht das bringen, was Sie erreichen wollen: Ihre Leserschaft glücklich machen.

Willst du es allen recht machen, so machst du es niemandem recht – dass dieser Spruch ausgerechnet einem Sklaven der griechischen Antike zugeschrieben wird, sagt ja so einiges. Aisopos hieß der übrigens.

Wie Sie sich nicht zum Sklaven aller machen, wissen Sie nun: Sie entscheiden sich für Ihre primäre Zielgruppe, und die lautet: alle Tanzbegeisterten, die sich den Line-Dance selbst beibringen wollen. Ihre Kolleginnen und Kollegen, die Ihr Buch möglicherweise dennoch kaufen werden, auch wenn Sie sie explizit nicht ansprechen, schieben Sie insgeheim getrost in die Kategorie Kollateralleser. Von denen es übrigens auch noch andere geben kann: Bewegungs- und Tanztherapeuten vielleicht oder Choreografen für Film und Theater, die sich inspirieren lassen wollen.

Ihre primäre Zielgruppe wird sich übrigens vermutlich mit Ihren potenziellen Kunden überschneiden. Denn Menschen, die sich Line-Dancing selbst beibringen wollen, die brauchen vielleicht früher oder später Nachhilfe. Das ist wunderbar und deckt sich mit Ihrem Ziel, dass Sie mit dem Buch mehr Menschen in Ihre Tanzschule locken, die Ihre Kurse buchen. Das entspricht Ihrer „hidden agenda", also Ihrem Hintergedanken: mit einem Buch, mit dem Sie Ihre Kompetenz beweisen, neue, zusätzliche Kunden anzulocken.

Alles klar soweit?

Setz deinen Lieblingsleser neben dich

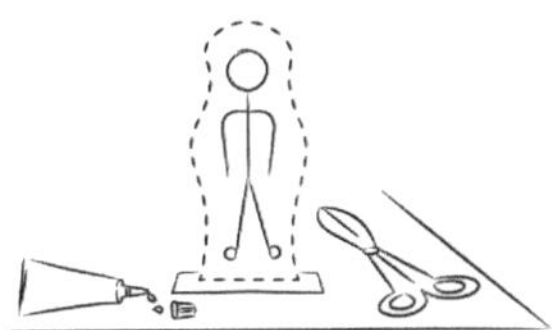

Im Marketing werden Zielgruppen nun segmentiert, ihnen also gemeinsame Merkmale zugeordnet. Alter, Bildungsgrad, Familienstand, Einkommensschicht und anderes wird dafür herangezogen. Das können und sollten Sie auch machen, um später ein treffsicheres Marketing hinzulegen. Möglicherweise haben Sie Ihre Zielgruppen aber ohnehin schon in Ihrem Kerngeschäft genau abgesteckt, die sich glücklicherweise mit denen des Buchs decken.

Für das Schreiben von Sachbüchern ist diese detaillierte Beschreibung demografischer, soziografischer und psychografischer Merkmale jedoch wenig hilfreich, weil sie trotzdem abstrakt bleibt. Wir professionelle Autoren, Journalistinnen und Texter haben einen anderen Trick. Wir helfen uns, indem wir uns eine einzelne konkrete Person aus der gesamte

Zielgruppe herauspicken und sie neben uns setzen. Oder gegenüber (meine sitzt rechts hinter meinem Bildschirm und blickt mich permanent gebannt an, weil ich ständig unglaublich Geniales von mir gebe, respektive in den Computer eingebe).

Nehmen Sie Ihren Lieblingskunden oder eine Teilnehmerin aus Ihren Seminaren oder Kursen, die besonders interessiert gewirkt hat. Wenn Sie ein Bild von ihr haben, hängen Sie es sich neben den Bildschirm, glauben Sie mir, das hilft! Wenn Sie kein Bild haben, gönnen Sie sich ein wenig Zeit, um diese Person zu skizzieren, damit Sie sich jederzeit in Erinnerung rufen können, wer das ist. Es ist auch möglich, dass Sie sich mehrere Ihrer Kunden herauspicken – für jedes Kapitel jemand anderen zum Beispiel. Das mache ich meistens so. Ich würde an Ihrer Stelle unbedingt jemanden nehmen, der Ihnen wohlgesinnt ist. Er kann ruhig kritisch sein, doch sollte er dabei konstruktiv sein – sich jemand Destruktiven zu Hilfe zu holen wäre wohl, als würden Sie zur Heilung einer Schürfwunde Salz aufstreuen.

Shortcut

Autorentrick: Schreiben Sie nur für eine einzige Person.

Sie haben keine konkrete Person, die positiv und interessiert genug ist, um ihr Ihr Wissen zu erzählen? Dann machen Sie einen Ausflug in die Techniken der Belletristik und entwickeln Sie Ihren Protagonisten, den Lieblingsleser:

- Wie sieht er (oder sie) aus? Ist er eher jünger oder älter, hat er lange Haare oder eine Glatze, Brille? Ist er groß oder klein, dick oder dünn?
- Welcher Arbeit geht er (oder sie) nach?
- Was für ein Ziel oder Problem hat er (oder sie)?
- Was interessiert ihn (oder sie) an dem, was Sie zu sagen haben?

Möchten Sie meine Lieblingsleserin kennenlernen? Ich beschreibe sie Ihnen: Sie ist Ende Vierzig, schlank, hat langes, dunkles, glattes Haar und trägt nur beim Lesen eine Brille. Sie ist immer gut gekleidet und duftet dezent nach einem angenehmen Parfum, denn sie ist oft und gern in der Öffentlichkeit sichtbar: Sie hält viele Vorträge für öffentliche Stellen oder auch in großen Unternehmen und bietet Coachings und Seminare an. Sie hat bereits ein Buch geschrieben und arbeitet gerade an einem zweiten, denn sie möchte sich als Expertin sichtbar machen, damit sie noch besser und öfter als Speaker und für Coachings gebucht wird. Nur fällt es ihr schwer, aus ihrem Wissensschatz ein Thema herauszuschälen, das für ein Buch taugt. Da hat sie eine Idee, dann verwirft sie sie wieder, hat eine andere, strukturiert die Inhalte ein wenig, greift schließlich die frühere wieder auf. So kommt sie nicht richtig in die Gänge. Außerdem fällt es ihr schwer, in der Fülle ihres Alltags am Buchprojekt dranzubleiben, verliert daher immer wieder den Faden und das Buch braucht viele Monate oder sogar Jahre, bis es endlich publiziert ist.

Wenn es später in diesem Buch um Schreibkompetenz gehen wird, wird mich ein anderer Lieblingsleser besuchen. Er ist Jurist und Führungskraft und hat beim Schreiben so seine Unsicherheiten. Ganz wie es sich für einen Juristen gehört, verfällt er gern in eine Art bürokratisch-wissenschaftlichen Stil, dem es an der nötigen Geschmeidigkeit und Eleganz fehlt. Und ich bin mir ziemlich sicher, dass er sich beim Thema Leserführung auch zu mir setzen wird.

Beide habe ich im Rahmen von Schreibprojekten kennen und schätzen gelernt. Während ich an diesem Buch schreibe, sind beide abwechselnd präsent. Sie stellen übrigens gern auch Fragen, wie jetzt zum Beispiel gerade meine Kundin. „Aber wenn du dieses Buch nur für mich schreibst, werden sich dann andere Leserinnen und Leser überhaupt angesprochen fühlen?", möchte sie wissen. Klar, schreibe ich als Antwort in mein Manuskript, denn deine Anliegen und deine Fragen sind in höchstem Maß repräsentativ für alle anderen, die gerne ihr Sachbuch schreiben möchten.

Der große Nutzen eines Lieblingslesers liegt wohl darin, dass es uns Menschen viel leichter fällt, uns auf eine einzige Person einzulassen, sich in sie hineinzuversetzen und sie zu verstehen, als auf eine ganze Meute unterschiedlicher Individuen. Gleichzeitig verbindet diese ganze Meute ein gemeinsames Anliegen (das Thema Ihres Buchs ist), und deshalb funktioniert dieser Trick. „Pars pro toto" ist übrigens auch ein sprachliches Stilmittel, bei dem man ein einzelnes Wort stellvertretend für einen abstrakten, vieles umfassenden Begriff wählt, um Bilder im Kopf der Leser zu erzeugen – doch davon später mehr. Tatsache ist, dass durch Ihren „Pars pro toto"-Leser auf jeden Fall ein Bild in Ihrem Kopf entsteht, nämlich ein Bild Ihres idealtypischen Lesers. Und das regt Ihre Fantasie an, was Ihre Leser brauchen und wissen wollen.

Prüfe dein Thema noch einmal

Als ich mich dazu entschied, endlich ein eigenes Sachbuch zu schreiben, hatte ich zuerst meine Haupttätigkeit im Kopf: Ghostwriting. Einen Teil meiner Einnahmen beziehe ich durch das Schreiben von Sachbüchern im Namen meiner Autorinnen und Autoren. Weil es ein bisschen gar schwierig ist, Werbung zu machen, wenn man nicht immer, aber doch oft unsichtbar zu bleiben hat, dachte ich an ein Buch, das auf mich aufmerksam machen sollte. Bei so gut wie jedem Erstgespräch für ein Ghostwriting fragen mich meine Kunden, was Ghostwriting denn eigentlich bedeutet und was sie in der Zusammenarbeit genau erwartet, also dachte ich, ich könnte das in einem Buch beantworten und es somit für jene Menschen schreiben, die mich potenziell auch beauftragen könnten.

Als ich über meine Leserschaft nachdachte, bekam ich jedoch Zweifel, ob ich mir mit so einem Buch auch wirklich einen Gefallen tun würde. Die primäre Zielgruppe eines Fachbuchs über Ghostwriting wären eindeutig Ghostwriter, die ihr Handwerk verbessern wollen, und Texter, Journalisten und Autoren, die ins Ghostwriting-Geschäft einsteigen möchten. Sie erkennen bereits die Diskrepanz, nicht wahr? Diejenigen, für die ich gern ein Buch schreiben wollte, waren in keiner Weise ident mit jenen, die dieses Buch kaufen würden.

Ich musste also den Spieß umdrehen: Welches Buch würde Menschen nützlich sein, die mit einem Sachbuch ihr Marketing ankurbeln wollen? So erst kam ich zu dieser Sachbuchanleitung, die Sie gerade lesen. Meine primäre Zielgruppe sind Experten, die mit einem Sachbuch neue Kunden finden und über die Buch-PR gleichzeitig PR für sich selbst machen wollen. Was könnte ich also Besseres tun, als mein Wissen über das Sachbuchschreiben zwischen zwei Buchdeckel zu stecken?

Sie sehen, wie eng die Wahl des Themas, die Zielgruppe und der Wille des Autors miteinander verwoben sind. Es passiert durchaus des Öfteren, dass man zwischen diesen zentralen Polen mehrere Schleifen zieht. Aber das macht das Buchschreiben auch so spannend. Es ist ein Entwicklungs- und Lernprozess, auf den Sie sich da einlassen, und es wird Ihnen auch bei den nächsten Schritten immer wieder passieren, dass Sie Schleifen ziehen müssen. Sehen Sie das als Qualitätssicherung. Ein Diamant glänzt auch nicht schon beim Raushauen aus dem Gestein. Und seien Sie übrigens froh, dass Sie kein Diamantproduzent sind, denn für ein Gramm dieses Edelsteins müssten Sie 20 Tonnen Gestein bewegen – was sind da schon ein paar Gedankenschleifen und vermeintliche Zurück-zum-Start-Gefühle, bis Sie Ihr funkelndes Buch geschrieben haben!

Schritt 4: Führe deine Leser verständnisvoll durchs Buch

Eine Kapitelgliederung muss zu Beginn nicht in Stein gemeißelt, aber sie muss gut durchdacht sein. Wie man Inhalte strukturiert, sie in eine für Leser richtige Reihenfolge bringt. Welche Gestaltungselemente im Sinne der Leserführung zur Verfügung stehen und wie man den für den Verkauf entscheidenden Titel für das Buch findet.

Für den Schnellstart

1. Sammle, ordne und gruppiere die Inhalte zu Kapiteln.
2. Bringe sie in eine sinnvolle Reihenfolge, die für dein Publikum hilfreich ist.
3. Leg pro Kapitel einen roten Faden hin.
4. Überlege dir didaktische Elemente zur Leserführung.
5. Finde einen umwerfenden Titel für dein Buch.

Auch kreative Projekte brauchen Ordnung

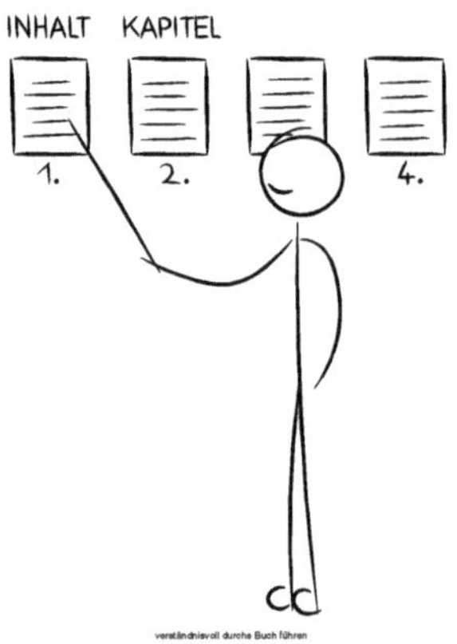

Thema klar, Zielgruppe klar – dann kann's losgehen, oder? Theoretisch schon. Praktisch würde ich an Ihrer Stelle noch eine wichtige Frage klären: Wie bereite ich mein Thema auf, damit es für meine Leser in hirngerechten Häppchen genießbar ist? Sprich: Wie könnte mein Inhaltsverzeichnis aussehen? Wie gestalte ich jedes einzelne Kapitel? Mag sein, dass Sie der Typ „Schauen wir einmal, dann sehen wir schon" sind und Sie sich zu ärgern beginnen, weil ich Ihre kreative Freiheit gerade beschneide. Viel lieber würden Sie schreiben, dann ergibt sich die Reihenfolge der Kapitel wie von selbst. So eine Gliederung auf dem Reißbrett zu entwerfen, ist Ihnen viel zu abstrakt und auch zu mühsam, und außerdem haben Sie das Gefühl, sich selbst in ein unbequemes Korsett zu zwängen, das keine Spielräume mehr lässt.

Nun, es hat niemand gesagt, dass Sie alles bis in die vierte Gliederungsebene genau durchdefinieren müssen. Und es sagt auch niemand, dass eine Inhaltsstruktur, einmal festgelegt, nicht auch bei Bedarf während des Schreibprozesses verändert werden darf. Selbst wenn Sie mit einem Verlag zusammenarbeiten und der Verlag Ihre Struktur aus dem Exposé kennt: Ich habe noch keinen Verlag erlebt, der der Streichung des einen Kapitels, der Ausweitung oder auch der Änderung der Reihenfolge von Kapiteln nicht zugestimmt hätte. Schreibprofis wissen, dass sich eine Logik während des Schreibprozesses manchmal anders darstellen kann, als zunächst gedacht. Die Vorstellung eines starren Korsetts können Sie also getrost verwerfen.

Shortcut

Eine durchdachte Gliederung hilft Ihren Lesern, sich zurechtzufinden, dem Verlag, sich vom Inhalt überzeugen zu lassen, und Ihnen, schneller voranzukommen.

Warum eine zumindest vorläufige Gliederung der Inhalte trotz allem höchst sinnvoll ist, ist rasch erklärt. Zum einen: Wenn Sie einen Verlag suchen, müssen Sie in Ihrem Exposé (siehe Schritt 5) eine Inhaltsgliederung anführen und auch erläutern. Doch auch wenn Sie Ihr Buch im Selfpublishing verlegen wollen, empfehle ich Ihnen dringend, sich ausführlich mit der Leserführung auseinanderzusetzen, denn:

- Eine attraktive Inhaltsangabe ist eine wirkungsvolle Einladung, Ihr Buch zu kaufen. Es gibt Marketingstudien, die den Buchkäufern vor dem Kauf auf die Finger geschaut haben. Daraus ergibt sich ein Ranking, was zur Kaufentscheidung beiträgt, und zwar in dieser Reihenfolge: Titel – Coverbild – Untertitel – Klappentext bzw. Text auf der Rückseite – Inhaltsangabe – Leseprobe (manche beginnen am Anfang, andere schlagen irgendwo auf). Wenn das alles gefällt, hat das Buch den Test bestanden.
- Die Struktur gibt dem Leser Orientierung – das ist der eigentliche Kern der Sache. Als Leserin will ich an jeder Stelle im Buch wissen, wo ich gerade bin. Das ist umso wichtiger bei E-Books!
- Auch innerhalb des Kapitels hilft eine klare Ausrichtung der Inhalte enorm, damit der Leser auch versteht, was Sie ihm sagen wollen.
- Und auch Sie gehen bei Weitem nicht leer aus: Ihr großer Vorteil einer vorher durchdachten Leserführung ist, dass auch Sie eine dicke Ladung Orientierung bekommen und viel besser wissen, was Sie schreiben und was Sie auslassen sollen.
- Das wiederum hat einen weiteren Effekt: Sie kommen zügiger voran und werden mit Ihrem Manuskript schneller fertig.

Habe ich Sie überzeugt? Dann legen wir los. Für eine sorgfältige Leserführung haben wir mehrere Werkzeuge zur Verfügung. Da ist einmal die Inhaltsangabe, wie schon erwähnt, als zentrales Element, das sich wie ein roter Faden durch das Buch schlängelt und an dem sich Ihre Leser anhalten können. Und dann gibt es noch verschiedene andere Werkzeuge wie Info-Kästchen oder Grafiken, über deren Einsatz Sie sich schon vor dem Schreiben Gedanken machen sollten. Gehen wir es der Reihe nach an.

Sammle und gruppiere deine Inhalte

Viele Schreibcoachs schlagen an dieser Stelle vor, ein Mindmap zu machen. Das ist auch eine gute Idee: Nehmen Sie ein größeres Blatt Papier, zeichnen Sie einen Kreis in die Mitte und schreiben Sie den Buchtitel hinein. Und nun brainstormen Sie, was das Zeug hält: Welche Inhalte sind relevant, was möchten Sie, dass Ihr Publikum über das Thema weiß? Schreiben Sie alles auf, ohne zu zensurieren, denn Sie sind gerade in einem Kreativprozess, der verlangt ungehemmtes Spinnen, Assoziieren und auch Fantasieren. Man weiß ja nie, was aus einer zunächst sinnlos erscheinenden Idee einmal entsteht!

Ich würde sagen, das machen Sie eine Weile – durchaus mehrere Tage oder auch Wochen. Legen Sie sich ein Notizheft zu, das Sie auf all Ihren Wegen mit dabeihaben, sodass Sie jederzeit festhalten können, was Ihnen an Gedankenblitzen einfällt. Seien Sie gewappnet: Kreative Ideen haben die Eigenschaft, manchmal scheinbar aus dem Nichts bei der unpassendsten Gelegenheit aufzutauchen, auch wenn Sie gerade gar nicht bewusst am Buch arbeiten – es ist kein bloßer Scherz, dass manche die besten Einfälle unter der Dusche oder auf der Rolltreppe zur U-Bahn haben. Das kann tatsächlich passieren. Irgendwann ist Schluss mit der Stichwortsammlung. Sie merken das meist daran, dass Sie sich zu wiederholen beginnen. Dann beginnen Sie, eine erste Ordnung herzustellen: Was gehört zusammen, was betrifft ein gemeinsames Thema? Gibt es Inhalte, die mehrere Bereiche berühren? Dann entscheiden Sie sich dafür, wo es schwerpunktmäßig hingehört. Prüfen Sie auch sehr kritisch, welche Ihrer Stichworte nicht ins Buch gehören – es müssen wahrlich nicht alle hinein, nur weil sie in Ihrer Mindmap stehen. Seien Sie dabei entscheidungsstark: Als Experte sind Sie immer irgendwie in Gefahr, alles interessant und wichtig zu finden. Denken Sie an Ihre Lieblingsleserin. Würde sie ein Stichwort ansprechen? Nein? Dann weg damit!

Was Sie in dieser Sammelphase eventuell auch machen können, ist ein wenig Recherche. Es ist durchaus legitim, einen Blick darauf zu werfen, wie Konkurrenzwerke strukturiert werden, und sich ein wenig inspirieren zu lassen. Doch lassen Sie sich von deren Ideen nicht allzu sehr leiten. Erstens wollen Sie doch bestimmt nicht abkupfern und zweitens wäre es unlogisch, dass eine Gliederung exakt auch zu Ihrem Buch passt. Es muss zwangsweise einiges geben, das Ihr Buch von allen anderen unterscheidet, sonst hätte Ihr Buch auf dem Markt gar keine Chance. Ich rate meinen Autoren, zuerst ausschließlich das eigene Oberstübchen zu bemühen. Erst wenn diese Quelle wirklich, wirklich ausgeschöpft ist, kann man sich ein bisschen umsehen und prüfen, ob man etwas vergessen hat.

Es gibt auch Autorinnen, die sich von einem Blick auf Konkurrenzwerke total verunsichern oder irritieren lassen. Wenn Sie merken, dass Ihnen das nicht guttut, lassen Sie es bitte gleich bleiben. Sie haben bestimmt genug eigenes Wissen – und das Brainstorming muss nicht zu einer 100 Prozent vollständigen Liste der Inhalte führen. Es ist ganz normal, dass man während des Schreibens noch den einen oder anderen Einfall hat. Die grundlegende Inhaltsstruktur beeinflusst das selten, und wenn, dann meist nur ein wenig.

Shortcut

Autorentrick: Die 5-Finger-Technik hilft Ihnen, Ihre Kernaussagen auf den Punkt zu bringen.

Ich selbst beginne bei meinen Büchern übrigens lieber mit folgendem Trick: mit der 5-Finger-Technik, die ich mir von den Journalisten ausgeborgt habe. Beim Schreiben eines Zeitungsartikels überlegen sie, welche fünf Kernaussagen wichtig sind, und zählen dabei mit den Fingern einer Hand mit. Diese bringen sie dann in eine sinnvolle Reihenfolge und können schon loslegen. Da ein Buch deutlich umfangreicher ist als ein Artikel, dürfen es auch ein wenig mehr als nur fünf Aussagen sein. Wichtig ist, dass diese Aussagen kürzestmöglich sind. Ich beschränke mich auf einen Satz, um meine Aussage nicht zu verwässern. Wenn ich es nicht in einem Satz ausdrücken kann (oder ein Bandwurmsatz entsteht), feile ich so lange daran herum, bis es ein kurzer ist. Die Kunst der Verdichtung ist unglaublich wichtig beim Buchschreiben. Meine Kernaussagen für dieses Buch lauten:

1. Wer ein erfolgreicher Sachbuchautor sein will, muss unbedingt auch Marketing betreiben wollen.
2. Ein gut durchdachtes Konzept ist die Grundlage für ein erfolgreiches Buch.
3. Verlag und Selfpublishing haben beide ihre Für und Wider, das kann man nicht pauschal beantworten.
4. Man muss wissen, weshalb man ein Buch schreiben möchte, sonst schreibt man es nicht bis zum Ende.
5. Wer seine Zielgruppe nicht kennt, kann kein gutes Buch schreiben.
6. Schreiben ist nicht zwangsläufig ein einsamer Job.
7. Ein zweites, drittes Buch zu schreiben, ist immer eine Überlegung wert.

Wenn Sie noch einmal zur Inhaltsstruktur dieses Buchs zurückblättern, werden Sie schnell erkennen, dass ich für fast jede dieser Kernaussagen ein Kapitel geschaffen habe. Sammeln Sie für den Anfang ruhig mehrere Kernaussagen, doch sorgen Sie dann dafür, dass Sie sie bündeln. Sie werden selbst merken, dass sich manche Aussagen über- und unterordnen lassen. Am Ende sollten wirklich nur die fünf bis zehn wichtigsten auf dem Papier stehen.

Wenn Sie Beraterin sind, hilft Ihnen vielleicht folgende Frage auf die Sprünge: Welche Fragen werden Ihnen von Kunden immer wieder gestellt? Auch hier lassen Sie sich Zeit für die Sammelphase, erst wenn sich Ihre neuen Ideen als gar nicht mehr neu entpuppen, weil sie in ähnlicher Form schon in Ihren Notizen stehen, wissen Sie: Jetzt ist es Zeit, eine Bündelung vorzunehmen, um mehr Überblick zu bekommen und Ihrer Gliederung ein Stück näherzukommen.

Noch ein paar Fragen habe ich, die Ihnen helfen, Inhalte zu sammeln:

- Welche Probleme tauchen bei Ihren Kunden typischerweise auf?
- Welche typischen Verhaltensweisen orten Sie bei Ihren Kunden, wenn es um dieses Thema geht?
- Was sind typische Fehler, Irrtümer, Vorurteile etc. Ihr Thema betreffend?

Wenn Sie ein Beratungskonzept haben, das Sie im Buch darstellen wollen, dann haben Sie vermutlich die Kernelemente und Kernaussagen bereits auf einer PowerPoint-Folie dargestellt – nehmen Sie sie als Basis für die Buchstruktur, ergänzen Sie sie so, dass es dem Buchthema vollständig entspricht (ein Buch ist keine bloße verbale Darstellung einer PowerPoint-Folie, da muss schon noch mehr Fleisch dran!).

Bring deine Inhalte in eine sinnvolle Reihenfolge

Wenn Sie sich ausgequetscht fühlen wie eine Zitrone, ist das das beste Zeichen dafür, dass Sie bereit sind für den nächsten Schritt. Sie haben bereits versucht, das Durcheinander an Stichworten oder Kernaussagen zusammenzuführen, ihnen bei Bedarf Überschriften zu geben (wenn Sie mehr als zehn Kernaussagen haben, sollten Sie das auf jeden Fall tun). Bleiben Sie weiterhin in Ihrer Rolle als Fulltime-Kreativling, denn nun geht es darum, Ihre Inhaltshäufchen einerseits aus fachlicher Sicht und andererseits unbedingt lesergerecht zu sortieren. Steigen Sie doch gleich einmal in die Schuhe Ihrer Leser – oder noch besser in die Schuhe Ihrer Lieblingsleserin:

Welchen Informationsstand hat sie, bevor sie Ihr Buch zu lesen beginnt? Welche Vorerfahrungen hat sie? Welche Motivation treibt sie, Ihr Buch zu lesen? In welcher (vielleicht misslichen) Situation befindet sie sich, weshalb sie Ihren Ratgeber kauft? Sie kennen schließlich Ihre Kunden, die hoffentlich eine Teilmenge Ihres Buchpublikums sind, und werden nicht allzu große Schwierigkeiten haben, die Perspektive Ihrer Leser einzunehmen. Mit welchem Input holen Sie sie daher am besten ab? Mit welchem Inhalt würde ihr der Einstieg in die Lektüre am leichtesten fallen? Was muss sie zuerst wissen, damit sie alles Weitere verstehen kann? Was muss logischerweise als Nächstes kommen?

Welche Art von Gliederung für Ihr Buch genau die richtige ist, kann ich Ihnen an dieser Stelle nicht beantworten. Es gibt nicht DIE ideale Inhaltsstruktur und auch kein Geheimrezept, und sie hängt auch vom Thema ab. Eine gute Prise Extravaganz darf es gerne sein, seien Sie also ruhig kreativ! Alles ist erlaubt, sofern es dem Leser, der Verständlichkeit und einer gewissen Logik dient. Ein paar Anregungen und Betrachtungen habe ich für Sie:

Einleitung – Hauptteil – Schluss

So haben wir es in der Schule für unsere Aufsätze gelernt. Nun. Nur drei Kapitel sind ein bisschen wenig, zumal normalerweise weder in der Einleitung noch im Schluss das Wesentliche steht. Den Hauptteil zu strukturieren, das ist die Herausforderung. Dieser schulische Dreischritt hilft uns also nicht weiter.

Apropos Einleitung

Fast alle Inhaltsübersichten, die Autoren mir vorlegen, beginnen mit „Einleitung". Das kann man natürlich machen. Doch ich frage Sie: Lesen Sie bei einem Sach- oder Fachbuch immer die Einleitung? Vielleicht noch eher bei einem Fachbuch, weil Sie sich darin einen Überblick über die komplexe Materie erhoffen. Doch angeblich lesen nur 10 Prozent aller Leser die Einleitung, neun von zehn überspringen sie und beginnen mit Kapitel 1. Lohnt es sich da wirklich, eine Einleitung zu schreiben? Und wenn Sie jetzt sagen, „Na ja, da schreibe ich eh nichts wirklich Wichtiges hinein, die können das gern überspringen", dann frage ich zurück: Wenn nichts Wichtiges drinsteht, wozu dann überhaupt? Beim Buchschreiben geht es doch nicht darum, Bleiwüsten zu erzeugen!

Es ist andererseits gegen ein Intro nichts einzuwenden, wenn darin etwas Interessantes oder Unterhaltsames steht. Zum Aufwärmen für die Leser ist das ganz nett und auch hilfreich (und manchmal hilft es auch uns Autoren zum Warmschreiben). Mein Vorschlag daher: Überlegen Sie, was Sie Ihrer Lieblingsleserin anbieten wollen. Betreiben Sie ein wenig Smalltalk, damit Sie sich ein bisschen „kennenlernen". Das macht man schließlich bei jedem normalen Kundentermin auch so, wenn man freundlich ist. Wobei ich damit nicht sagen möchte, dass Sie in Ihrem Intro übers Wetter plaudern sollten. Und nennen Sie es vielleicht nicht „Einleitung", das ist doch schnarchlangweilig und verfehlt somit den freundlichen Smalltalkeffekt.

Leider sehr beliebt sind Hinweise, wie das Buch zu handhaben ist. Ich finde das zumindest bei einem Sachbuch oder Ratgeber ziemlich fehl am Platz. Entweder sind die Hinweise ohnehin offensichtlich, dann sind sie zwecklos und der Leser steigt sowieso gleich wieder aus (so er denn überhaupt die Einleitung zu lesen begonnen hat). Oder sie sind notwendig, dann ist es aber ein Zeichen dafür, dass Ihr Buch ganz schön kompliziert sein muss – in dem Fall würde ich an einer klareren Leserführung arbeiten, die selbstredend ist und keine Anleitung braucht. Hinweise wie „Sie können das Buch vom Anfang bis zum Ende durchlesen oder auch einzelne Kapiteln rauspicken", die braucht Ihr Leser nun wirklich nicht. Das tut er ohnehin exakt so, wie er üblicherweise Sachbücher zu lesen pflegt, nämlich entweder beim Anfang beginnen oder kreuz und quer nach Lust und Laune lesen. Es hängt außerdem vom Thema ab, ob die Kapitel aufeinander aufbauen oder ob sie unabhängig voneinander gelesen werden können. So viel Intelligenz können Sie Ihrem Publikum schon zutrauen, dass sie das von alleine erkennen.

Ebenfalls beliebt ist eine ausführliche Erklärung, wie es zu diesem Buch kam. Wenn Sie da eine wirklich originelle Story zu erzählen haben, okay. Ansonsten lassen Sie es lieber. Ein „Alle meine Seminarteilnehmer lagen mir schon seit Jahren in den Ohren, jetzt habe ich es endlich geschrieben" mag vielleicht tatsächlich der Grund sein, warum Sie Ihr Buch schreiben. Aber interessiert das Ihre Leser wirklich? Und falls Sie glauben, damit die Existenz Ihres Buchs zu rechtfertigen: Es können noch so viele Ihrer Kunden Sie darum gebeten haben – wenn Ihr Buch am Markt den Konkurrenztest nicht besteht, hilft das gar nichts. Es sind der Markt und Ihr Marketing, die die Existenz Ihres Buchs rechtfertigen.

Wenn, dann sollte in Ihrer Einleitung schon etwas stehen, das den Leser auch wirklich interessiert, ihm freundlich die Hand reicht und ihn zum Lesen einlädt. Eine nette Idee wäre zum Beispiel, wenn Sie Ihre Vision umreißen, die dem Buch zugrunde liegt. Visionen sind dazu da, auch andere mitzureißen und sie teilhaben zu lassen, damit sie wahr wird. Das wäre ein starker Start! Oder Sie schreiben eine kurze Ausführung über die Dringlichkeit des Themas. Oder eine Story, die den Sinn des Buchs sehr schön illustriert. Etwas Unterhaltsames vielleicht, eine bemerkenswerte Anekdote, die Sie zum Schreiben motiviert hat. Kurzum: Es muss etwas sein, das Ihren Lieblingsleser hinter dem Ofen hervorlockt, etwas, das ihn zum Lesen einlädt, ihn schon im ersten Satz gefangen nimmt. Oder besser gesagt schon mit der Überschrift (die Sie auf keinen Fall „Einleitung" nennen, aber das wissen Sie ja nun schon). Wenn Ihnen nichts einfällt, das Sie nicht ohnehin schon im ersten Kapitel besprechen wollen, dann lassen Sie es. Streichen Sie die Einleitung, es geht auch ohne.

Aufeinander chronologisch aufbauende Inhalte

Es gibt Bücher wie dieses Buch, die einer chronologischen Reihenfolge unterworfen sind. Jede Gebrauchsanleitung hat einen ersten, einen zweiten einen dritten Schritt, und Sie als Expertin wissen genau, womit Sie beginnen und was dann als Nächstes folgen muss. Es macht aus meiner Expertensicht keinen Sinn, zuerst am Manuskript zu arbeiten und erst dann das Konzept zu überlegen, sondern genau umgekehrt. Genauso sinnlos ist es, über ein Buchmarketing nachzudenken, ohne vorher über die Zielgruppe Klarheit zu haben. In diesem Fall entwickelt sich der Aufbau des Buchs aus der Logik Ihres Expertenhirns.

Apropos Chronologie

Bei Fachbüchern habe ich es schon erlebt, dass die Autorin gern die Entwicklung ihrer Wissenschaft erklären möchte, bevor sie auf ihre eigentlichen Erkenntnisse oder auf ihr Konzept eingeht. Sie erhofft sich damit, den Leser langsam von der ersten Idee der Menschheit über die Gedanken ihrer Vorgänger bis zu ihrer eigenen Erfindung die komplexen Zusammenhänge näherzubringen. Sie beginnt also quasi nicht beim erhebenden Augenblick, an dem der Mensch eine Rakete gezündet und zum Mars geflogen ist, sondern mit dem Aneinanderreiben von Steinen, was einen Funken erzeugt hat, sodass erstmals Feuer gemacht wurde.

Ich hätte Ihnen im ersten Kapitel auch etwas von Gutenberg erzählen können, von der langsam über die Jahrhunderte zunehmenden Alphabetisierung, die erst eine Massenproduktion von Büchern erforderlich gemacht hat. Hab ich aber nicht. Waren Sie enttäuscht? Wenn ja, dann schreiben Sie mir bitte. Sollte ich genügend Zuschriften bekommen, ziehe ich eine Neuauflage des Buchs in Erwägung. Ich glaube aber eher, dass Ihnen ein historischer Abriss der Geschichte des Buchdrucks nicht die Bohne abgegangen ist, weil Ihnen dieses Wissen nichts genutzt hätte. Sie wollen aktuell ein Buch schreiben, da wollen Sie verdammt nochmal wissen, was Sie als Erstes zu tun haben.

Wenn Sie der Meinung sind, ein historischer Rückblick wäre wirklich sinnvoll, um gewisse Zusammenhänge besser zu verstehen, dann bauen Sie ihn an den entsprechenden Stellen im Manuskript ein, das ist eleganter und Ihre Leser können viel mehr damit anfangen, als wenn Sie die gesamte Entwicklungsgeschichte komprimiert an den Anfang des Buchs stellen. Mit Adam und Eva zu beginnen, macht nur Sinn, wenn Sie ein historisches Buch schreiben. Oder ein Lehrbuch für Schüler und Studenten, die die geschichtliche Entwicklung für die Prüfung pauken müssen. Sachbücher brauchen einen geschmeidigen Einstieg, mit Inhalten, die Ihre Leserinnen und Leser erfreut aufgreifen. Denn wenn sie das Buch zu lesen beginnen, sind sie mit sich alleine und sie entscheiden meist rein nach dem Lustprinzip, ob sie weiterlesen wollen oder nicht. Nur arme Studenten quälen sich durch sperrige Fachliteratur.

Aufeinander logisch aufbauende Inhalte

Die Psychologin und Autorin Natalia Ölsböck hat in ihrem Buch *Mit Leichtigkeit. Sorgenfrei, fröhlich und unbeschwert leben* die Inhalte nach logischen Gesichtspunkten geordnet. Sie hat einen „Leichtfaden" entwickelt, den sie vorstellt. Davor muss sie aber erklären, was sie unter Leichtigkeit überhaupt versteht und warum es sinnvoll ist, sie anzustreben – zu viele glauben sonst, dass es darum geht, es sich einfach nur aus Bequemlichkeit leicht zu machen. In Wahrheit geht es aber darum, uns widerstandsfähig zu machen, um auch widrige Umstände viel leichter überstehen zu können. Erst nachdem sie schließlich ihren „Leichtfaden" vorgestellt hat, kann sie ihren Lesern zeigen, wie der Leichtfaden in verschiedenen Lebenslagen hilft. Die Erklärung „Was ist Leichtigkeit?" ist für die Leser nötig, damit sie sich auf den „Leichtfaden" einlassen, und erst wenn sie dieses Werkzeug verstanden haben, sind sie bereit, es fürs Leben, Lieben und Leisten sinnvoll einzusetzen.

Genau das liegt solchen Inhaltsstrukturen zugrunde: Das eine Wissenshäppchen braucht der Leser, um das nächste in Angriff zu nehmen, und erst dann kann er das nächste verdauen. Und so weiter. Passt nicht für jedes Thema, aber vielleicht für Ihres.

Gleichrangige Inhalte

Es gibt auch Themen, die aus mehreren gleichrangigen Bereichen bestehen, da hilft keine Logik und keine Chronologie. Das Buch *Warum haben Eltern keinen Beipackzettel?* der Paartherapeuten Sabine und Roland Bösel ist ein solches. In diesem Buch beleuchten sie typische „seltsame" Verhaltensweisen, die zu Problemen oder gar Krisen in Paarbeziehungen führen. Keine dieser Verhaltensweisen ist einer anderen übergeordnet – bei dem einen ist die eine prägend, bei einem anderen die andere, da lässt sich keine Priorisierung feststellen. Und so wurden die Kapitel nach einem anderen Kriterium in eine Reihenfolge gebracht: nach der von den Autoren subjektiv empfundenen Häufigkeit, wie sie bei ihren Klientinnen und Klienten auftreten. Vorangestellt sind diesen Kapiteln nur zwei Erklärungen, nämlich was es mit dem „seltsamen Verhalten" auf sich hat und eine Ermutigung, sich vom emotionalen Erbe nicht dirigieren zu lassen, sondern selbst die Führung zu übernehmen. Diese beiden Kapitel sind der Logik geschuldet, damit die Leser die weiteren, gleichrangigen Kapitel besser verstehen können.

Das Ganze noch einmal kapitelweise

Haben Sie Ihre Reihenfolge? So ungefähr zumindest? Super! Dann gehen wir eine Stufe tiefer. Wie wollen Sie jedes einzelne Kapitel gestalten?

Keine Sorge, Sie müssen nun nicht alles bis ins letzte Detail planen. Aber es ist wie beim Hausbau: Zuerst überlegen Sie, wie viele Zimmer Sie brauchen und wie sie angeordnet sein sollen, damit Sie nicht zum Beispiel von der Küche zum Essplatz quer durchs Haus rennen müssen. Und dann ist es auch noch notwendig, in jedem Zimmer zumindest ungefähr zu wissen, wie Sie es einrichten werden, weil davon die Platzierung von Steckdosen, Wasseranschlüssen und Heizungsrohren abhängt.

Genau darum geht es in diesem dritten Schritt: Was ist das Ziel jedes einzelnen Kapitels? Welche Funktion hat es im Rahmen des gesamten Buchs? Ganz wichtig auch die Frage: Wie grenzen sich die Kapitel eindeutig voneinander ab? Denn was nicht passieren darf, ist, dass ein Leser beim Blick auf die Inhaltsangabe zu Beginn des Buchs nicht weiß, ob das Gesuchte in Kapitel 3 oder doch in Kapitel 5 zu finden ist. Jedes Kapitel ist wie ein Ordner in Ihrem Büro, der hoffentlich so beschriftet ist, dass auch jemand anderer finden kann, was er sucht. (Und wir wissen, dass diese Beschriftung gar nicht so einfach ist – aber das nur nebenbei.)

Gestalte deine Kapitel auch optisch ansprechend

Das Wichtigste haben Sie nun hinter sich. Doch ich lasse Sie noch immer nicht in Ruhe. Zu einer ordentlichen Leserführung gehören auch noch verschiedene sogenannte didaktische Elemente, die die Kapitel optisch auflockern (und die Leser damit bei guter Laune halten) und auch noch eine gute Strukturhilfe sind. Ich spreche von den vielen Möglichkeiten, die in Kästchen oder in anderer Schrift oder Farbe abgedruckt werden und der Leserführung dienen. Das sind die gängigsten:

- **Trailer:** Das sind jene Kurzvorstellungen des Kapitels, die Sie in diesem Buch unter jeder Kapitelüberschrift finden. Sie sollen neugierig machen und gleichzeitig umreißen, worum es in diesem Kapitel geht, damit sich der Leser darauf einstellen kann, was ihn erwartet. Alternativ können Sie auch Ziele beschreiben: „Wenn Sie dieses Kapitel gelesen haben, wissen Sie …“.
- **Zusammenfassungen** finden Sie am Ende eines Kapitels oder eines Abschnitts. Sie sollen dem ungeduldigen Leser eine Quick-Info bieten.
- Ein **Fazit** finden Sie ebenfalls am Ende eines Kapitels, es ist weniger eine Zusammenfassung als eine Schlussfolgerung aus dem, was im Kapitel erörtert wurde.
- **Definitionen und Erklärungen** von Begriffen werden gerne in Kästchen gestellt und an entsprechender Stelle in den Fließtext eingefügt.
- **Marginalien** sind Quick-Infos am Seitenrand, und zwar immer an der Stelle, wo man die ausführlicheren Informationen im Fließtext findet. Sie helfen dem Leser, wenn er bestimmte Inhalte sucht.

* **Tipps** werden auch gerne als Kästchen gestaltet.
* **Übungsaufgaben und Kontrollfragen** eignen sich nicht für alle Bücher, weil sie auf viele Leserinnen und Leser etwas schulmeisternd wirken. Bei Lehrbüchern aber sind sie auf jeden Fall genau richtig.
* **Fallbeispiele**: Sie sind auch Fließtext, nur werden sie gerne entweder in anderer Schrift oder einer anderen Schriftfarbe abgedruckt, damit man als Leser schnell erkennen kann, was Sachtext und was Fallgeschichte ist.
* **Grafiken und Illustrationen** helfen noch zusätzlich, um Sachinhalten auch noch eine visuelle Komponente zu geben. Sie wissen ja: Wir Menschen lieben Bilder – sofern sie aussagekräftig sind.

> **Shortcut**
>
> Leserführung heißt das Zauberwort, mit dem Sie Ihrem Publikum mit optischen Elementen helfen, besser durch die Inhalte zu kommen.

Das sind eine ganze Menge an Gestaltungselementen, nicht wahr? Jedes einzelne ist wirklich hilfreich und Leser freuen sich über deren Existenz. Trotzdem sollten Sie sie nicht inflationär verwenden. Der Verlag Springer Gabler empfiehlt, nicht mehr als drei bis vier verschiedene einzusetzen. Ich habe mich in diesem Buch für Teaser und den „Schnellstart" jeweils am Kapitelanfang, Kästchen und Interviews im Kapiteltext entschieden.

Damit Sie nicht die Übersicht, die Sie durch diese Elemente gewinnen, gleich wieder zunichtemachen, sollten Sie jedoch noch diese beiden Regeln beherzigen:

* Sorgen Sie dafür, dass nicht zwei gleich oder ähnlich aussehende Elemente unmittelbar hintereinanderstehen. Es sollte zumindest ein Absatz Fließtext dazwischen sein.
* Entscheiden Sie sich für ein Element nur, wenn Sie es mehrmals im Buch anwenden. Es muss nicht in jedem Kapitel sein, aber wenn Sie nur in Kapitel 2 ein einziges Mal einen Tipp in ein Kästchen stellen und sonst nirgendwo, hilft das gar nichts. Dann lassen Sie es entweder lieber ganz sein oder sorgen Sie dafür, dass Sie auch an anderen Stellen Tipps anbringen können. Erst die Kontinuität bringt den Effekt, dass sich Ihre Leserinnen besser orientieren können.

Finde einen umwerfenden Titel

Einen Titel zu finden, ist Magie. Manchmal fällt er vom Himmel – oft jedoch versteckt er sich gut in irgendeiner der hintersten Ritzen des Universums. Wie Rumpelstilzchen, so stelle ich mir diesen Titel manchmal vor, das sich einen diebischen Spaß draus macht, dass niemand seinen Namen entdeckt.

Buchtitel sind deswegen so herausfordernd, weil sie so viel können müssen und Sie aber nur wenige Worte zur Verfügung haben, um all diese Forderungen zu erfüllen:

- Ihr Titel soll das Buch gut verkaufen. Titel und Untertitel sind gemeinsam mit dem Coverbild die drei ersten Elemente, die jemand beim Buchkauf betrachtet. Der Titel muss also Ihre potenziellen Leser auf den ersten Blick ansprechen und überzeugen.
- Im Onlinehandel muss der Titel zudem geeignet sein, entsprechend der Keywords, die jemand auf der Suche eingibt, auch gefunden zu werden. Leserorientierung und Suchmaschinenoptimierung sind zwei Kriterien, die sehr oft schwer kompatibel sind. Im Zweifelsfall plädiere ich immer für die Leserorientierung, SEO-Hörigkeit hin oder her.
- Er soll die Käuferinnen und Käufer neugierig machen, wie das beispielsweise Diane Coyle nach dem Motto „Sex sells" mit ihrem Titel gelingt: *Sex, Drugs & Economics. Eine nicht alltägliche Einführung in die Wirtschaft.* Ein Glück, dass wir Sachbuchautorinnen Untertitel verwenden können, sonst wären viele der neugierig machenden Titel reinste Verschwendung, weil niemand wüsste, worum es in den Büchern geht. Auch bei diesem Buch, das Sie gerade in Händen halten, soll der Titel *Zur Sache, Experten!* neugierig machen – erst der Untertitel erklärt, worum es geht.
- Er sollte Emotionen wecken. Sagen Sie jetzt nicht, dass das doch nur für die Belletristik gilt. Auch Sachbuchtitel müssen die Seele zum Schwingen

bringen. Ein Stück Vorfreude, etwas Interessantes zu lesen etwa, oder das Anklingen einer Erleichterung, weil man mit diesem Buch endlich ein Problem lösen können wird. Oder das Glücksgefühl: „Endlich! So ein Buch habe ich schon lange gesucht, so ein Glück, dass das jetzt jemand geschrieben hat!"

- Das führt uns zum nächsten Punkt: Der Titel sollte den Leserinnen und Lesern ein Versprechen andeuten und klarstellen, was sie im Buch erwartet. Die „10 Schritte" im Untertitel dieses Buchs haben Ihnen beispielsweise die Vorstellung gegeben, dass Sie eine umsetzungsstarke Anleitung bekommen. Ich hoffe, Sie sind nach wie vor zufrieden!

- Nicht nur der Inhalt, auch Titel und Untertitel sollten so gestaltet sein, dass sie die Persönlichkeit der Autorin oder des Autors repräsentieren. Sind Sie ein humorvoller Typ und haben das Buch entsprechend witzig geschrieben? Dann sollte auch der Titel so sein. Oder neigen Sie zu Sarkasmus? Titel wie *Erbschleichen für Anfänger und mäßig Fortgeschrittene* von Maggie Raidl oder *Und morgen bringe ich ihn um! Als Chefsekretärin im Top-Management* von Katharina Münk lassen darauf schließen, dass es die Autorinnen nicht ganz ernst meinen – und dennoch etwas zu diesem eigentlich schwierigen Thema zu sagen haben.

- Auch wichtig: So wie der Inhalt sich klar von der Konkurrenz unterscheiden soll, so sollte auch der Titel sich von den Konkurrenzwerken klar unterscheiden. Es gibt nur eine Ausnahme von dieser Regel: wenn Sie die Erfolgswelle eines bereits bestehenden Bestsellers mitreiten wollen. Möglicherweise hat sich die Autorin von *Schlank mit Darm* so etwas gedacht, um ein wenig von Giulia Enders' *Darm mit Charme* zu profitieren.

- Last not least: Prüfen Sie, dass Ihr Titel nicht schon für ein anderes Buch verwendet wurde. Zwei Bücher mit demselben Titel, das geht gar nicht. Erstens gibt es rechtlich so etwas wie einen Titelschutz, den Sie unbedingt berücksichtigen sollten, und zweitens ist es ohnehin nicht in Ihrem Interesse, denselben Titel zu verwenden. Schließlich wollen Sie doch einzigartig sein.

Apropos Titelschutz: Wenn Sie feststellen, dass Ihr bevorzugter Titel bereits vergeben ist, haben Sie Pech gehabt, denn den dürfen Sie nicht verwenden. Auch ähnliche Titel können ein Problem sein, sofern Verwechslungsgefahr besteht. Ob ein Titel bereits vergeben ist, finden Sie heraus, indem Sie zweierlei checken: 1. Gibt es bereits ein Buch mit diesem Titel? Bemühen Sie am besten Ihre Suchmaschine. Speziell Amazon ist in diesem Fall eine gute Recherchequelle. 2. Titel können sechs Monate vor dem Publikationstermin bereits geschützt werden. Titelschutz kann auf verschiedenen Plattformen beantragt werden, beispielsweise auf www.boersenblatt.net, www.titelschutzjournal.de und .at. Dort können Sie in deren Datenbanken nach bereits vorhandenen Titeln stöbern. Ist Ihr Titel frei, können Sie ihn verwenden und ihn sich für maximal sechs Monate schützen lassen – beispielsweise auf den oben angeführten Plattformen. Allerdings sind damit Kosten verbunden.

Shortcut

Beachten Sie den Titelschutz. Ihr Buch sollte einmalig am Markt sein! Sie handeln sich ansonsten Probleme ein.

Wenn Sie einen guten Verlag mit im Boot haben, müssen Sie sich diesbezüglich wenige Gedanken machen. Als Selfpublisher jedoch achten Sie bitte sehr sorgfältig darauf, dass Ihr Titel nicht bereits existiert. Berücksichtigen Sie bei dieser Recherche unbedingt auch verschiedene Schreibweisen, die auch Rechtschreibfehler beinhalten, denn einem Selfpublisher, der sich ein Lektorat nicht leisten möchte, kann auch im Titel ein Fehler unterlaufen. Die Titel „Glücklich zusammen leben" und „Glücklich zusammenleben" beispielsweise sind zwar nicht ident und dennoch ist die Verwechslungsgefahr zu groß. Wenn Sie Pech haben und der Autor des anderen Titels wittert seine Chance, zeigt er Sie an und das Gericht wird Sie zu Schadenersatz verurteilen, und das nicht zu knapp. Wenn Sie sich wegen des Titelschutzes näher informieren wollen, empfehle ich Ihnen das Börsenblatt, dort finden Sie ein übersichtliches Merkblatt als pdf zum Download (siehe Link in der Literaturliste).

Die meisten Sachbücher haben Titel und Untertitel. Das ist kein Zwang, es gibt auch Bücher, die mit einem Haupttitel auskommen, doch es erleichtert die Titelsuche ein wenig. So können Sie nämlich beim Titel ein bisschen kreativer sein. Der Untertitel übernimmt dann die Aufgabe, konkret zu sagen, was Sache ist. Er grenzt den Inhalt ein und enthält die Keywords, nach denen Leser suchen. So ist zum Beispiel der Titel des Buchs *Follow me!* von Anne Grabs und Karim-Patrick Bannour für sich noch überhaupt nicht aussagekräftig. Das kann ein Sachbuch für die charismatische Führungskraft genauso sein wie ein Ratgeber für Reiseleitung. Der Titel hat in diesem Fall eindeutig die Funktion, neugierig zu machen. Erst der Untertitel bringt Licht ins Dunkel: „Erfolgreiches Social-Media-Marketing mit Facebook, Twitter und Co." steht da. Jetzt erst wird auch der Witz des Titels klar, nicht wahr? Genauso braucht das weiter oben bereits zitierte Buch *Sex, Drugs & Economics* von Diane Coyle unbedingt einen Untertitel, weil man sonst nicht genau weiß, welchen Zweck das Buch verfolgt: „Eine nicht alltägliche Einführung in die Wirtschaft" steht da. Alles klar! Auch bei diesem Titel versucht die Autorin, zunächst Neugierde zu wecken, was schon allein mit dem Wort „Sex" zweifellos funktioniert.

Andere Sachbücher kommen auch ohne Untertitel aus, wie zum Beispiel die „111 Orte"-Serie des Emons-Verlags. Susanne Gurschlers *111 Orte in Tirol, die man gesehen haben muss* beispielsweise sagt alles aus, was man über das Buch wissen muss. Punktum. Daniel Golemans *Emotionale Intelligenz* verzichtet auch auf einen Untertitel, wobei ich finde, es hätte zumindest anfangs nicht schaden können. Wobei: Dieses Buch hat es trotzdem geschafft, zu einem Bestseller zu werden, und man weiß mittlerweile sehr gut, was damit gemeint ist.

Wenn Sie mit einem Verlag veröffentlichen wollen, sei Ihnen gesagt: Rechnen Sie damit, dass er Ihren Titelvorschlag nicht optimal finden wird. Es ist eher der Normalfall, dass Sie irgendwann nach der Vertragsunterzeichnung, während Sie in den Endzügen Ihres Manuskripts liegen, vom Verlag angesprochen werden: Wir brauchen einen guten Titel. Hab ich doch schon, antwortet dann die Autorin. Na ja, meint der Verlag, der ist nicht so der Hammer! Wir brauchen etwas Verkaufsförderndes. Und so beginnt oft der mühsame Prozess des Findens und Verwerfens und Wiederfindens von Neuem.

Warum Sie sich trotzdem schon beim Konzept die Mühe machen sollten, einen zugkräftigen Titel zu finden? Es gibt zwei Gründe dafür:

1. Der Arbeitstitel muss für Sie zugkräftig genug sein, sodass er Sie zum Dranbleiben motiviert. Es heißt nicht umsonst, dass jedes Projekt erst dann lebendig wird, wenn es einen Namen bekommt. So ist das auch beim Buchschreiben.
2. Er muss im Falle einer Verlagssuche die Lektorin überzeugen. Auch wenn die Lektorin im Hinterkopf hat, dass die verlagsinterne Marketingabteilung möglicherweise einen anderen Titel haben möchte, so ist der Arbeitstitel dennoch mit dem Inhalt entscheidend, ob Sie einen Zuschlag bekommen oder nicht. Das Gesamtpaket entscheidet.

Damit es Ihnen nicht wie die Quadratur des Kreises vorkommt, wenn Sie versuchen, einen Titel und Untertitel zu finden, der alle Kriterien optimal erfüllt, habe ich hier ein paar Tipps für Sie:

Das Manuskript zu schreiben beginnen
Wenn Ihre Inhaltsgliederung einmal steht (oder zumindest vorläufig), können Sie sich langsam aufs Schreiben einstimmen. Spätestens bei der Verlagssuche (so Sie das beabsichtigen) brauchen Sie ohnehin einen Probetext, der bei Sachbüchern am besten das erste oder eines der ersten Kapitel ist. Schreiben hilft Ihnen defi-

nitiv bei der Titelsuche – das liegt wohl daran, dass Sie sich im Schreibprozess anders mit den Inhalten auseinandersetzen als bei der Konzeptarbeit. Denn da müssen Sie in die Details gehen, und oft ist ein Detail markant oder stellt sich als Kleinod heraus, das repräsentativ für das ganze Thema ist.

So ist es mir mit meinem Autor bei einem Ghostwriting-Projekt ergangen. Bei der Arbeit am Probekapitel ließ mein Autor so en passant einen neuen Begriff fallen, den ich begeistert aufgriff. Er wurde zum Titel des Managementbuchs. Dieser Titel warf übrigens noch einmal ein neues Licht auf die gesamte Inhaltsgliederung, sodass wir ein Kapitel noch einmal adaptierten und noch markanter in seiner Aussagekraft machen konnten. Mein Autor war davon zunächst wenig begeistert. „Jetzt machen wir schon wieder einen Schritt zurück statt nach vorn", rief er verärgert. Da hatte er recht, doch insgeheim war ich sehr zufrieden. Ein Titel enthält die Essenz des Buchs, und es gibt im Grunde nichts Besseres, was einem passieren kann: dass man die Essenz des Ganzen erkennt. Erst dann hat man etwas so richtig verstanden! Die Essenz räumt die letzten Barrikaden weg, die einem den klaren Blick auf das große Ganze verstellen. Als würde man vom Flugzeug aus die Beschaffenheit einer ganzen Insel erkennen.

Auf die Art haben mein Autor und ich nicht nur eine der vielen, wertvollen Lernschleifen vollzogen, die das Schreiben mit sich bringt. Wir haben für ihn auch ein noch besseres Buch geschafft – und mit dem Titel hatte er außerdem auch einen tollen Namen für sein Management-Tool, das bis dahin noch ein namenloses Dasein fristete.

Sich bei Metaphern und Sprüchen Anleihen nehmen

Mein erstes Sachbuchprojekt, das ich mit Kunden realisierte, war ein Beziehungsratgeber der Paartherapeuten Sabine und Roland Bösel, die die Imago-Therapie in den Fokus stellen. Kern dieser Therapieform ist ein ganz spezieller Dialog, der dazu auffordert, dem anderen wirklich gut zuzuhören, wenn er spricht, und sich nicht schon während des Zuhörens eigene Gedanken zurechtzulegen, wie man das normalerweise tut. Die Werbeagentur des Therapeutenpaars griff dieses Element auf und stöberte in der „Sprüche aus dem Volksmund"-Kiste. Heraus kam ein Titel, der bis heute großen Anklang findet: *Leih mir dein Ohr und ich schenk dir mein Herz.*

So kann es Ihnen auch gelingen. Durchwühlen Sie die Sprüche-Datenbanken des Internets und lassen Sie sich inspirieren. Welche Metaphern passen zu Ihrem Thema?

Mit den Schlüsselwörtern spielen

Schuld an Heidi Kastners Buchtitel *Schuldhaft* war wohl das Wort Schutzhaft – geht es im Buch der Gerichtspsychiaterin doch um „Täter und ihre Innenwelten", wie der Untertitel verrät. Und der kreative Kopf, der Patrick Lencionis Managementratgeber mit *Tod durch Meeting* betitelte, hatte sich bestimmt in die oft sterbenslangweilige Stimmung in Besprechungen gut hineindenken können, um auf diese Idee zu kommen. Brainstormen Sie passende Keywords und zentrale Begriffe Ihrer Theorien oder Erkenntnisse und spielen Sie mit ihnen.

Möglichst viele Menschen mitstürmen lassen

Kreative Prozesse lassen sich allein im stillen Kämmerlein oft nur sehr schwer in Gang bringen. Bitten Sie Freunde, Familie, Kolleginnen und Kollegen, für Sie ein Brainstorming zu machen. Das war übrigens der Weg, der mich zum Titel dieses Buchs geführt hat. Ich habe in meinem Netzwerk um Hilfe gebeten, in dem es nur so wimmelt vor Texterinnen, Journalistinnen, Autorinnen und anderen Wortakrobatinnen. Ich danke an dieser Stelle also besonders meinen beiden Kolleginnen Biggi Mestmäcker und Angelika Petrich-Hornetz für ihre Idee zu diesem Titel!

Die Profis machen lassen

Auch wenn Sie im Moment „nur" einen Arbeitstitel suchen und Sie deshalb kein Geld in eine Profitexterin investieren wollen, weil der Verlag vermutlich ohnehin einen anderen Titel wünschen wird – der Vollständigkeit halber sei dennoch erwähnt: Die richtig kreativen Köpfe sitzen meist in den Werbeagenturen oder in den Homeoffices freiberuflicher Werbetexterinnen. Sie werden sich liebend gern um einen umwerfenden Titel für Ihr Buch bemühen.

Wenn Sie also Selfpublisher sind, empfehle ich Ihnen diesen Schritt. Sie haben ohne erfahrenen Verlag keinen Sparringspartner, der Ihnen sagt, dass Ihr Vorschlag langweilig, am Thema vorbei, nicht verkaufsfördernd ist. Werfen Sie einen Blick auf die Publikationslisten der Selfpublishing-Anbieter und Sie werden erahnen können, welche Titel professionell und kreativ gestaltet und welche selbstgestrickt sind. Sie wollen es bestimmt besser machen, schließlich wollen Sie ein Buch, das man Ihnen aus der Hand reißt, nicht wahr?

Interview mit Natalia Ölsböck

Natalia Ölsböck ist Wiederholungstäterin, was das Buchschreiben anlangt. Sie verrät uns ihre Erfahrungen in Sachen Buchtitel: Wie sie zu ihren Ideen kam und was der Verlag dazu zu sagen hatte.

Liebe Natalia, du hast eben erst dein zweites Buchmanuskript an den Verlag geschickt, im Herbst wird es im Handel zu kaufen sein. Was für ein Gefühl ist es, nun schon mehrfache Sachbuchautorin zu sein?

Ein Buch zu schreiben ist viel Arbeit, und es geschafft zu haben fühlt sich richtig gut an. Vor den beiden Büchern hatte ich eines im Eigenverlag herausgebracht. Damals hatte ich ein Präventionsprojekt in Kooperation mit der Niederösterreichischen Gebietskrankenkasse, dazu brauchte ich das Buch rasch. In vier Monaten war es komplett fertig und über das Projekt verkaufte es sich gut. Aber ein Buch über einen Verlag herauszubringen fühlt sich noch um einiges besser an. Ich finde, alleine die Tatsache, dass ein Verlag sich für dein Buch entscheidet, zeigt, dass die Buchidee gut ist und Potenzial hat.

Dein erstes Buch ist 2013 mit dem Titel *Mit Leichtigkeit. Sorgenfrei, fröhlich und unbeschwert leben* erschienen. Dein ursprünglicher Arbeitstitel war „Leben, lieben, leisten – mit Leichtigkeit". Wie zufrieden bist du aus heutiger Sicht damit, dass der Titel geändert wurde?

Als der Verlag damals erklärt hatte, der Titel würde sich ändern, war ich enttäuscht. Das Buch war nämlich in diese drei Teile Leben – Lieben – Leisten eingeteilt und deshalb dachte ich, es müsse so im Titel stehen. Aus heutiger Sicht bin ich zufrieden. Besonders, dass der Haupttitel „mit Leichtigkeit" gleich blieb und nur der Untertitel sich geändert hat, freut mich. Die Rückmeldungen sind gut, und genau die Worte, die im Untertitel verwendet wurden, sprechen die Leser an; „unbeschwert sein" und „sorgenfrei", das ist, was viele Leute sich wünschen.

Auch bei deinem zweiten Buch hat dein Verlag den ursprünglichen Arbeitstitel nicht ganz so gut gefunden. „Die Seelenklempnerin" war deine Idee. Nun wird das Buch unter dem Titel *Meine kleine Seelenwerkstatt –*

50 hilfreiche Tools für Gelassenheit und Lebensfreude **publiziert. Wie hast du die Kommunikation mit dem Verlag erlebt?**

„Die Seelenklempnerin" war mein geplanter Haupttitel und „50 praktische Werkzeuge für Gelassenheit und Lebensfreude" der Untertitel. Als der Verlag das Buch angenommen hat, wurde mir gesagt, dass v. a. die 50 Werkzeuge ansprechend sind. Mein Plan war, die Seelenklempnerin als Marketingfigur einzusetzen, weshalb das Buch auch illustriert werden sollte. Anfangs willigte der Verlag auch ein, das so umzusetzen.

Allerdings hat der Verlag seinen Hauptsitz in Deutschland und dort kam die Seelenklempnerin gar nicht gut an. Sowohl intern als auch bei Besprechungen mit Buchhändlern. Anfangs verteidigte ich meine Figur und bestand darauf. Dann wurde sie auch wieder – zumindest im Untertitel – reingenommen. Und dann flog sie wieder raus. Irgendwann dachte ich, wenn der Verlag das so oft diskutiert und das Feedback dabei so negativ ausfällt, dann vertraue ich deren Urteil, und willigte in den neuen Titel ein. Natürlich hab ich auch meine liebe Autorenberaterin immer wieder um ihre Meinung dazu gebeten, was ich als sehr bestärkend empfunden habe.

Die Kommunikation war immer sehr gut und ich finde, dass ich mich sehr einbringen durfte. Für den Titel ist wichtig, dass er ansprechend und bezeichnend ist. Letztlich vertraue ich auf die Erfahrung und die Kompetenz des renommierten Verlages.

Wie hast du überhaupt deine beiden Arbeitstitel gefunden? War das für dich eher einfach oder schwierig?

Bei dieser Buchidee war die Seelenklempnerin von Anfang an in meinem Kopf. Ich dachte, es wäre nett, wenn diese durch das Buch führt. Somit war meine ursprüngliche Titelfindung leicht. Zwar habe ich ein wenig darüber nachgedacht, wie der Ausdruck „Seelenklempnerin" ankommen könnte, und eine kleine Befragung gemacht. Zehn Personen (Freunde und Kunden) habe ich angeschrieben und ihnen erklärt, ich bräuchte ihre Einschätzung für ein neues Projekt. Ich habe gefragt, wie „die Seelenklempnerin" so sein könnte. Und es kamen viele interessante und sehr positive Beschreibungen. Beim vorigen Buch war es auch so – ich wusste von Anfang an, dass „ Leichtigkeit" im Titel sein sollte.

Dazwischen hatte ich eine ganz andere Buchidee, ich wollte ein Buch über „Veränderungen" schreiben. Da habe ich lange gegrübelt, einige Kreativtechniken eingesetzt und dann einen tollen Titel gefunden. Das Exposé liegt allerdings immer noch in meiner Lade.

Wenn am Titel geschraubt und gewendet wird, gehen bestimmt mitunter die Emotionen hoch. Wie ging es dir dabei?

Es war eine Gefühlsachterbahn. Einmal war ich froh, dass der Verlag zustimmte, doch dann wurde die „Seelenklempnerin" wieder rausgenommen. Und so ging es hin und her und mit den Emotionen rauf und runter.

Ein Buch ist ein Stück der eigenen Identität, jedes Buch, das man selber schreibt, ist ein Teil von einem und deshalb kann man sich da ganz schön irritiert, missverstanden oder angegriffen fühlen.

Als Psychologin hast du bestimmt ein paar Tipps für andere Sachbuchautoren in solchen Situationen. Welche wären die?

Also mein erster Tipp ist: Man muss so ein großes Projekt nicht alleine schaffen. Ein Autorencoaching ist wirklich sehr hilfreich und unterstützend. Völlig gleich, ob es um Verlagsbelange, Formulierungen oder mentale Stütze geht. Und gerade Leute in beratenden Berufen sollten sich selbst ab und an ein wenig Beratung und Unterstützung gönnen.

Bereits beim Verfassen des Exposés sollte einem klar sein, was man mit dem Buch erreichen will. Diese Klarheit, eine große Portion (Selbst-)Vertrauen und Authentizität sind gute Begleiter für ein Buchprojekt. Man kann nichts erzwingen, doch wenn man klar ist, Vertrauen hat und sich selbst treu bleibt, dann kommen die passenden Einfälle zur richtigen Zeit. Das betrifft den Titel ebenso wie den gesamten Schreibprozess.

Ein hilfreiches Werkzeug aus meinem Buch *Meine kleine Seelenwerkstatt* nennt sich der Klarheitsschlüssel. Immer, wenn Zweifel aufkommt, helfen zwei Fragen dabei, wieder klar und gelassen zu sein: Was ist mein Ziel? Und was sind meine Aufgaben, um das Ziel zu erreichen? Mit dieser innerlichen Ausrichtung verjagt man jeden (Selbst-)Zweifel und bleibt seinem Vorhaben treu. Völlig gleich, in welcher Buchphase man gerade steckt. Bezogen auf den Prozess der Titelfindung mit dem Verlag würde das bedeuten, sich zu fragen, was man mit dem Buch erreichen will – „Was ist mein Ziel?". Und wie man es erreichen kann. Dazu verhilft auch Vertrauen in die Erfahrung des Verlages.

Natalia Ölsböck ist klinische Psychologin, Trainerin und Speaker mit den Schwerpunkten Positive Psychologie und Resilienz. Ihre beiden Bücher: Mit Leichtigkeit – sorgenfrei, unbeschwert und glücklich leben. Goldegg Verlag, Wien (2013, Neuauflage 2019), Meine kleine Seelenwerkstatt. 50 hilfreiche Tools für Gelassenheit und Lebensfreude. Springer, Heidelberg (2019). www.oelsboeck.at

Schritt 5: Suche einen guten Verlag. Oder auch nicht.

Ein seriöser Verlag ist ein höchst sinnvoller Partner an der Seite eines Sachbuchautors. Manchmal kann auch Selfpublishing passend sein. Was ein Exposé ist, wie man auf Verlagssuche geht, was zu beachten ist und unter welchen Voraussetzungen man als Selfpublisher Erfolg hat.

Für den Schnellstart

1. Wäge die Vor- und Nachteile von Verlagspublikation und Selfpublishing ab und entscheide dich.
2. Schreib ein überzeugendes Exposé.
3. Verfasse ein erstes Kapitel, das du dem Verlag als Probetext vorlegen kannst.
4. Wähle einen passenden Verlag oder Selfpublishing-Anbieter.

Entscheide dich: Verlag oder Selfpublishing?

Der Verlag als Geschäftspartner des Autors

Wenn Sie Ihr Buch mit einem Verlag publizieren, ist die Sache rein technisch gesehen sehr einfach. Sie schreiben ein Exposé und ein Probekapitel, wählen ein paar Verlage aus und schreiben denen. Dann bekommen Sie hoffentlich von einem dieser Verlage eine Zusage, man telefoniert, man trifft sich vielleicht persönlich, dann bekommen Sie einen Vertragsentwurf, Sie einigen sich und unterschreiben. Sie versprechen dem Verlag, das Manuskript bis zum vereinbarten Termin fertig zu haben. Dann hauen Sie in die Tasten.

Punktgenau liefern Sie Ihr Manuskript ab, eine Lektorin wirft hoffentlich ihren kritischen Blick darauf, schickt Ihnen das Manuskript, meist in ein rotes Meer an Korrekturvermerken getaucht, retour. Gemeinsam mit ihr biegen Sie die letzten Sätze und Absätze gerade und polieren noch einmal drüber. Als Nächstes kommt der Text in den Satz, Sie erhalten das Druck-PDF (früher war es die Druckfahne) mit der Bitte um Freigabe. Endlich wird die Druckerei beauftragt, die Bücher werden produziert.

Irgendwann zwischen Vertragsunterzeichnung und Fertigstellung des Buchs wird man sich mit Ihnen in Sachen Buchcover und Verlagsvorschau in Verbindung setzen. Verlage produzieren meist zweimal jährlich – im Frühling und im Herbst – eine Broschüre, in der jene Bücher vorgestellt werden, die sie in der kommenden Saison zu produzieren gedenken. Dann wird der Vertrieb tätig: Die Verlagsvertreter klemmen sich die Broschüren unter den Arm und klappern ihre Buchhändler ab, um ihnen die Bücher schmackhaft zu machen. Ziel für den Vertreter ist, mit einem Packen Bestellungen ins Verlagshaus zurückzukehren.

Kurz vor dem Erscheinungstermin wird hoffentlich die Marketing- und PR-Abteilung des Verlags aktiv. Sie schickt eine Presseaussendung an Journalisten und je nach Marketingbudget macht sie noch einiges mehr. Außerdem wird das Buch auf allen gängigen Buchhandelswebshops eingetragen und – ganz wichtig – im VLB gelistet, dem „Verzeichnis lieferbarer Bücher". Ohne diese Eintragung würde Ihr Buch für den Buchhandel quasi nicht existieren. In puncto Buchmarketing werden hoffentlich auch Sie selbst aktiv, am klügsten in Abstimmung mit dem Verlag – doch darüber reden wir später in Schritt 9.

Das Tolle an der Zusammenarbeit mit dem Verlag ist, dass Sie sich um drei wichtige Dinge nicht kümmern müssen: die Produktion, den Vertrieb und zumindest ein paar grundlegende Marketingaktivitäten, die es Ihnen leichter machen, Ihre eigene Werbetrommel in Sachen Buch zu rühren. Das bedeutet, Sie können sich auf die Hauptaufgaben eines Autors konzentrieren, und das sind das Konzept, die Manuskripterstellung und das Marketing. Der Preis für das Sich-nicht-um-alles-kümmern-Müssen ist ein geringeres Honorar pro verkauftes Buch, schließlich hat ein Verlag Kosten zu decken und teilt sich einen Großteil des Verkaufspreises mit dem Buchhandel. Und seine Kontakte, sein vielleicht klingender Name, seine Reputation und seine seit vielen Jahren aufgebauten Vertriebskanäle haben schließlich auch einen Wert, der Ihnen zugutekommt.

> **Shortcut**
>
> Für einen Verlag spricht: Markterfahrung und Filterfunktion, seine etablierten Vertriebskanäle und das Image, das auch Licht auf Sie werfen kann.

So weit, so gut. Nun ist es in der Praxis nicht so einfach, einem Verlag ein freudiges „Ja, ich will!" abzuringen. Verlage gehen unter in unverlangt eingesandten Exposés und Probekapiteln. Manchmal sind es Praktikantinnen, die eine Vorauswahl treffen, bevor die Lektorin eine weitere Auswahl trifft und der Programmchefin, dem Vertrieb, den Marketingmitarbeitern und der Verlagsleitung vorstellt. Denn die alle haben ein Wörtchen mitzureden. Der Vertrieb kennt seine Pappenheimer im Buchhandel und legt ein Veto ein, wenn er findet, dass ein Titel beim Händler nicht gut ankommt. Die Programmleitung ist darauf bedacht, dass jedes Buch zur Linie des Verlags passt, nicht nur thematisch, sondern auch vom Stil her. Das Marketing kennt den Markt auch auf seine spezielle Weise und wird einem Titel bestimmt nicht zustimmen, wenn es zum Beispiel überzeugt ist, dass die Zielgruppe des Buchs nicht mit der des Verlags übereinstimmt.

Sie sehen, da gilt es ein paar Hürden zu überwinden.

Mit einem überzeugenden Exposé und einer unwiderstehlichen Textprobe (darüber unterhalten wir uns weiter unten) sind Sie auf jeden Fall schon einmal bestmöglich aufgestellt. Wenn es Ihnen auch noch gelingt, nur jene Verlage in Ihre Wahl zu nehmen, zu deren Programm Ihr Buch tatsächlich gut passt, haben Sie eine zweite Hürde genommen. Dennoch – es bleibt schwierig. Es gibt viele Entscheidungskriterien vonseiten des Verlags, auf die Sie gar keinen Einfluss haben. Die Kapazität zum Beispiel. Jeder Verlag hat bestimmte finanzielle und personelle Ressourcen zur Verfügung, aus der sich eine Kapazität von – sagen wir – 30 Büchern pro Halbjahr ergibt. Vielleicht schafft der Verlag auch 31 oder 32 Titel zu produzieren. Wenn Sie der 33. sind, haben Sie schlicht und ergreifend Pech gehabt. Oder ein anderer Fall: Der Verlag hat für den Herbst bereits ein Buch zum selben Thema wie Ihres aufgenommen – zwei Bücher zum selben Thema zu bewerben ist problematisch, daher wird der Verlag Ihr Buch ablehnen, obwohl es zum Programm passt. Wieder einmal muss man sagen: Pech gehabt.

Trotz allem: Mit einem Verlag an Ihrer Seite kann das Publizieren schon viel Spaß machen. Schon allein deshalb, weil Sie es dort mit lauter buchbegeisterten Menschen zu tun haben. Man wird Sie verstehen, Sie sind unter Ihresgleichen, und das tut einfach gut. Was ich auch für einen großen Pluspunkt halte: Mit der Vertragsunterzeichnung vereinbaren Sie einen Abgabetermin. Den werden Sie unbedingt einhalten wollen! Zaudern und Verzagen haben da keine Chance, denn Sie stehen der Lektorin im Wort. Da haben Sie einen Ruf zu verlieren! Und sollte Sie trotzdem die Aufschieberitis oder ein alles zunichtemachender Zweifel plagen oder gar eine dieser berüchtigten Schreibblockaden: Wenden Sie sich an einen Schreibcoach. Es hilft ja nichts. Das Buch muss geschrieben werden. Da müssen Sie jetzt durch.

Ganz abgesehen davon, dass die Zusage eines Verlags im Normalfall eine überaus motivierende Wirkung hat. Eine meiner Autorinnen sagte kürzlich: „Also wenn dieser Verlag zusagen würde, hätte ich eine so große Freude, dass ich das Manuskript wahrscheinlich in drei Monaten fertig hätte. Ich schwöre es dir!" Es ist fast ein bisschen wie eine Erlaubnis, die man von jemandem mit höchster Autorität erhält, und irgendwie ist es auch tatsächlich so. Ein Verlag kennt den Buchmarkt in- und auswendig und speziell in seinem Genre, in seiner Nische oder seiner Spezialisierung weiß er genau, wie die Leserinnen und Leser ticken. Wenn er meint, dass Ihr Buch verkaufbar ist, dann kann man schon darauf vertrauen. Er denkt sich etwas dabei, wenn er sich für Ihr Buch entscheidet.

Selbst gemacht: Selfpublishing und Eigenverlag

Auf diese Filterfunktion und die Professionalisierung eines Verlags müssen Sie verzichten, wenn Sie beschließen, selbst zu verlegen. Auf dem Selfpublishing-Markt gibt es nur einen, der über Erfolg und Pleite eines Buchprojekts entscheidet, und das sind Ihre Leserinnen und Leser. Und ein höheres Maß an Selbstdisziplin brauchen Sie auch, damit das Buch auch ohne Termindruck von außen fertig wird. Das soll aber nun nicht bedeuten, dass es nur von Nachteil ist, selbst alles in die Hand zu nehmen. Wenn Sie Ihr Buch nicht dilettantisch hinschlenzen, sondern sorgfältig konzipieren und professionell schreiben und umsetzen, haben Sie gute Chancen.

Als größter Vorteil beim Selfpublishing wird oft die weit höhere Marge pro verkauftes Buch genannt. Das stimmt auch, sie ist sogar deutlich höher, ein Mehrfaches dessen, was Sie bei einem Verlag bekämen. Aus meiner Erfahrung mit Selfpublishing-Autoren sind auch noch andere Vorteile attraktiv.

> **Shortcut**
>
> Für Selfpublishing spricht: Ihre Freiheit und Unabhängigkeit und höhere Margen. Für ein Nischenthema ist es oft die einzige Wahl.

Da wäre einmal die Freiheit und Unabhängigkeit. Keiner ist da, der an Ihrem Buchtitel herummäkelt und Ihnen einen Titel aufs Auge drückt, den Sie nicht so prickelnd finden und dem Sie nach langer Diskussion nur um des

Friedens willen zustimmen. Keiner, der sich über Ihre Vorstellung eines passenden Covers hinwegsetzt oder gar über Ihren Kopf hinweg entscheidet, wie das Buch auszusehen hat. Kein Ärger darüber, dass der Verlag ein Marketingpaket zugesagt hat, dass er womöglich nicht einhält. Allerdings ist dieser Vorteil nur dann einer, wenn Sie richtig damit umgehen. Denn ein Verlag legt dann ein Veto bei Titel und Cover ein, wenn er der Meinung ist, dass das beim Leser nicht zum Kauf anregt. Da hat er schlicht und ergreifend viel Erfahrung und ein Gespür entwickelt, das Sie höchstwahrscheinlich nicht haben. Sie sollten sich also dabei von Fachkräften beraten lassen. In Schritt 8 finden Sie Hilfe bei der Suche nach den richtigen Partnern für Ihr Buchprojekt.

Angenehm ist es auch, dass man sich keiner „Bewertung" ausgesetzt fühlen muss. Wenn ein Verlag absagt, nagt das normalerweise am Selbstvertrauen oder man wird zumindest unsicher, so abgebrüht kann man gar nicht sein. Man ist gekränkt. Schließlich legt man sein ganzes Herzblut in sein Buch, offenbart seinen kompletten Wissensschatz, mit dem man sich persönlich identifiziert. Wäre man nicht überzeugt vom Wert des Buchs, hätte man nicht gefragt, die Enttäuschung ist daher immer groß. Auch wenn Verlage ganz objektive und meist wirtschaftliche Gründe für ihre Ablehnung haben, so geht sie doch unter die Haut.

All das – von der Einschätzung der Markttauglichkeit bis zur Auswahl eines Buchcovers, das den Lesern ins Auge springt – dürfen Sie als Selfpublisher selbst entscheiden. Das ist wunderbar und auch bestimmt nicht einfach und nicht jedermanns Sache, schließlich sind Sie mit dem Buchmarkt nur aus Konsumentensicht, nicht aber als Produzent vertraut. Gehen wir einmal der Reihe nach durch, was Sie beim Selbstverlegen zu tun haben:

1. Sie schreiben ein Buchkonzept (das haben Sie mithilfe der Schritte 1 bis 4 bereits erstellt) und das Manuskript (damit beschäftigen wir uns in den Schritten 6 und 7).
2. Sie brauchen ein Marketingkonzept, das sich gut an Ihr Unternehmensmarketing anschließen lässt (siehe Schritt 9).
3. Sie suchen sich einen geeigneten Selfpublishing-Anbieter. Die drei größten am deutschsprachigen Markt sind derzeit tredition, epubli und bod, aber es gibt auch andere, kleinere. Sie nehmen Ihnen die Produktion ab und kümmern sich um gewisse Basics wie das Beschaffen einer ISBN (damit wird Ihr Buch eindeutig identifizierbar), die Listung Ihres Buchs im Verzeichnis lieferbarer Bücher (VLB, damit ist Ihr Buch bestellbar) oder das Einstellen bei den großen Onlinebuchhändlern (wie Amazon, Thalia, Morawa, Hugendubel etc.).

4. Sie holen sich eine Grafikerin an Ihre Seite. Die Grafikerin gestaltet Ihr Buchcover und eventuell auch den Buchblock (also das Druck-PDF) und diverse Grafiken, die Sie im Text abdrucken wollen. Auch wenn Sie einen Profi an Ihrer Seite haben, so bleibt die Entscheidung letztlich bei Ihnen, welches Cover und welches Layout das ist, das Ihr Publikum ansprechen wird.

5. Sie beauftragen eine Lektorin. Sie verpasst Ihrem Text den Feinschliff und übernimmt das Korrektorat. Es ist sinnvoll, sie auch auf das Druck-PDF schauen zu lassen. Wenn die Grafikerin den Text ins Layout hineinfließen lässt, entstehen oft Fehler beim Zeilen- und Seitenumbruch, die die Lektorin mit geübtem Blick ausmerzt.

6. Wenn Buchcover und Druck-PDF fertig sind, legen Sie bei Ihrem Selfpublishing-Anbieter einen Account an. Bei den meisten bekommen Sie eine ISBN zugewiesen (die brauchen Sie, damit Ihr Buch verkauft werden kann).

7. Sie laden Cover und Buchblock hoch – et voilà, schon haben Sie publiziert.

8. Wenn Sie möchten, dass Ihr Buch nicht nur online, sondern auch in Buchhandlungen zu kaufen ist, müssen Sie Klinken putzen gehen. Und dafür sorgen, dass immer eine bestimmte Anzahl von Exemplaren bei einem Zwischenhändler aufliegt, damit der lokale Buchhandel überhaupt bereit ist, Ihr Buch in sein Sortiment aufzunehmen. Ohne diesen Zwischenhändler ist es für ihn umständlich, Ihr Buch zu bestellen, und die Lieferzeit dauert ihm zu lange.

Spätestens bei den Stichwörtern Grafik und Lektorat werden Sie es schon geahnt haben: Wir müssen auch über Geld sprechen. Natürlich ist Selfpublishing nicht gratis. Wobei der Account, mit dem Sie die Dienste eines Selfpublishers in Anspruch nehmen dürfen, noch der kleinste Kostenfaktor ist. Grafik und Lektorat sind weit größere Brocken, auf die Sie aber wirklich nicht verzichten sollten. Glauben Sie mir: Ihre Leser erkennen den Unterschied zwischen selbst gebasteltem und professionell gestaltetem Cover sehr wohl. Auch wenn Ihr Mann, Ihre Kinder, die Tante und die beste Freundin von Ihrem kreativen Coverentwurf begeistert sind – sie alle sind vermutlich keine Profis und außerdem meist bestrebt, höflich zu sein.

Auch Ihren Text können Freunde und Verwandte im Normalfall nicht wirklich konstruktiv bewerten. Abgesehen vom natürlichen Drang, einer nahestehenden Person nichts Negatives um die Ohren hauen zu wollen, gibt es auch ein paar, die Ihr Werk pauschal verurteilen (was Ihnen überhaupt nicht weiterhilft) oder Ihnen gut gemeinte konkrete Kritik schenken, die aber nicht passt. Das Feedback eines Profis ist jedenfalls viel ergiebiger und vor allem so konstruktiv, dass man als Autorin damit weiterarbeiten kann.

Anstatt einen Selfpublishing-Anbieter zu nutzen, können Sie Ihr Buch auch im Eigenverlag publizieren. Dann wird es teurer und aufwendiger, denn dann brauchen Sie auch noch eine Druckerei, eine Lagermöglichkeit für Ihre gesamte Auflage, ein „Verkaufspult", in welcher Form auch immer (zum Beispiel ein Onlineshop auf Ihrer Website), und die Zeit, Bücherbestellungen abzuwickeln.

Was denn nun: Verlag oder Selfpublishing?

Selfpublishing-Autoren hatten bis vor Kurzem noch ein schlechtes Image. Man warf ihnen vor, schlecht geschriebene Texte mit billigem Design anzubieten, und man hatte damit auch oft recht! Mittlerweile gibt es viele Dienstleister rund ums Buch – vom Grafiker bis zur Ghostwriterin, siehe Schritt 8 –, die jeder Autorin helfen, ein wirklich feines, durch und durch professionelles Werk zu schaffen. Das verpasst dem Selfpublishing mittlerweile einen besseren Ruf. Über die Fehler, die einen ereilen können, vor allem, wenn man auf die Kostenbremse steigt und sich Grafiker und Lektorin nicht leisten will, haben Sie weiter oben schon gelesen.

Aber viel wichtiger als die Frage, ob Profis ein Selfpublishing gut finden, ist: Was sagt das Publikum? Mein Eindruck ist, dass es den meisten Leserinnen und Lesern heute egal ist, ob auf dem Cover ein Verlagshaus steht oder ein Selfpublishing-Anbieter – Hauptsache, es entspricht dem, was sie gewohnt sind und daher in jedem Fall erwarten: dass sie das Cover ansprechend finden, der Titel sie überzeugt und das Buch einen unwiderstehlichen, interessanten, für sie relevanten Inhalt hat und gut und verständlich lesbar ist. Wenn Sie das berücksichtigen, sich ein entsprechendes Budget zurechtlegen und für bestmögliche Professionalität sorgen, laufen Sie gar nicht erst Gefahr, ins Dilettanteneck gestellt zu werden.

Natürlich, man darf nicht außer Acht lassen, dass Verlagsnamen wie Campus, Springer, Kösel, Beltz, Gabler & Co eine positive Wirkung auf die Kaufentscheidungen haben können. Wenn Sie ein Sachbuch mit einem klingenden Verlagsnamen darauf in die Hand nehmen, schenken Sie dem Buch zumindest einen gewissen Vertrauensvorschuss. Doch es gibt so viele kleine Sachbuchverlage, von denen die meisten Leserinnen und Leser noch nie gehört haben, deren Bücher aber dennoch gekauft werden. Wie viele Konsumenten wissen denn schon, ob „tredition" ein Selfpublisher ist oder ein „richtiger" Verlag? Eben.

Das ist auch weniger das Problem. Das Problem ist im Fall des stationären Buchhandels, dass Ihr Publikum Ihr Selfpublishing-Buch dort gar nicht finden wird, es sei denn, Sie schaffen es, Buchhändler und auch die größeren Buchhandelsketten zu überzeugen, Ihr Buch ins Sortiment aufzunehmen. Das ist meines Erachtens der einzige große Nachteil.

Mit Selfpublishing haben Sie dann gute Chancen, wenn

- Sie der Meinung sind, dass Ihr Buch ohnehin hauptsächlich online gekauft wird,
- Ihr Buch von vornherein eine eher kleine Zielgruppe hat, sodass ein Verlag allein aus wirtschaftlichen Gründen gar nicht zusagen kann,
- Sie bereit sind, noch mehr als ohnehin schon die Werbetrommel zu rühren,
- Sie viel direkten Draht zu Ihren Lesern haben, etwa weil Sie Trainerin sind und bei jedem Seminar Ihre Bücher verkaufen können.
- Außerdem sollten Sie bereit sein, ein passendes Budget lockerzumachen,
- und Sie sollten genug Selbstdisziplin und Durchhaltevermögen aufbringen, damit Sie auch ohne Termindruck von außen das Buchprojekt zu Ende bringen.

Trifft das alles nicht zu, dann ist es wohl aus wirtschaftlicher Sicht nicht sinnvoll, den Selfpublishing-Weg zu gehen. Dann suchen Sie einen Verlag. Es sei denn, es ist Ihnen egal, wie viele Bücher Sie verkaufen, Hauptsache Sie haben ein Buch in Händen, das Sie als Ersatz für Ihre Visitenkarten verwenden. Auch das ist schließlich legitim. Wenn Sie immer noch unsicher sind, ob Verlag oder Selfpublishing Ihr Weg sein soll, werfen Sie einen Blick auf die Website von Matthias Matting. Auf seiner www.selfpublisherbibel.de finden Sie so ziemlich zu jeder Frage eine Antwort.

Schreib ein markttaugliches Exposé

Nach so vielen Grundsatzüberlegungen ist es Zeit für etwas Handfestes: das Exposé. In den Schritten 1 bis 4 haben Sie sich schon sehr viele Gedanken darüber gemacht, was im Buch stehen soll, wie es aufgebaut ist, wer es lesen soll, welchen Nutzen es erfüllen soll – und auch, was es Ihnen selbst bringen soll, das Buch zu schreiben. Sie haben ganze Konzeptarbeit geleistet!

Das Exposé ist mit Ihrem Konzept verwandt. Es beinhaltet viel von dem, was Sie bereits ausgearbeitet haben, und wird noch durch ein paar Inhalte ergänzt, die für Verlage interessant sind. Bevor Sie mit dem Exposé loslegen, eine Klärung zur Einstimmung: Sie schreiben ein Exposé nicht zähneknirschend, weil der Verlag das so will. Sie schreiben es, weil Sie den Verlag von Ihrer tollen Idee überzeugen wollen!

Mit dem Exposé können Sie sich gleich in Leserorientierung üben: Wer ist Ihre Leserin? Im Normalfall die Lektorin, die Verlagsleiterin oder die Programmleiterin. Welches Interesse hat sie und in welcher Situation ist sie, wenn sie Ihr Exposé liest?

Nun, Lektorinnen bekommen ihr Gehalt dafür, dass sie interessante Buchprojekte an Land ziehen. Sie fischen dabei in mehreren Teichen. Einer davon ist beispielsweise ihr eigener Kopf: Sie entwickeln Themen und suchen sich einen passenden Autor dafür. Ein weiterer Teich ist der Selfpublishing-Markt. Doch der wohl größte Teich ist jener mit den unverlangt eingesendeten Exposés. Dass es in diesem Teich phasenweise mehr Fische als Wasser gibt, ist kein großes Geheimnis mehr. Tatsache ist, dass Lektorinnen pro Exposé samt Probetext nicht viel Zeit haben, denn der Stapel auf ihrem Schreibtisch ist hoch.

Shortcut

Betrachten Sie das Exposé als ein Verkaufsinstrument, das Ihnen gleichzeitig als Konzept für Ihr Projekt dient.

Was bedeutet das für Sie als Schreiber? Halten Sie sich kurz. Arbeiten Sie das Wesentliche so heraus, dass die Lektorin es schnell erfassen kann. Sie können sogar so weit gehen, dass Sie Ihrem drei- bis vierseitigen Exposé einen One-Pager voranstellen, also auf einer Seite alles knapp darstellen. Wenn die Lektorin diese Seite interessant findet, wird sie sich Zeit nehmen für Ihre weiteren Ausführungen.

Wie ein Exposé genau aussehen soll, da hat jedoch jeder Verlag seinen eigenen Geschmack. Es gibt auch Verlage, die ein Onlineformular auf ihrer Website haben, das Sie ausfüllen sollten. Der häufigste Weg ist bestimmt die elektronische Post, aber manche Verlage bevorzugen tatsächlich auch die Schneckenpost – wohl deshalb, um sich das Ausdrucken zu ersparen. Ich kann es verstehen. Texte liest man auf Papier deutlich leichter als auf dem Bildschirm, und die Augen schont es auch. Die Inhalte sind jedoch unabhängig von den Eigenheiten der Verlage mehr oder weniger gleich. Gehen wir es der Reihe nach an:

Arbeitstitel

Über Titel und Untertitel haben Sie schon in Schritt 4 nachgedacht. Was für Sie wichtig ist: Es wäre fein, wenn Sie schon beim Exposé einen funkensprühenden Titel anführen könnten. Aber wenn Ihnen das nicht gelingt, dann finden Sie zumindest einen passablen Titel und schreiben Sie in der Überschrift „Arbeitstitel". Der Titel alleine ist ohnehin nicht das alles entscheidende Kriterium für einen Verlag. Wenn die Inhalte vielversprechend sind, der Titel aber aus seiner Sicht noch nicht so das Gelbe vom Ei ist, ist es mir schon einmal passiert, dass die Lektorin dem Projekt zustimmte und sagte: „Aber nur, wenn die Autoren bezüglich Titel noch mit sich reden lassen!"

Infos zur Buchgestaltung

Unter Titel und Untertitel ist es gut, wenn Sie ein paar Basisdaten zum Buch anmerken: das Genre, der Umfang des Manuskripts, ob es Illustrationen geben soll, bis wann ab Verlagszusage Sie das Manuskript fertig haben können. Also zum Beispiel steht da unter Titel und Untertitel: „Ratgeber, 180 bis 200 Seiten (ca. 400.000 Zeichen), Grafiken (werden von der Autorin zur Verfügung gestellt), Fertigstellung des Manuskripts 4 bis 6 Monate ab Verlagszusage".

Es kann sein, dass Sie derzeit noch keinen Schimmer haben, was den Umfang Ihres Buchs anlangt. Was weiß man schon zu Beginn, wie viel man am Ende geschrieben haben wird! Hier ein paar Anmerkungen, die Ihnen weiterhelfen:

- Auf die Frage nach der optimalen Seitenzahl kann man kaum antworten, ohne ein „Es kommt darauf an …" voranzustellen. Erstens ist damit noch lange nicht gesagt, wie viel Text im Buch ist, denn das ist abhängig davon, wie viele Zeichen der Layouter pro Seite vorgesehen hat. Zweitens hängt die Buchstärke davon ab, wie viel Sie zu sagen haben.
- Ein Fachbuch ist meist dicker als ein Sachbuch. Während Fachbücher oft 400 Seiten und darüber haben, sind viele Sachbücher irgendwo im Bereich zwischen 150 und 300 Seiten angesiedelt. Meist wird der Umfang jedoch in Zeichenzahlen angegeben, und zwar inklusive Leerzeichen. Wie viele Zeichen ein 200-Seiten-Buch tatsächlich hat, hängt in erster Linie vom Layout ab, das der Verlag vorsieht, und davon, wie viele Illustrationen und Grafiken Sie im Text haben. Dieses Buch hier beispielsweise hat etwa 500.000 Zeichen. Mit den 46 Illustrationen umfasst es ca. 225 Seiten.
- Die Dicke eines Buchs sagt noch lange nichts über starke Inhalte aus. Das kommt ganz auf Sie an. Manche schwadronieren weitläufig, um dasselbe zu sagen, das andere Autoren in drei Sätzen erledigt hätten. Dass es kaum beeindruckt, wenn Sie viel schreiben, aber dabei wenig sagen, muss ich Ihnen nicht erst mitteilen.

- Ganz grundsätzlich tut es einem Buch nicht gut, künstlich und mit aller Gewalt gestreckt zu werden. Wenn Sie einem Liter Suppe einen halben Liter Wasser zufügen, wird sie fad. So ist das auch beim Buch. Mit Müh und Not ein Thema aufzublasen, nur damit das Buch „besser aussieht", ist Humbug. Eine Mogelpackung. Sie kennen vielleicht die Witzbolde, die Weihnachtsgeschenke in riesige Pakete packen. Man öffnet sie erwartungsvoll – und dann schaufelt man erstmal ein halbes Kilo Styroporkugeln heraus, bevor man endlich ganz unten am Boden den Diamantring findet. Wenn man Pech hat, ist der auch noch aus Kunststoff. Konzentrieren Sie sich besser auf die Stärke des Inhalts als auf die Stärke des Buchs.

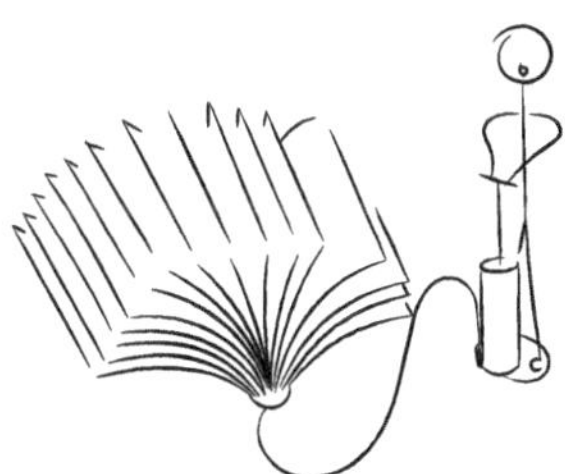

- Manchmal kann ein Buch auch zu kurz geraten. Es gibt Bücher, von denen ich mir noch ein paar Weisheiten, Tipps und hilfreiche Geschichten mehr gewünscht hätte. Ab und zu sind Autoren auch dermaßen kurz und knapp, dass einem die Lust am Lesen vergeht. Sie hetzen von einem Sachinput zum nächsten, dass einem ganz schwindlig wird. Es fehlt die Lebendigkeit, die man zum Beispiel mit Geschichten und Praxisbeispielen erzeugen kann.
- Es gibt allerdings gewisse Erwartungen, die ein Leser an ein Buch hat, das er kaufen möchte. Ein „Handbuch des Projektmanagements", das nur 50 Seiten stark ist, wird wohl eher unglaubwürdig sein. Wenn das Büchlein hingegen „One-Minute-Projektmanagement" heißt, harmonieren Titel und Buchstärke schon viel besser.
- Manchmal haben Verlage eine bestimmte Mindestseitenzahl vor Augen. Das kann zum Beispiel damit zusammenhängen, dass das Buch in eine Reihe passen soll, in deren Konzept eine bestimmte Seitenzahl festgelegt ist. Andere Verlage publizieren grundsätzlich keine Bücher unter 200 Seiten. Natürlich werden Sie geneigt sein zu sagen: „Na, aber sicher doch kann ich das Buch um ein Drittel länger machen! Ich habe doch ohnehin so viel zu sagen!" Seien Sie vorsichtig. Denken Sie an das, was weiter oben steht. Vielleicht finden Sie einen anderen Verlag, der Ihr Buch so mag, wie Sie es konzipiert haben! Ich hatte bei einem Buchprojekt einmal den Fall, dass meine Autoren und ich eine Vorstellung von 150 Seiten hatten, der Verlag aber mindestens 200 Seiten wollte. Das warf ein paar Fragen auf: Haben die Autoren genug Stoff im Kopf,

um 50 weitere Seiten zu füllen? Können sie wirklich etwas Neues, Interessantes dazufügen? Und passen diese zusätzlichen Inhalte auch wirklich noch zum Thema? Wenn ja, kann man zustimmen. Oder sind diese zusätzlichen Inhalte im Grunde langweilig oder nicht relevant, weswegen man sie ursprünglich genau deshalb schon im Konzept gestrichen hat? Dann würde ich abraten.

Autor/Autorin

Gleich darunter deponieren Sie schlicht Ihren Namen und Ihre Kontaktdaten mit Adresse, Telefonnummer, Website und E-Mail-Adresse.

Kurzbeschreibung

In der Kurzbeschreibung erörtern Sie kurz (wie der Name schon sagt), warum der Markt Ihr Buch braucht. Schreiben Sie ein, zwei Sätze über die Problematik, für die das Buch eine Lösung hat, oder schildern Sie den Status quo, auf den sich Ihr Buch bezieht. Dann leiten Sie über zu den Inhalten. Beschreiben Sie die Kernaussagen oder Quintessenzen und leiten Sie über zum Lesernutzen. Peilen Sie etwa zwei Absätze an, länger sollte es nicht sein.

Diese Kurzbeschreibung ist ein bisschen mehr als der Text, den man normalerweise auf der Rückseite des Buchs oder auf der Klappe findet. Manche Verlage bitten auch um zweierlei: einen Klappentext und eine etwas ausführlichere Kurzbeschreibung des Buchs. Ich beginne sehr gern mit dem Klappentext. Er ist im Grunde nichts anderes als ein Werbetext fürs Buch, denn der Klappentext ist wesentlich an einer Kaufentscheidung beteiligt. Vielleicht ist das auch für Sie ein guter Einstieg in die Kurzbeschreibung.

Falls nicht: Versuchen Sie es mit der Fünf-Finger-Methode. Antworten Sie auf die Frage „Worum geht es? Was ist Ihr Anliegen mit dem Buch?" mit drei bis fünf kurzen (Haupt-)Sätzen. Schreiben Sie die nieder, sortieren Sie sie bei Bedarf – und schon haben Sie eine Grobstruktur für diesen Text auf dem Papier.

Vorläufige Gliederung

In Schritt 4 habe ich Sie bereits damit gequält, wie Sie Ihre Inhalte so strukturieren können, dass ein roter Faden entsteht und Ihre Leser sich gut orientieren können. Die Inhaltsgliederung gehört auch ins Exposé, sie ist sogar ein Kernstück davon. Stellen Sie die Abschnittsüberschriften mit Listennummerierung und die Inhalte jedes Kapitels kurz vor. In meinem Exposé zu diesem Buch habe ich das zum Beispiel so dargestellt:

1 Mach dich startklar
   Wie man sich einstimmt und sich aufs Autorenleben vorbereitet. Wie man
   dafür sorgt, dranzubleiben. Über den Sinn von Plänen und die Spielregeln
   in der Wissens-Community.

   1.1. Erst denken, dann schreiben. Ohne Konzept geht es nicht
   1.2. Warum willst du dir das antun? Über Ziele und die Motivation
         zu schreiben
   1.3. Die Zeit läuft. Wie du dafür sorgst, dass du das Buch auch zu
         Ende schreibst
   1.4. Autoren-Knigge. Vom Abkupfern und Selbsterfinden und dem
         Respekt gegenüber anderen Autoren

Wenn Sie diese Vorstellung mit Schritt 1 in diesem Buch vergleichen, werden
Sie feststellen, dass ich bei den Unterkapiteln etwas verändert habe. Das ist auch
ganz normal – oft erkennt man während des Schreibprozesses, dass sich nicht alles
so umsetzen lässt wie geplant. Damit haben Verlage auch kein Problem. Sie müssen (und sollten auch) nicht zu sehr ins Detail gehen. Wenn Sie ihm den Inhalt
bis auf die fünfte Gliederungsebene hinunter präsentieren, macht das keinen
schlanken Fuß. Halten Sie sich vor Augen, dass die Lektorin, die Ihr Exposé über-
fliegt, sich mit der Gliederung einen Überblick über die Inhalte verschaffen
möchte (ähnlich wie das auch ein Käufer im Buchladen mit einem Blick auf die
Inhaltsangabe macht). Außerdem gewinnt sie einen Eindruck, wie gut durchdacht Ihre Buchidee ist, ob sie Hand und Fuß hat.

Zielgruppe und Lesernutzen

Auch mit Ihrem Publikum haben Sie sich in Schritt 3 schon ausführlich auseinandergesetzt und dies in Ihrem Konzept festgehalten. Im Exposé beschränken Sie sich darauf, Ihre Zielgruppe kurz vorzustellen und den Nutzen in
einer Aufzählung zu beschreiben.

Konkurrenzwerke und USP

Jeder Verlag erwartet, dass Sie sich umgeschaut haben, welche anderen Werke
es zu Ihrem Thema auf dem Markt gibt, und bittet um einen Überblick. Es
geht nicht darum, dass Sie sämtliche Werke seit Beginn des Buchdrucks aufzählen. Die wichtigsten und aktuellsten reichen vollkommen. Wichtig ist,
dass Sie ganz klar darlegen, in welcher Weise sich Ihr Buch von den anderen
unterscheidet.

Theoretisch ist es möglich, dass Sie gar keine Konkurrenz haben. Die Wahrscheinlichkeit tendiert allerdings gegen null, denn bei 100.000 Neuerscheinungen im deutschsprachigen Raum pro Jahr kann man sich kaum vorstellen, dass es ein Thema gibt, das noch überhaupt nicht besetzt ist. Doch nehmen wir an, es wäre tatsächlich so, dann sollten Sie dennoch ein paar Werke aufzählen, die zumindest in der Nähe Ihres Buchs stehen. Solche, die Teilbereiche Ihres Themas abdecken zum Beispiel. Nicht vergessen: Was ist der USP Ihres Buchs? Was macht Ihr Buch einzigartig? Die Abgrenzung Ihres Buchs zu den anderen Werken ist ein wichtiges Entscheidungskriterium für die Verlage!

Verkaufsargumente

Nun dürfen Sie ein bisschen um die Ecke denken, denn nun geht es um Verlagsdenken. Die zentrale Frage hier ist: Mit welchen Argumenten kann ein Verlagsvertreter einen Buchhändler von Ihrem Buch überzeugen? Darum geht es hier. Zählen Sie ein paar Argumente auf: Was ist das Neue? Welchen Nutzen hat der Buchhändler, wenn er das Buch in seine Regale stellt?

Nun können Sie natürlich sagen: Okay, soll der doch selber denken, das ist schließlich die Arbeit eines Vertriebsmitarbeiters! Warum soll ich seine Arbeit tun? Mag sein. Gegenfrage: Wollen Sie für Ihr Buch einen Verlag finden oder nicht? Denken Sie an die Masse an unverlangt eingesendeten Exposés auf dem Tisch der Lektorin, gegen die Sie bestehen wollen.

Vermarktungsideen

Ja, auch das möchte ein Verlag gerne wissen. Sie wissen es mittlerweile selbst schon, dass das Marketing für ein Sachbuch niemals gutgeht, wenn die Autorin nicht mitspielt. Sie haben also eine entscheidende Rolle, und es ist angebracht, Ihre Bereitschaft dem Verlag auch zu beweisen. Unter dem Punkt „Vermarktungsideen" wünscht sich der Verlag ein paar Stichworte, die ihm zeigen, was Ihnen so vorschwebt und wozu Sie bereit sind.

Haben Sie eine Website? Sind Sie in den sozialen Netzwerken aktiv? Betreiben Sie ein Blog, womöglich zum selben Thema wie das Buch? Wie gut sind Sie mit Multiplikatoren vernetzt? Haben Sie aktiven Kontakt zu Journalisten? Halten Sie Vorträge, bei denen Sie Ihr Buch erwähnen oder verkaufen können? Sind Sie in Radio und TV präsent? Planen Sie eine Direct-Mailing-Aktion fürs Buch? Schreiben Sie alles auf, was Sie geplant haben, aber auch, wo Sie sich eine aktive Beteiligung oder Unterstützung des Verlags wünschen. Falls Sie auf der Suche nach Ideen sind, schlagen Sie in Schritt 9 nach. Und natürlich darf der Satz „Steht für Buchpräsentationen und Lesungen gerne zur Verfügung" auch nicht fehlen.

Über den Autor/die Autorin

Last but not least möchte die Lektorin auch erfahren, wer Sie sind. Bitte fügen Sie an dieser Stelle nicht einfach Ihren Lebenslauf vom letzten Bewerbungsgespräch ein. Orientieren Sie sich eher an der Art, wie Autoren in Büchern kurz vorgestellt werden. Schreiben Sie ein oder zwei kurze Absätze darüber, was Sie befähigt, dieses Buch zu schreiben. Welchen Hintergrund, welche Erfahrungen haben Sie, sodass man Ihnen vertrauen kann, dass die Inhalte des Buchs Hand und Fuß haben? Anschließend listen Sie noch auf, was Sie bereits alles veröffentlicht haben – nicht nur Bücher oder Buchbeiträge, auch Zeitungsartikel runden den guten Eindruck über Ihre Expertise ab. Vergessen Sie auch nicht zu erwähnen, wenn Sie bereits zu Talkshows oder Ähnlichem eingeladen wurden.

Schreib ein Kapitel als Probetext

Im Gegensatz zur Belletristik, wo Verlage gern das komplette Manuskript lesen möchten, reicht beim Sachbuch das Exposé und ein Probetext. Manche Verlage wünschen sich „15 bis 20 Seiten" Text – ich empfehle meinen Autoren immer, ein Kapitel aus dem Buch zu nehmen, und zwar eines, das zum Beispiel besonders repräsentativ ist oder besonders aussagekräftig. Sie können sich auch dafür entscheiden, jenes Kapitel zu nehmen, das Ihnen besonders leicht fällt. Ein abgeschlossenes Kapitel scheint mir insofern sinnvoll, als eine Lektorin damit auch ein Stück Inhalt präsentiert bekommt, mit dem sie etwas anfangen kann.

Es geht nicht darum, dass Sie nun ein Kapitel schreiben, das an Perfektion nicht zu überbieten ist. Der Text muss auch nicht zu 100 Prozent frei von Rechtschreibfehlern sein. Aber er sollte passabel sein, gut lesbar und verständlich. Und vor Fehler strotzen sollte er auch wieder nicht.

> **Shortcut**
>
> Für die Verlagsansprache brauchen Sie Exposé und Probekapitel.

Welchen Zweck verfolgen Lektorinnen, wenn sie einen Probetext verlangen? Nun, sie möchten sich ein Bild davon machen, ob Sie schreiben können, so einfach ist das. Ist der Text packend genug? Ist er so interessant geschrieben, dass man unbedingt weiterlesen möchte? Erfüllt er inhaltlich, was Sie im Exposé versprochen haben? Und was Schreibstil und Rechtschreibung anlangt, so können sie zumindest ungefähr überschlagen, wie viel Lektoratsaufwand auf sie zukommt, wenn das Manuskript einmal fertig ist.

Sprich die passenden Verlage an

Damit Sie die richtigen Verlage ansprechen, müssen Sie ein wenig Zeit für Recherche einplanen. Denn die Verlagslandschaft ist dicht besiedelt und bunt. So gibt es reine Sachbuchverlage, reine Literatur- oder Belletristikverlage, aber auch solche, die in beiden Bereichen publizieren.

Wenn Sie sich auf den verschiedenen Verlagswebsites umsehen, werden Sie feststellen, dass alle Verlage ein mehr oder weniger klar definiertes Verlagsprogramm haben. So hat Campus die Rubriken Wirtschaft und Gesellschaft, Business, Karriere, Finanzen, Leben, Wissenschaft. Gabal, ebenfalls ein führender Sachbuchverlag, unterteilt sein Programm in Business, Erfolg und Leben. Und Springer, ein weltweit agierender Wissenschaftsverlag, publiziert Fachbücher, aber auch Sachbücher und Ratgeber zu den Themenbereichen Astronomie, Natur, Technik und Mathematik, Physik, Medizin und Gesundheitswesen, Psychologie sowie Wirtschaft, Politik und Gesellschaft.

Neben diesen großen Verlagen, die sehr breit aufgestellt sind, gibt es auch noch spezialisierte Verlage. Beltz beispielsweise publiziert ausschließlich Bücher und auch Zeitschriften über Pädagogik, Psychologie, Training, Coaching und Beratung, Erziehungs- und Sozialwissenschaften sowie Sozialpädagogik und soziale Arbeit. Der Carl-Auer Verlag bezeichnet sich als „Der Verlag für Systemisches" und gibt gleichzeitig zu verstehen, dass er etwas anders ist: „We do it Auer way!" ist sein Slogan. Wenn Sie Psychotherapeutin, Berater, Coach oder Trainerin sind oder sonst irgendwie mit Systemtheorie oder Hypnotherapie zu tun haben, hatten Sie vermutlich bereits Carl-Auer-Bücher in der Hand. Der Thieme Verlag konzentriert sich auf Medizin und Gesundheit. Und Redline Wirtschaft hat – wie der Name schon sagt – seinen Schwerpunkt bei wirtschaftlichen Themen.

Dann gibt es Verlage, die sowohl Non-Fiction als auch Literatur verlegen wie der Carl Hanser Verlag. Neben seinen Literaten wie Arno Geiger oder

Thomas Glavinics publiziert Hanser auch Kinder- und Jugendbücher sowie Fachbücher über Computer, Technik, Wirtschaft und anderen Themen. Und schließlich tummeln sich noch viele kleine Verlage, manche im Familienbesitz wie der Linde Verlag oder Ecowin, der seit 2013 zu Red Bull Media House GmbH gehört.

Doch genug der reinen Informationen. Sie wollen schließlich wissen, wie Sie aus der Fülle an Verlagen denjenigen finden, der Ihr Buch verlegt. Ich mache es auf die pragmatische Art und verbinde die Suche mit einer meiner Lieblingsbeschäftigungen: Ich gehe in die Buchhandlung. Je größer die Buchhandlung, desto besser.

1. Sie treten ein und steuern jenen Sachbuchbereich an, in dem in naher Zukunft hoffentlich Ihr Buch steht.
2. Dort schauen Sie sich um: Welche Verlage finden Sie da?
3. Stöbern Sie, notieren Sie.
4. Daheim rufen Sie die Websites dieser Verlage auf und nehmen das Verlagsprogramm näher unter die Lupe, um zu sehen, ob Ihr Buch auch tatsächlich hineinpasst. Stöbern Sie auch in den Neuerscheinungen und verschaffen Sie sich einen Eindruck: Gefällt Ihnen, was Sie sehen? Sind das Bücher, neben denen Sie auch Ihres gerne stehen haben wollen?
5. Bei der Gelegenheit schlagen Sie gleich bei den „Hinweisen für Autoren" nach, die es auf den meisten Seiten gibt. Wie möchte der Verlag angesprochen werden? Gibt es Ansprechpartner, Telefonnummer und E-Mail-Adresse? Oder möchte der Verlag, dass Sie ein Onlineformular ausfüllen? Es gibt auch Verlage, die bitten auf ihrer Website um ausschließlich postalische Zusendungen.

Auf diese Weise entscheiden Sie sich für etwa fünf Verlage, die Sie gleichzeitig anschreiben. Dass Sie jeden Verlag persönlich und mit einem eigenen Text ansprechen sollten, muss ich nicht extra dazusagen, oder? Wenn Sie den Namen einer zuständigen Ansprechperson haben, schreiben Sie sie bitte persönlich an. Ein „Sehr geehrte Damen und Herren" riecht verdammt nach Massenbrief und wird sehr gerne mit Ignoranz bestraft. Zu Recht, wie ich finde.

Shortcut

Wählen Sie sorgfältig aus. Ihre Zielgruppe muss zur Zielgruppe des Verlags passen.

Schließlich sind Sie auf der Suche nach einem Geschäftspartner! Sie sind nicht Bittstellerin, die unterm Teppich hereinkriechen muss, und auch nicht Kunde des Verlags, der sich alles erlauben kann. Sie haben etwas, das zur Existenzgrundlage eines Verlags gehört, und der Verlag hat etwas, das Sie brauchen, um Ihr Buch unter die Leute zu bringen. Ein bisschen Schieflage hat das Verhältnis Autor–Verlag nur insofern, als Verlage ein Übermaß an Manuskriptangeboten haben, während Sie als Autor nur eine Handvoll Möglichkeiten zur Publikation haben.

Wie bereits weiter oben beschrieben, sind Verlagslektorinnen überlastet durch die Vielzahl eingereichter Exposés. Machen Sie es ihr also so leicht wie möglich:

- Wenn es möglich ist, rufen Sie die zuständige Kontaktperson an, schildern Sie kurz und prägnant Ihre Buchidee (kennen Sie den Elevator Pitch? Dann wissen Sie auch, was ich unter Kürze und Prägnanz meine). Fragen Sie, ob das für den Verlag interessant ist.
- Oder Sie verzichten auf den vorangestellten Anruf und schicken gleich Exposé und Probetext – manchmal haben Sie mangels Information auf der Verlagswebsite ohnehin keine andere Wahl. Ihr Anschreiben könnte folgenden Aufbau haben:

Nach einem einleitenden Satz schreiben Sie Titel und Untertitel nieder und anschließend in jeweils einem Satz, worum es geht, wer die Zielgruppe, was der Nutzen ist und was Ihr Buch von allen anderen abhebt. Erwähnen Sie, in welche Rubrik des Verlagsprogramms Ihr Buch hineinpasst. Bitten Sie abschließend um einen Blick auf die beigefügten Dokumente (also Exposé und Probetext als PDF).

Ziel ist nicht, im Anschreiben Ihr Projekt im Detail darzulegen. Ziel ist, dass die Lektorin neugierig wird, damit sie auch wirklich in Ihr Exposé hineinliest.

Dann heißt es, Geduld zu haben und zu warten. Manche Verlage antworten sofort, andere erst in zwei, drei Monaten. Manche antworten auch gar nicht. Bei Campus steht es auf der Website: „Bitte haben Sie Verständnis dafür, dass wir aufgrund der vielen bei uns eingereichten Manuskripte weder schriftliche noch telefonische Nachfragen beantworten können. Für unverlangt eingesandte Manuskripte übernehmen wir keine Haftung und senden diese aus Zeit- und Kostengründen nicht zurück. Schicken Sie uns daher kein Originalmaterial".

Schritt 6: Und nun schreib! Und zwar quick & dirty

Wie Sie am besten beginnen und was Sie zu Beginn getrost außer Acht lassen können. Über die Phasen des Schreibprozesses und eine hilfreiche Schreiborganisation. Tipps und Tricks zum In-die-Gänge-Kommen und wie Sie gut mit Ihren Lesern Kontakt schließen.

Für den Schnellstart

1. Organisiere dich: Sorge für ein Umfeld, in dem du konzentriert an deinem Buch arbeiten kannst.
2. Plane: Leg dir ausreichend Termine fürs Schreiben zurecht und steck dir Ziele (aber nicht zu genau).
3. Verabschiede dich von der Idee, auf Anhieb einen guten Text hinzulegen. Quick & dirty soll deine erste Manuskriptversion sein.
4. Betrachte das leere weiße Blatt nicht als Hürde, sondern als Spielwiese, auf der dich ein spannender Prozess erwartet.

Schaffe dir ein schreibfreundliches Umfeld

Es soll Leute geben, die als ersten Schritt zum Buchschreiben in ein Schreibwarenfachgeschäft gehen und erst einmal eine edle Füllfeder kaufen. Oder ein kleines Extra-Notebook, auf dem sie ausschließlich ihr Buch schreiben wollen, weil sie in einem Kreativschreibseminar empfohlen bekommen haben, sich eine eigene kleine Welt zu suchen, um besser schreiben zu können. Tun Sie das, wenn es Ihnen hilft. Exklusive Schreiborte, an denen man sich wohlfühlt, sind bestimmt nicht verkehrt, egal, ob sie analog oder virtueller Natur sind. Obwohl … mit meinem kleinen Extra-Notebook habe ich vielleicht fünfmal probiert, es zweckgebunden zu verwenden, dann wurde es zu einer Art Spielekonsole degradiert und schließlich zu den anderen ausrangierten Gerätschaften unseres Haushalts gelegt.

Ins Schreiben kommen Sie letztlich nur, wenn Sie es tun. Da ist es egal, ob Ihr Arbeitsplatz der gewohnte Schreibtisch ist oder ein neu geschaffenes Plätzchen mit schickem Schreibzeug und denkanregendem Blick übers Meer. Stephen King hat seine ersten Geschichten nach eigenen Angaben unter anderem im Wäscheraum eines gemieteten Trailers geschrieben, weil das wohl ein Ort war, wo er ungestört arbeiten konnte. Von wegen gemütlich und schick. Dass er dort trotzdem kreativ und produktiv sein konnte, hat er vielfach bewiesen. Letztlich ist es Typsache, wie und wo Sie am produktivsten arbeiten können. Der Kauf eines schönen Schreibgeräts hat etwas von einem Initiationsritus – wenn Ihnen dieser Gedanke gefällt, lassen Sie sich nicht abhalten. Und dann kümmern Sie sich um ein schreibfreundliches Umfeld, das zwei wesentliche Voraussetzungen für einen guten Schreibfluss möglich macht: dass Ihr Buch in Ihrem Alltag Priorität bekommt und dass Sie in einen guten Arbeitsrhythmus finden.

> **Shortcut**
>
> Ein gutes Schreibumfeld erfüllt zwei wichtige Kriterien: Es sorgt dafür, dass Ihr Buch Priorität bekommt und Sie in einen guten Arbeitsrhythmus finden.

Störungsfrei und anregend arbeiten

Der Hauptgrund, warum Stephen King die Besenkammer als Arbeitsplatz wählte, war wohl die Ungestörtheit. Für einen bestimmten Zeitraum – eine Stunde, einen halben Tag, je nachdem – brauchen Sie fürs Buchschreiben einen Ort, an dem Sie nicht gestört werden, denn Schreiben ist konzentrierte Denkarbeit. Der Geschirrspüler, der in der Küche piept, weil er ausgeräumt werden will, die Kinder, die ständig nachschauen kommen, ob Mama mit ihrer Arbeit endlich fertig ist, das Handy, das ständig Laut gibt – all das sind Störungen, die Sie mindestens aus dem Gedankenfluss reißen. Oft führen sie auch dazu, dass Sie Ihre Arbeit unterbrechen und im schlimmsten Fall nicht wieder hineinfinden. Und so ist es nicht verwunderlich, dass sich manche sogar die absolute Stille herbeisehnen. Manchen gelingt es sogar, wochenweise Familie und Arbeit daheim zu lassen und in die Abgeschiedenheit einer Hochalm zu flüchten, garantiert ohne Chancen auf Handy- oder Radio-, geschweige denn Internetempfang, um nicht nur Störungen von außen zu eliminieren, sondern sich auch selbst jegliche Versuchungen aus dem Weg zu räumen.

Es gibt viele Autoren, die zur Ungestörtheit auch die Stille begrüßen, doch das ist nicht jedermanns Sache. In einem Café lässt sich bestens arbeiten, und für viele ist das permanente Murmeln und Tassenklirren im Hintergrund sogar der Grund, weshalb sie dort bevorzugt arbeiten: Die Geräusche und der Duft nach Kaffee und frischem Gebäck regen sie an. Sehr anregend finde ich persönlich auch die Bibliothek – all die vielen Bücher, die schon fertig geschrieben und veröffentlicht sind, motivieren mich und ich fühle mich wohl, wenn man vor lauter Büchern die Wände nicht sieht. Mir persönlich ist es dort jedoch zu still und gesittet.

> **Shortcut**
>
> Störungsfrei muss nicht absolute Stille bedeuten, sondern nur, dass Sie Ihre Arbeit nicht unterbrechen müssen. Dafür sollten Sie sorgen.

Ich bin nicht die einzige Autorin, die beim Schreiben mitunter Action um sich herum braucht. Die Autorin Heike Abidi beispielsweise schreibt ihre Bücher gerne am Abend vor dem Fernseher. Während Manchester United gegen Benfica Lissabon sich auf der Mattscheibe ein Match liefern, matcht sie sich mit den Protagonisten ihres Buchs. Ich selbst habe manchmal beim Schreiben das Bedürfnis nach gutem, altem Hardrock und drehe Queen oder Metallica auf Lautstärke knapp unterm Erträglichkeitslevel. Allerdings gibt es auch Tage, an denen ich leicht ablenkbar bin. An denen ziehe ich mich in die Stille zurück. Vielleicht sind auch Sie jemand, der je nach Tagesverfassung ein unterschiedliches Ambiente braucht. Verabschieden Sie sich von den Klischees über das Autorenleben, die Sie im Kopf haben. Buchschreiben ist ein anspruchsvoller Job - finden Sie einen Modus, der zu Ihnen passt!

Am besten, Sie probieren aus, was für Sie am besten funktioniert. Hier ein paar Anregungen:

- Im Büro: Egal, ob Sie Stille brauchen oder ein turbulentes Umfeld Sie anregt – es ist Ihrem Schreib- und Denkfluss bestimmt nicht zuträglich, wenn Sie alle paar Minuten unterbrechen müssen, weil jemand etwas von Ihnen braucht. Selbstverständlich sollten Sie klären, ob das Schreiben Ihres Buchs überhaupt in Ihre Arbeitszeit fallen darf. Das wird nur dann der Fall sein, wenn das Buch im Rahmen Ihres Unternehmens veröffentlicht wird. Ist das Buch Ihr Privatvergnügen und Sie sind nicht die Chefin, sollten Sie aufpassen, denn dann ist das Zeitdiebstahl.
  Informieren Sie Ihre Kolleginnen und Kollegen, dass Sie an einem Buch arbeiten. Ein Schild mit „Bitte nicht stören" kann nicht schaden, und ich empfehle Ihnen dringend, Ihr Mailprogramm zu schließen und das Telefon abzuschalten, damit Sie ungestört bleiben.
- Daheim: Ein eigenes Arbeitszimmer ist natürlich wunderbar. Ansonsten empfehle ich Ihnen, sich einen fixen Platz zu schaffen, an dem Sie Computer, Bücher und Notizen liegen lassen können, auch wenn Sie gerade nicht

schreiben. Wenn Sie jedes Mal alles wegräumen müssen, kann das problematisch werden. Aus den Augen, aus dem Sinn, heißt es, nicht wahr?
Als ich dieses Buch zu schreiben begann, habe ich es meinen Liebsten kundgetan. Dann wissen sie Bescheid, wenn ich länger als sonst nicht aus meinem Arbeitszimmer komme. Weihen Sie Ihre Familie ein – und zwar ganz konkret, zum Beispiel: „Wenn ich heute Abend vom Büro heimkomme, möchte ich gleich drei Stunden an meinem Buch arbeiten. Ich bin für euch also erst ab 20 Uhr da, bis dahin möchte ich nicht gestört werden."

- Auch außerhalb der eigenen vier Wände gibt es Möglichkeiten, die Sie ausprobieren können: das bereits erwähnte Kaffeehaus, Ihr Stammlokal, die Parkbank, das Freibad, jede längere Bahnfahrt, im Wartezimmer beim Zahnarzt, auf der Terrasse einer Freundin, die sie netterweise zur Verfügung stellt.
- Ein Trick vieler Profischreiber: Sie wechseln den Platz, je nachdem, ob sie gerade recherchieren, Rohtext schreiben oder überarbeiten. Wenn ich Bücher oder Skripten für die Recherche zu lesen habe, mache ich es mir auf dem Sofa gemütlich. Schreiben wird am Schreibtisch erledigt. Für das Überarbeiten meiner Texte schnappe ich meine Ausdrucke und spaziere ins Kaffeehaus. Dieses Wechseln des Ortes hilft, Abstand zu gewinnen, das Gehirn ein Stück frei zu bekommen – und Bewegung machen Sie dabei auch, was bekanntlich dem Denken eine neue Richtung geben kann.
- Schreibklausuren: Ob Almhütte oder Ferienwohnung am Meer oder ganz businesslike das Seminarhotel – ein paar Tage Auszeit vom Alltag und Intensivzeit für Ihr Buch wirkt wie ein Turbo. Machen Sie nicht den Fehler und nehmen Ihren Kumpel mit. Ihn beim Surfen zu beobachten, während Sie im Zimmer hocken und schreiben, das halten Sie höchstens zwei Tage durch. Am dritten sind Sie mit von der Partie und Ihr Manuskript ist nach einer Woche nicht länger als vorher.

Zeiten planen (und einhalten)

Ob Sie täglich eine Stunde zwischen Frühstück und Arbeit oder jede Woche an bestimmten Tagen oder alle zwei Wochen täglich drei Stunden schreiben, das hängt ganz von Ihrem Hauptberuf ab und davon, was Ihnen individuell zusagt. Probieren Sie es jedenfalls aus, um zu erkennen, was gut zu Ihnen passt. Täglich eine Stunde kann für manche viel zu kurz sein, weil man da noch nicht einmal seine Gedanken halbwegs geordnet hat. Andere können sehr gut an die eine Stunde des Vortags anknüpfen und kommen so langsam, aber stetig etwas weiter. Ich gehöre eher zur Fraktion „lieber lang und intensiv", denn ich habe das Bedürfnis, mich ausgiebig in einem Thema wälzen zu können. Ich habe für mich daher die Wochenvariante als passend auserkoren: Eine Woche im Monat halte ich mir frei, um ausschließlich an meinem Buch zu arbeiten, in den restlichen Wochen plane ich je nachdem, was mein Kalender gerade an freier Zeit hergibt. Das geht natürlich nicht bei jedem Beruf.

Wichtig sind zwei Aspekte: dass Sie am Anfang gut in Schwung kommen und dass Sie einen Rhythmus finden und eine Frequenz, die es Ihnen möglich macht, von einer Schreibsession zur nächsten anknüpfen zu können. Wenn Sie zu lange Zeitabstände planen, verlieren Sie den Faden und müssen sich wieder einarbeiten. Das kostet mehr Zeit, als Sie glauben. Wählen Sie also zumindest für die ersten Kapitel möglichst viele Termine knapp hintereinander. So kommen Sie schnell zu ersten sichtbaren Ergebnissen, und die sind wichtig, damit Sie motiviert bis ans Ende kommen.

> **Shortcut**
>
> Planen Sie Ihre Schreibtermine so, dass Sie einen guten Rhythmus finden. Die Frequenz der Termine sollte kurz genug sein, sodass Sie sich nicht jedes Mal aufs Neue einlesen müssen.

Überlegen Sie ganz konkret: In welchen Wochen an welchen Tagen um welche Uhrzeit können Sie am Buch arbeiten? Tragen Sie sich diese Termine ein. Sollten Sie jemand wie ich sein, die sich nicht einmal von sich selbst vorschreiben lassen will, was sie wann zu tun hat, dann sind solche Termine mit Vorsicht zu genießen. Ich bin Weltmeisterin darin, gute Gründe zu finden, warum ich meine Termine mit mir selbst nicht einhalte. Dann brauchen Sie andere Tricks, um dranzubleiben:

- Sehr bewährt hat sich, Schreibzeiten mit jemand anderem teilen. Vielleicht kennen Sie jemanden, der auch gerade an einem Buch schreibt – es kann auch ein ganz anderes Projekt sein, Hauptsache Sie haben beide dasselbe Problem: dranzubleiben. Treffen Sie sich im Kaffeehaus oder wo auch immer Sie beide gut schreiben können. Natürlich hilft das nur, wenn Sie beide diszipliniert genug sind, um diese Treffen nicht ausschließlich mit Tratschen zu verbringen.
- Eine andere Möglichkeit, die ich selbst zum Teil für dieses Buch angewendet habe: Ich habe einen Deal mit einer Kollegin abgeschlossen: Einmal im

Monat trafen wir uns für ein Interview zu je einem Kapitel. Sie kannte meine Kapitelstruktur und bereitete sich vor, indem sie sich Fragen überlegte. Es waren tolle Gespräche, die mir halfen, für jedes Kapitel die Inhalte klarzukriegen. Jedes Gespräch wurde aufgezeichnet und ich ließ es transkribieren. So hatte ich eine ergiebige Basis. Bis zum nächsten Termin, so vereinbarten wir, sollte ich eine Quick-and-dirty-Version des Kapitels im Kasten haben. Der Trick an diesem Deal war, dass ich mich ihr gegenüber verpflichtet fühlte, die Kapitel dann auch tatsächlich zu schreiben und mich auf die Interviews vorzubereiten. Hätte ich das nicht getan oder gar den Termin abgesagt, hätte ich es verantworten müssen, dass sie unnötig Zeit für die Vorbereitung auf unser Gespräch investiert. Nie im Leben hätte ich ihr den Ärger und mir das schlechte Gewissen antun wollen!

- Jeden November im Jahr findet, initiiert in den USA, rund um den Erdball der sogenannte NANOWRIMO statt, der National Novel Writing Month. Das Ziel dabei ist, zwischen 1. und 30. November 50.000 Wörter für ein Buchmanuskript zu produzieren, das sind täglich 1666 Wörter. Auch wenn Sie keine „Novel", sondern ein Sachbuch schreiben: Was hält Sie davon ab, dabei mitzumachem? Sie müssen sich nur registrieren und dann täglich online Ihren Erfolg kundtun. An vielen Orten treffen sich zusätzlich Schreibgruppen, um das Ziel gemeinsam zu bewältigen. Aber seien Sie gewarnt: Täglich 1666 Wörter zu schreiben, ist eine nicht zu unterschätzende Herausforderung! Wenn Sie daran teilnehmen wollen, sollten Sie dafür sorgen, dass Sie im November sonst nicht allzu viel Stress haben, und seien sich klar, dass Sie für diesen Monat Ihre sonstigen Hobbys vernachlässigen werden müssen.

- Schreibcoachs und Autorenberaterinnen (siehe auch Schritt 8) sind auch eine Möglichkeit, mit der Sie Kontinuität in Ihren Schreibprozess bekommen. Im Vergleich zur besten Freundin, die Ihnen regelmäßig das Versprechen abnimmt, bis zum nächsten Treffen ein bestimmtes Teilziel zu erreichen, wirken Profis schon alleine deshalb viel stärker, weil sie Geld kosten. Dafür werden Sie jedoch auch professionell durch den gesamten Schreibprozess geleitet und haben bei Bedarf einen Sparringspartner an Ihrer Seite, der Ihnen bei kniffligen Inhalten zu mehr Klarheit verhilft oder Ihnen die Augen öffnet hinsichtlich der Leserperspektive. Auch in Sachen Schreibstil und Schreibkompetenz können Sie mit einem großen Lernimpuls rechnen.

Zwischenziele festlegen

Einen detailgenauen Plan, bis wann Sie welches Kapitel fertig haben müssen, müssen Sie nicht aufstellen, wenn es Ihnen (wie mir) nicht liegt, alles generalstabsmäßig erledigt zu wissen. Das ist auch nicht sehr sinnvoll. Ein Buch zu schreiben ist Kreativarbeit – jedes „Du musst" kann mehr hinderlich als förderlich sein. Dennoch ist es gut, wenn Sie sich einen ungefähren Fahrplan zurechtlegen, damit Ihnen die Zeit nicht durch die Finger rinnt.

Shortcut

Kreativarbeit lässt sich nicht in ein enges Korsett zwängen. Doch kleine Zwischenziele helfen dem inneren Schweinehund auf die Sprünge.

Doch achten Sie darauf, wie Sie die Ziele definieren. Ich hatte einmal einen Ghostwriting-Kunden, der gerne regelmäßig meinen Schreibfortschritt kontrollieren wollte. „Wir haben zehn Kapitel und sieben Monate, das macht monatlich 1,4 Kapitel", rechnete er und bat um monatliche Zusendung der 1,4 Kapitel. Doch wie viel soll das sein? Man könnte es an der veranschlagten Zeichenzahl festmachen, doch erstens weiß man vorher nicht so genau, wie viele Zeichen oder Wörter ein Kapitel haben wird. Und zweitens: Was sagt es über Qualität und Inhalt aus, wenn ich 70 Prozent der Zeichenzahl abliefere? Im Grunde gar nichts. Solche Ziele helfen Ihnen also nicht wirklich weiter, damit machen Sie sich nur verrückt.

Was jedoch sinnvoll ist, ist ein grobes Gerüst Ihrer Vorhaben. Das könnte sein:

- „In den heutigen zwei Stunden schaue ich, dass ich diese fünf Tipps fertigkriege."
- „Für den nächsten Schreibtermin am kommenden Freitag brauche ich ein Fallbeispiel, das möchte ich mir bis dahin überlegt haben."
- „Am Donnerstag kümmere ich mich darum, einen Interviewtermin mit X zu vereinbaren, und werde mir ein paar Fragen dafür notieren."

- „In dieser Woche habe ich am Mittwoch und Donnerstag jeweils einen halben Tag Schreibzeit geplant, da möchte ich eine Quick-and-dirty-Version von Kapitel 4 zustande bekommen". Je nach Größe des Kapitels kann dieses Ziel ganz schön ambitioniert sein. Manchmal ist aber Zeitdruck auch eine gute Methode, um Schreibhemmungen zu überwinden und schnell an ein Ziel zu kommen. Probieren Sie es aus!

Ankerhaken für den nächsten Schreibtermin setzen

Ein Kapitän wirft seinen Anker aus, damit er nach seinem Bier in der Hafenkneipe weiß, wo er sein Schiff wiederfindet. Als kluge Autorin machen Sie es ähnlich: Sie setzen im Text einen Ankerhaken, bevor Sie Ihre Schreibsession schließen. Ankerhaken sind ein Segen. Sie helfen Ihnen, beim nächsten Termin schnell wieder in die Materie hineinzufinden und andocken zu können. So haben Sie nicht den Impuls, alles vorher Geschriebene lesen zu wollen, um sich wieder zu erinnern. Sie können tatsächlich dort weitermachen, wo Sie zuvor aufgehört haben. Zwei Möglichkeiten haben Sie:

1. Am Ende des Termins legen Sie sich eine Hausaufgabe zurecht, die Sie für die nächste Schreibstrecke brauchen. Das kann eine Fallgeschichte sein, die Sie beim nächsten Mal beschreiben wollen, oder die Grobstruktur für den nächsten Abschnitt.
2. Wenn Hausaufgaben nicht möglich sind, hilft Ihnen der Profitrick: Hören Sie Ihren Text mitten im Satz auf. Wenn Sie gerade einen Punkt gesetzt haben, schreiben Sie noch einen halben Satz. Beim nächsten Mal, wenn Sie wieder ans Werk gehen, werden Sie sich mit hoher Wahrscheinlichkeit gut daran erinnern, was Sie schreiben wollten. Sie beenden den halben Satz – und schon sind Sie mittendrin.

Fertige Kapitel feiern!

Ein Buch schreibt man nicht alle Tage, und aufwendig und anstrengend ist es außerdem. Das sind genug Gründe, diesen Prozess ausreichend zu zelebrieren. Feiern Sie jedes Kapitel. Gönnen Sie sich etwas Gutes, belohnen Sie sich für Ihre Leistung und vor allem für die Hartnäckigkeit, dass es Ihnen gelungen ist, dranzubleiben!

Schreib zunächst „quick & dirty"

Wir Autorinnen und Autoren sind eigentlich Glückskinder: Nicht nur, dass wir ein „Produkt" schaffen, das zu den ältesten Kulturgütern der Menschheit gehört, und wir dabei unsere Kreativität ausleben dürfen, wir können bei der Herstellung unserer Texte ziemlich entspannt sein. Wir können unsere Texte schlecht schreiben, ändern, löschen, ergänzen, wieder verwerfen, neu schreiben, ausbauen, hoffnungsfroh weiterentwickeln, zerknirscht wieder einstampfen. Solange am Ende ein gut lesbares, verständliches, sinnvolles, unterhaltsames und kluges Manuskript herauskommt, ist alles gut. Einem fertigen Buch sieht man nicht an, wie schlampig Version 1 ausgesehen hat. Computer sei Dank! Da hat es ein Friseur nicht so gut: Einmal verschnitten, und schon ist der Kunde böse. Haare lassen sich nicht wieder ankleben. Und würde eine Zahnärztin so arbeiten … das möchte ich mir gar nicht erst vorstellen.

Shortcut

Einem fertigen Buch sieht man nicht an, wie schlampig Version 1 ausgesehen hat. Sie können daher ganz entspannt zu schreiben beginnen.

Dennoch plagen sich viele Autorinnen und Autoren mit dem ersten Satz und der ersten Seite, als müssten sie ein Zehn-Kilo-Baby gebären. Sie haben den Ehrgeiz, dass jedes Wort, jeder Satz auf Anhieb sitzen muss! Und so hocken sie vor dem leeren Bildschirm und grübeln über die treffendste Überschrift. Die, die ihnen in den Sinn kommt, ist ihnen zu langweilig, doch etwas Kreatives, Wortgewaltiges will ihnen nicht einfallen. Genauso geht es ihnen mit dem ersten Satz. Zehnmal schreiben sie eine Zeile, zehnmal löschen sie sie wieder. Dann steht endlich der erste Absatz da, doch mitten im zweiten bleiben sie hängen. Wieder quälen sie sich herum mit den nächsten Worten, die sich nicht einfangen lassen wollen. Also beginnen sie von vorn zu lesen, das ist immerhin besser, als nur auf den Bildschirm zu starren. Beim Durchlesen fallen ihnen sofort fünf Rechtschreibfehler und zwei inhaltliche Unschärfen auf und außerdem finden sie das sowieso alles viel zu primitiv geschrieben – und beginnen, das Bisschen Text, das sie haben, zu überarbeiten. Und dann womöglich gleich noch einmal.

Kommt Ihnen bekannt vor? Dann ist Ihnen bestimmt aufgefallen, dass Sie so nur äußerst schleppend weiterkommen, nicht wahr? Und Spaß macht das auch nicht. Der Grund: Sie versuchen, viel zu viel auf einmal zu machen. Sie wollen Ihr Gehirn dazu zwingen, über Sachinhalte nachzudenken und gleichzeitig kreativ zu sein. Das Rechtschreib- und Grammatikwissen wollen Sie ihm auch noch entlocken, alles zur gleichen Zeit. Und möglicherweise plagen Sie auch noch diverse Ängste – nicht gut genug schreiben zu können, sich mit dem Buch lächerlich zu machen oder Ähnliches –, dann darf Ihr Gehirn auch noch Seelenklempner spielen. Mag sein, dass Sie als Mutter oder Vater mit Vollzeitberuf stolz auf Ihre Multitaskingfähigkeiten sind – beim Schreiben streikt Ihr Gehirn, wenn es zu viel auf einmal machen soll. Schreibblockade nennt man das dann, die größte natürliche Feindin aller Autoren.

„Der Unterschied zwischen einem Profi- und einem Amateurschreiber ist nicht, dass Ersterer keine Schreibblockaden hat, sondern dass er mit ihnen umzugehen weiß", sagte eine meiner Lehrerinnen in meiner Ausbildung zur Schreibberaterin an der Zürcher Hochschule, Gabriela Ruhmann. Und wie machen Profis das? Sie machen sich den Umstand zunutze, den ich weiter oben beschrieben habe: Papier ist geduldig. Und ein Computer erst recht. Sie schreiben also zunächst einmal eine Rohfassung, und zwar vorsätzlich quick & dirty, und überarbeiten erst dann.

Es ist ein Irrglaube, dass jeder Satz auf Anhieb passen muss. Kann sein, dass wir diesen Irrglauben dem Deutschunterricht zu verdanken haben – ich erinnere mich an Prüfungen, an denen die erste Version bereits Hand und Fuß haben musste, weil gar keine Zeit für eine weitere Version war. Doch die Schulzeit ist lange her. Heute wissen wir es besser: Wir dürfen es uns als Autorinnen erlauben – ja, wir sollen sogar! –, eine erste Version unseres Manuskripts zu schreiben, die voller Lücken und Fehlern ist.

> **Shortcut**
>
> Es ist ein Irrglaube, dass jeder Satz auf Anhieb passen muss. Wozu gibt es eine Korrekturtaste?

Ihr Auftrag also lautet: Schreiben Sie eine „Quick-&-Dirty"-Version, die ganz einfachen Regeln folgt:

- **Konzentrieren Sie sich auf den Inhalt** und legen Sie einen roten Faden aufs Papier, der alles berücksichtigt, was Sie Ihren Leserinnen und Lesern zu sagen haben.

- Schreiben Sie so, **wie Sie es Ihrem Lieblingsleser erzählen würden**, würde er Ihnen gegenübersitzen. Sie erinnern sich? Über ihn haben wir in Schritt 3 gesprochen. Erzählen Sie ihm (oder ihr) Weisheiten und Fakten, Geschichten und Anekdoten aus Ihrer Praxis.
- **Ignorieren Sie Rechtschreibung, Interpunktion, Grammatik**, machen Sie sich keine Gedanken über eloquente Sprache oder Schreibstil. Das ist erst in der Überarbeitungsphase an der Reihe.
- **Schreiben Sie so zügig wie möglich**, ohne allzu lange zu überlegen. Natürlich dürfen Sie nachdenken, wie Sie einen Sachverhalt am besten zu erklären beginnen. Doch achten Sie darauf, den Schreibfluss nicht zu verlieren.
- **Schreiben Sie nur aus dem Gedächtnis heraus.** Das bedeutet: Verbieten Sie sich jeden Gang zum Bücherregal, zur Bibliothek oder zu Fachexperten, die Sie noch schnell etwas fragen wollen. Halten Sie sich nicht damit auf, Dinge zu recherchieren, die Sie gerade nicht wissen. Wenn Sie an einer Stelle landen, wo Ihnen Wissen fehlt, notieren Sie das in den Text hinein und markieren Sie die Notiz mit einer Texthervorhebungsfarbe Ihres Schreibprogramms. Erst wenn die „Quick-&-Dirty"-Version fertig geschrieben ist, werden diese Lücken aufgefüllt.

Diese Vorgehensweise hat immense Vorteile: Erstens haben Sie auf schnellstmöglichem Weg ein Erfolgserlebnis – die erste Version Ihres Buchs! Sie ist zwar fehler- und lückenhaft, aber hey, immerhin hat Ihr Manuskript einen Anfang und ein Ende! Zweitens kann Ihnen die berühmt-berüchtigte Schreibblockade nicht in die Quere kommen, weil Sie mit Tempo schreiben, das keine langen Grübeleien zulässt. Drittens entlasten Sie Ihr Gehirn, weil Sie den Schreibprozess in mehrere Schritte zerlegen und Ihr Hirn nicht gleichzeitig schreiben, recherchieren und korrekt rechtschreiben muss. Und noch einen Vorteil gibt es: Sie bekommen ein besseres Gefühl für das Gesamte.

Der US-amerikanische Autor und Cartoonist James Thurber sagte: „Don't get it right, get it written." Darum geht es. Also los!

Was du für deine Rohfassung wissen solltest

Beginne mit dem Gustostück

Vor einiger Zeit stolperte ich über einen Blogbeitrag, der sich mit den Essgewohnheiten schlanker Menschen befasste. Das meiste war mehr oder weniger das, was man ohnehin schon kannte: Sie kauen langsamer, essen viel Gemüse. Doch eine Sache gefiel mir besonders: Schlanke Menschen essen zuerst das, was sie am liebsten haben. Wenn sie Kartoffelpüree, Steak und Karotten auf dem Teller haben und Kartoffelpüree nicht mögen, dann essen sie zuerst das andere. Das ist genial, oder? Sie essen sich satt mit den feinen Sachen und wenn der Magen voll ist, lassen sie das Püree übrig und sparen so eine Menge Kalorien. Meinereins ist anders gestrickt: Ich esse zuerst, was ich nicht so mag, damit ich es hinter mir habe. Dann bin ich bereits satt, wenn ich zum Gustostück komme, aber das esse ich dann natürlich auch noch und habe am Ende wieder einmal zu viel gegessen.

Zuerst das Gustostück, das ist eine sehr kluge Idee, die sich auf vieles im Alltag übertragen lässt. Auf das Buchschreiben übrigens auch: Beginnen Sie mit dem Kapitel, das Sie am liebsten haben oder das Ihnen am leichtesten fällt. Das hat zwei unschlagbare Vorteile: Erstens müssen Sie sich nicht sehr überwinden – ein Thema, das man liebt, darüber schreibt man doch gern. Zweitens haben Sie dann ruck, zuck schnell ein erstes Kapitel fertig, und das motiviert! Danach nehmen Sie den nächsten Liebling dran. Wenn dann am Ende nur noch die ein oder zwei schweren Brocken übrig bleiben, ist das nicht mehr so schlimm. Dann haben Sie drei Viertel Ihres Manuskripts schon erledigt, da wird Sie diese Hürde nicht mehr aufhalten!

> **Shortcut**
>
> Beginnen Sie mit dem Gustostück: mit dem Kapitel, das Ihnen am leichtesten fällt oder am meisten Spaß macht.

Trickse dich aus, um schnell in die Gänge zu kommen

Meiner Erfahrung nach ist quick & dirty der mit Abstand beste Tipp, um schnell voranzukommen, dabei den inneren Zensor auszuschalten (der kommt gar nicht dazu, sich einzumischen, wenn Sie so richtig schnell loslegen

;-) und so äußerst motivierende Fortschritte zu erzielen. Dennoch möchte ich Ihnen ein paar Text-Turbo-Tricks zur Seite stellen. Man weiß ja nie, was alles auf einen zukommt.

Die Wahrheit über die berühmt-berüchtigte Schreibblockade ist nämlich die: Jeden kann sie ereilen, der erfahrenen Schreiberin ebenso wie dem Anfänger. Doch wie gesagt: Der Unterschied zwischen Profi und Laie ist bloß, dass Ersterer weiß, wie er sie überwinden kann.

- **Hinein ins Getümmel**
  Es will Ihnen beim besten Willen nicht einfallen, wie der erste Satz lauten soll? Oder mit welcher der vielen Informationen Sie beginnen wollen? Vergessen Sie vorerst den perfekten ersten Satz. Machen Sie nach der Kapitelüberschrift ein paar Zeilenschaltungen und legen Sie mit dem los, was Ihnen als Erstes einfällt oder was Ihnen am leichtesten aus den Fingern sprudelt. Schon sind Sie mittendrin, alles Weitere wird sich ergeben.
- **Dampf ablassen**
  Manchmal will einfach nichts in die Tastatur fließen, weil Sie sich gerade über etwas geärgert haben und der Kopf nicht frei ist für Ihr Buch. Schreiben Sie anstelle des eigentlichen Textes alles nieder, was Sie gerade beschäftigt. Kotzen Sie sich so richtig aus! Erst wenn Sie das Gefühl haben, leergeschrieben zu sein, hören Sie auf. Löschen Sie diese Zeilen und versuchen Sie es nochmal mit dem eigentlichen Text. Vielleicht klappt es jetzt ja.
- **Automatisch schreiben**
  Es ist eine Übung aus der Schreibtherapie: Stellen Sie sich die Eieruhr auf 10 Minuten und schreiben Sie drauflos, was auch immer Ihnen gerade in den Sinn kommt. Im Grunde gibt es zwei Regeln, die Sie befolgen sollen, nämlich das Ignorieren jeglicher Rechtschreibregeln und das pausenlose Schreiben, bis die Eieruhr klingelt. Setzen Sie nie ab, auch nicht, wenn Ihnen gerade nichts einfällt. Wenn Ihr Hirn nichts hergibt, schreiben Sie trotzdem ungehindert weiter. Da steht dann eben „mir fällt gerade nichts ein und mein Hirn ist leer und ich finde das total blöd hier …"
  Der Sinn hinter dieser scheinbar sinnlosen Übung ist, dass Sie Ihre Schreibhemmung verlieren, so Sie eine haben. Und die Wahrscheinlichkeit ist groß, dass Sie gegen Ende des Schreibens zu Ihrem eigentlichen Thema finden. Aber versteifen Sie sich nicht drauf. Lassen Sie es einfach fließen, der Effekt stellt sich ohnehin von alleine ein.

- **E-Mail an Ihre beste Freundin oder Ihren besten Freund**

  Schreiben Sie einen fiktiven Brief an Ihre Freundin, in dem Sie ihr schildern, was Sie zu schreiben gedenken. Das könnte in etwa so beginnen: *„Liebe Elly, wie du weißt, möchte ich ein Buch über das Sachbuchschreiben schreiben. Zurzeit beschäftige ich mich mit dem Teil, in dem es darum geht, wie man gut ins Schreiben hineinfindet und möglichst schnell erste Erfolgserlebnisse hat. Weißt du, Schreiben ist nämlich manchmal eine ziemlich zähe Sache. Wenn man zu lange an einem Absatz herumtüftelt, verliert man die Lust daran und die Wahrscheinlichkeit, dass man das Handtuch wirft, ist groß. Wenn man aber schnell viel Text generiert, ohne darauf zu achten, ob der jetzt perfekt ist oder nicht, hat man schnell ein Kapitel nach dem anderen fertiggeschrieben. Das motiviert! …"*

  Der Trick bei dieser Übung ist, dass Sie gewohnt sind, mit Ihrer Freundin ungezwungen zu kommunizieren – Sie beide kennen sich schließlich schon gut. Da können Sie wirklich schreiben, wie Ihnen der Schnabel gewachsen ist. Auf die Art kann es durchaus gelingen, dass Sie zumindest die wesentlichen Aussagen des gesamten Kapitels niederschreiben, ohne sich besonders um Form und Stil zu kümmern. Ist ja nur die Freundin, die das zu lesen bekommt, und selbst das ist nur in Ihrer Vorstellung. Denn abschicken werden Sie diesen Text nie.

  Wenn Sie fertig sind, gehen Sie den Text noch einmal durch. Markieren Sie alle Stellen, die Ihnen gefallen – und aus denen können Sie dann das Kapitel verfassen.

- **Schreiben Sie den schlechtestmöglichen Text**

  Eine wunderbare Übung für alle Perfektionisten, wie Sie sich vorstellen können: Schreiben Sie ganz bewusst so, dass es richtig grauenhaft ist. Bemühen Sie sich um Unklarheit, Schachtelsätze, Wiederholungen – was auch immer Ihnen in den Sinn kommt. Wenn Sie der Typ sind, der es nicht lassen kann, bei jedem Wort im Duden nachzuschlagen: Verwenden Sie diese Übung, um bewusst falsch zu schreiben. Verzichten Sie zum Beispiel auf Groß- und Kleinschreibung oder auf sämtliche Kommas – dann macht es gar keinen Sinn nachzuschlagen, nicht wahr? Ständig im Duden nach Wörtern zu suchen, kann Sie, wie bereits erwähnt, ganz schön aufhalten – und außerdem reißt Sie das Nachschlagen aus Ihrem Gedankenfluss heraus und Sie müssen den roten Faden erst wieder aufgreifen.

Leg zuerst einen roten Faden durch jedes Kapitel

Dies ist mein bevorzugter Trick, um schnell und unkompliziert in die Gänge zu kommen und jegliche Blockade im Keim zu ersticken – und er ist effektiv auch noch, weil ich damit gleich das Kapitel grob strukturiere.

Ähnlich wie beim Erarbeiten des Buchkonzepts und der Gesamtstruktur hangeln Sie sich auch durch jedes Kapitel: Was sind die drei bis fünf Kernbotschaften zum Kapitel oder Unterkapitel? Schreiben Sie sie ins Dokument untereinander. Die Kernbotschaften geben Ihnen die Richtung vor, in die Sie in diesem Kapitel gehen wollen. Was wollen Sie, dass Ihre Leserinnen und Leser am Ende wissen? Welche Botschaft wollen Sie ihnen mitgeben? Welche Learnings sollen sie daraus ziehen? Kernbotschaften sind übrigens auch Kandidaten für Überschriften.

Löse die gordischen Knoten in deinem Hirn

Früher oder später passiert Ihnen vermutlich, was kürzlich eine meiner Kundinnen beklagte. Sie kam zur Autorenberatung, setzte sich mit hängenden Schultern in den Polstersessel mir gegenüber, seufzte ganz tief und sagte: „Quick & dirty zu schreiben, das ist ja eine gute Idee. Nur bei diesem einen Kapitel will das einfach nicht klappen! Ich sitze vor dem Computer und ich weiß einfach nicht, wo ich anfangen soll." Es stellte sich heraus: Das Kapitel, an dem sie gerade arbeitete, war komplex. Sie hatte sich intensiv mit dem Thema auseinandergesetzt und nun schwirrten tausend Theorien und noch mehr kluge Aussagen von Forschern in ihrem Kopf herum und sie blickte nicht durch.

Ich kenne dieses Gefühl auch sehr gut. Es ist, als wäre man mitten im Dschungel, in dem man vor lauter Blattwerk nicht sieht, dass nur zehn Meter weiter der rettende Fluss plätschert. Im Hirn herrscht dicke Luft, zu viele Informationen drängeln sich gleichzeitig darin. Wie in einem Druckkochtopf, bei dem das Ventil verstopft ist.

Sollten Sie beim Schreiben an so einen Punkt anlangen, brauchen Sie etwas, das Ihnen ermöglicht, einen Draufblick auf die vielen Informationen zu bekommen. Sie sollten sich also einen Hubschrauber besorgen, mit dem Sie über dem Dschungel aufsteigen können, damit Sie den Fluss sehen. Hier sind meine Hubschrauber, in die Sie gerne einsteigen können:

- Schlafen Sie drüber. Der Schlaf ist nicht nur für Ihren Körper überlebenswichtig, weil er Reparaturprogramme durchlaufen lässt. Im Schlaf sortiert Ihr Gehirn auch Gedanken. Es ist gar nicht so selten, dass man sich am nächsten Tag mit der flachen Hand aufs Hirn schlägt: Genau! Dass mir das nicht gleich aufgefallen ist!
- Steigen Sie in die Schuhe Ihrer Leserinnen und Leser. Die Frage, die Sie vor dem Dickicht rettet, lautet: Wenn Ihre Lieblingsleserin dieses Kapitel liest, was sind ihre vorrangigen Fragen? Welche Ihrer vielen Aspekte eignen sich am besten, diese Fragen zu beantworten? Möglicherweise können Sie anhand dieser Überlegungen Ihre vielen Punkte gruppieren und erhalten so einen guten Überblick.
- Schreiben Sie Listen. Bringen Sie die vielen verschiedenen Aspekte auf ein Blatt Papier oder sortieren Sie sie auf mehreren Blättern, hängen Sie sie an eine Pinwand oder kleben Sie sie an Ihre Bürokästen, so dass Sie sie gut lesen können. Genauso können Sie mit Post-its arbeiten, das hat den Vorteil, dass Sie sie jederzeit neu anordnen können. Dann stellen Sie sich davor, machen einen Schritt zurück und betrachten alle Aspekte im Überblick. Was fällt Ihnen auf? Wo haben manche Punkte einen gemeinsamen Nenner? Welche können zusammengefasst werden?
- Toben Sie sich mit Mindmaps aus. Mindmaps sind nicht immer und nicht für alle Menschen gleichermaßen gut geeignet, doch wenn Sie gerne damit arbeiten, ist es einen Versuch wert. Schreiben Sie in die Mitte Ihrer Mindmap den Titel Ihres Kapitels und versuchen Sie dann, drumherum Ihre vielen Punkte zu schreiben. Auch hier fragen Sie sich anschließend, was sich zusammenfügen lässt. Wenn Sie mit einer Software arbeiten, können Sie Ihre einzelnen Punkte ganz leicht hin- und herschieben und sich so einen besseren Überblick verschaffen.

Dieses Gefühl, bei einem Kapitel festzustecken, kann auch noch einen anderen Grund haben, der so in etwa das Gegenteil vom Dschungel im Kopf ist: Sie wissen vielleicht zu wenig. Wüste statt Dschungel also. In dem Fall liegt auf der Hand, was zu tun ist: Schreiben Sie konkrete Fragen in Ihr Manuskript – und gehen Sie zum nächsten Kapitel über. In der Überarbeitungsphase werden Sie sich um die fehlenden Inhalte kümmern.

Eröffne die Bühne mit Esprit

Der Autor Jon Christoph Berndt eröffnet sein Buch mit folgenden Worten: „Sie kaufen doch wohl nichts, was nicht auf den ersten Blick schon ein Produktversprechen hat und Ihnen glasklar einen Nutzen verspricht? Investieren nicht 19,99 Euro und lassen sich dann auch noch Ihre kostbare Zeit stehlen? Sie werden dieses Buch schnell zu den Akten legen, wenn es Sie auf den ersten 20 Seiten nicht in seinen Bann zieht." Er müsse sich nun anstrengen, meint er weiter, um die Gunst seiner Leser zu gewinnen. Ein gewiefter Mann, dieser Autor, was? Spart sich die schwierige Aufgabe, den ultimativen Köder für den Anfang des Buchs zu finden, indem er genau diese Schwierigkeit beim Namen nennt.

Nun, ich habe noch ein Stück weitergelesen, aber nicht sehr weit. Beim dritten Absatz habe ich weitergeblättert zum nächsten Kapitel, weil er mir aufzuzeigen versuchte, wie ich das Buch handhaben soll, wie viel Zeit ich mir fürs Lesen nehmen soll und vor allem, was er mir versprechen will. Alles ist Geschmacksache, klar, mag sein, dass Sie dieser Opener ansprechen würde. Doch so mündig bin nicht nur ich, sondern wohl alle Leserinnen und Leser, dass sie wissen, wie sie ein Buch zu lesen haben.

„Jede Art zu schreiben ist erlaubt, nur nicht die langweilige", sagte Voltaire. Das gilt ganz besonders für den Anfang von Texten. Die halbe Miete in Sachen spannender Texte ist, wenn Sie zumindest einmal mit etwas Interessantem beginnen. Mit einem kleinen Scherz vielleicht oder einem Aphorismus, der überrascht, oder gleich mit einer Geschichte aus Ihrer Praxis – Hauptsache, Ihre Leserinnen und Leser werden neugierig und müssen nicht gähnen.

Warum das wichtig ist? Weil der Einstieg dafür verantwortlich ist, ob Ihre Leserin oder Ihr Leser weiterlesen wird. Bei einem langweiligen Einstieg sinkt die Lust rapide. Sie verlieren Ihr Publikum, kaum dass Sie es gewonnen haben. Das bringt niemandem etwas, Ihren Lesern nicht und Ihnen als Experte auch nicht. Ihr Publikum legt das Buch enttäuscht weg – und Sie sind enttäuscht, weil Sie sich mit dem Buch so viel Arbeit angetan haben, und dann will es keiner lesen.

Das Nicht-zu-Ende-Lesen ist eine Art Trendsportart geworden. Niemand hat die Zeit und schon gar nicht die Geduld, sich durch einen Text zu quälen, bloß getrieben von der Hoffnung, dass es nur besser werden kann. Wir alle werden von allen Seiten zugetextet: Von der Plakatwand bis zum Kuchenrezept lesen wir die meiste Zeit des Tages. Oft genug sind wir gezwungen, uns mit unverständlichen Texten herumzuplagen. Wer kann es sich schon leisten, die Nachricht des Chefs zu ignorieren, nur weil sie grauenhaft zu lesen ist? Unser armes Hirn betreibt also reinen Selbstschutz, wenn es sich freiwillig solcherlei Tortur nicht antut und nach zwei langweiligen Zeilen abschaltet und sich weigert, weiter konzentriert zu bleiben.

Nun, so fragen Sie jetzt, woran kann ich einen interessanten Anfang festmachen? Wie immer beim kreativen Schreiben, so gibt es auch hier kein Patentrezept, jedoch ein paar Gedanken und Tipps zur Orientierung:

Was alle schon wissen. Schreiben Sie nichts, das Ihre Leser mit großer Wahrscheinlichkeit ohnehin schon wissen. Besonders beliebt sind Kapitel- oder Absatzanfänge wie „Wie Sie bestimmt wissen, …" Man braucht nur ganz kurz darüber nachzudenken, warum das keine gute Idee ist: Aus welchem Grund sollte jemand weiterlesen, wenn er gerade liest, dass er das ohnehin schon weiß? Na sehen Sie! Nicht nur bloß heiße Luft, sondern auch noch antiquiert: „Schon die alten Griechen wussten …"

Übrigens gibt es zwei Varianten, wie der Satz weitergeht: entweder mit etwas, das tatsächlich jedes Kind weiß, oder mit etwas, das noch nie jemand außerhalb Ihres Fachgebiets gehört hat. In letzterem Fall haben Sie zwar etwas Neues an den Anfang gestellt, aber Sie haben Ihren Lesern den Spaß verdorben: Sollte er das etwa wissen? Wie peinlich, denn er weiß es nicht! Außerdem kommen Sie dabei als Autorin nicht so gut weg: Warum so überheblich, ist das notwendig? Stellen Sie sich nur einmal ein persönliches Gespräch vor: A: „Wie Sie bestimmt wissen, laufen Ameisen oft mehrere Kilometer, um Futter zu beschaffen." L: „Äh, nein, weiß ich nicht!?" A: „Ach, das wissen Sie nicht? Na sowas, das weiß doch jedes Kind!" L: „Ähm …"

Die Lösung: Beginnen Sie mit etwas Neuem, Spannendem, Interessantem und lassen Sie die Klugschwätzerei weg. Wenn es schon etwas über Ameisen sein soll, dann beginnen Sie beispielsweise so: „5760 Kilometer ist die größte

Ameisenkolonie lang, das ist in etwa die Entfernung zwischen Wien und New Delhi Luftlinie. In dieser Kolonie leben mehrere Milliarden Ameisen – man fragt sich, wer die wohl gezählt hat." Ameisenfreunde sind mit einer solchen Eröffnung bestimmt glücklicher – und vielleicht wird der eine oder andere am Ende sogar lächeln. Etwas Schöneres kann Ihnen als Autorin gar nicht passieren, als dass Sie Ihr Publikum gut unterhalten.

Abgedroschene Phrasen. Kommen Sie nicht mit Plattitüden, abgedroschenen Phrasen oder ähnlichem Unrat daher. „Guter Rat ist teuer, sagt ein Sprichwort …" oder „Wie heißt es so schön: Aller Anfang ist schwer …" – das mögen vielleicht Ihre Lieblingssprichwörter sein. Aber wie oft hat Ihr Publikum das schon gehört oder gelesen? Wie groß wird daher das Gähnpotenzial sein? Sprichwörter können super sein – doch machen Sie sich bitte die Mühe und suchen Sie welche, die noch keinen langen Bart haben.

Apropos Sprichwörter: Manche meiner Autoren hatten den Wunsch, jedes Kapitel mit einem Aphorismus zu schmücken. So als Einleitung, fanden sie, macht sich das doch gut. Ich bin da etwas zwiegespalten. Es stimmt schon, gute Aphorismen sind deshalb so genial, weil sie in einem Satz ein ganzes Universum erklären können. Auf der Kehrseite der Medaille stehen jedoch zwei Aspekte: Erstens kann sich ein Leser schnell sattlesen an den vielen Sprichwörtern und Zitaten zu Beginn eines jeden Kapitels. Zweitens will eine Leserin doch das Wissen und die Weisheit des Autors kennenlernen und nicht das eines Goethe oder Konfuzius. Würde sie das wollen, würde sie sich ein Buch von Goethe oder Konfuzius kaufen, oder?

Adam und Eva. Beginnen Sie Ihre Erläuterungen nicht bei Adam und Eva. Denn das heißt nichts anderes, als dass Sie weit, weit ausholen. Ihre Leserinnen und Leser müssen sich also darauf gefasst machen, dass es eine Weile dauern wird, möglicherweise sogar mehrere Seiten lang, bis Sie endlich auf den Punkt kommen. Ob die Bereitschaft dazu sehr groß sein wird? Time is money, oder um es ganz unkapitalistisch zu sagen: Lesezeit ist Lebenszeit. Also ich habe wenig Lust, meine Zeit mit unnötig langem Lesen zu vergeuden.

Genug der Negativbeispiele. Man kann viel an ihnen lernen, doch zur Abrundung brauchen Sie nun auch ein paar Ideen, mit denen Sie erfolgreich sind. Voilà:

Der szenische Einstieg. Sie haben in diesem Buch bereits einige davon gelesen, die Beschreibung der vier Motivationstypen beispielsweise ist mit konkreten Geschichten aus meiner Praxis eröffnet. In einem meiner letzten Ghostwriting-Projekte habe ich einen Protagonisten erfunden, der zum Inhalt passende Dinge erlebt – indem er beispielsweise genau das falsch macht, was im Kapitel dann erklärt und richtiggestellt wird. Jedes Kapitel beginnt so mit einer Geschichte, die einen Vorgeschmack gibt auf das, was nun kommt.

Geschichten, Best Practices, Anekdoten aus Ihren Erfahrungen – das alles ist der Stoff, in dem Ihre Leser sofort Sinn erkennen können. Sie sind daher sehr starke Opener, der Aperitif, der das Gehirn perfekt vorbereitet auf den Hauptgang. Übertreiben Sie es aber nicht. Wenn Sie jedes Kapitel beginnen mit „Das Meer rauschte an die Klippen vor der Terrasse, die Sonne stand schon tief über dem Berg und die Möwen flogen kreischend über den kleinen Fischerhafen, als ich mich mit Müller traf, um ihm ein paar Fragen zu stellen" werden Ihre Leser bald genervt mit den Augen rollen. So viel Szenisches will ein Sachbuchleser gar nicht haben. Kommen Sie lieber rasch zur Sache und verzichten Sie auf zu viele Schnörkel. Es gehört ein wenig Fingerspitzengefühl dazu, die richtige Dosis zu finden.

Überraschen Sie. Eine Szene, die überrascht, ist hingegen immer gut. Oder auch einfach nur ein überraschender Fakt, der Sie vielleicht selbst erstaunt hat, als Sie ihn entdeckt haben. Hüten Sie sich aber davor, ein „Ob Sie es glauben oder nicht" voranzustellen, damit verderben Sie alles.

Das Gedankenexperiment. Laden Sie Ihre Leserinnen und Leser dazu ein, sich etwas vorzustellen. Schritt 3 habe ich so eröffnet.

Ein interessantes Detail. Beginnen Sie mit einer Beobachtung, die das Kleine mit dem Großen in Verbindung bringt. Erläutern Sie zuerst eine Facette und kommen Sie erst dann zu den Hintergründen und dem Überbau.

Leser abholen. Beschreiben Sie eine Situation, in der Ihre Leserinnen und Leser sein könnten oder die ihnen vertraut ist. Bei der Beschreibung von Motivationstyp 4 beispielsweise habe ich damit eröffnet, mein Publikum an ihre früheren Träume zu erinnern.

Die pointierte Aussage. Sie beginnen kraftvoll, wenn es Ihnen gelingt, eine wichtige Botschaft oder Aussage so kurz und klar auszudrücken, dass Ihr Publikum wachgerüttelt wird. Weiter unten bei „Zeigen Sie Ihre Autorität" habe ich mit einer klaren Aufforderung eröffnet, die das Wesen des Inhalts in einem Satz beschreibt. In Schritt 4 (Finde einen umwerfenden Titel) finden Sie auch ein Beispiel dafür.

Ein persönliches Statement. Eine verblüffende Beobachtung, eine lustige oder auch problematische Situation, die Sie zum Nachdenken gebracht hat, können ebenfalls passende Eröffnungen sein. Auch ungewöhnliche Erlebnisse oder eine Frage, die Sie lange gequält hat, bis Sie endlich eine Lösung gefunden haben, interessieren Ihr Publikum. Nicht nur der Inhalt des Kapitels wird so schneller greifbar, auch Sie als Autorin!

Wer spricht mit wem? Ich, du, Sie, wir, man.

Diese scheinbar banale Frage hat so ihre Tücken. Es gibt Autoren, die die alte Briefschreiberegel „Man darf nicht mit ich beginnen" ausweiten und jedes Ich grundsätzlich aus ihrem Manuskript verbannen. Das liest sich dann in etwa so: „Es hat sich gezeigt, dass bei längerer Anwendung ein Gewöhnungseffekt eintritt, auch wenn kurzfristig ein Erfolg zu verzeichnen ist." Wenn Sie wissenschaftlich schreiben, ist das Usus, und auch bei Fachbüchern können Sie diesen Stil anwenden. Bei Sachbüchern und Ratgebern schlage ich vor, dass Sie gut abwägen, wie Sie mit Ihrem Publikum kommunizieren. Dieser wissenschaftliche Stil kommt nämlich sehr distanziert daher.

Viel mehr Nähe und Emotionen erzeugen Sie in der Ich-Form: „Ich habe es getestet: Bei längerer Anwendung gewöhnte ich mich schnell daran. Kurzfristig freute ich mich jedoch über einen Erfolg." Der Inhalt ist derselbe wie im Satz weiter oben – die Wahrscheinlichkeit, dass Ihre Leser ihn besser nachvollziehen und sich auch merken können, steigt aber mit der Emotionalität und Nähe des Textes – es ist Ihre Entscheidung, welchen Service Sie Ihren Leserinnen und Lesern anbieten wollen!

Der Ich-Stil ist immer dann gut, wenn Sie aus Ihrem Nähkästchen plaudern wollen. Das stellt Sie noch viel direkter als Expertin in den Vordergrund. Mit jeder solcher Aussagen registriert Ihr Publikum: Ah, sie hat es selbst getestet, sie weiß, wovon sie spricht! Oder: Interessant, er macht das so – das probiere ich auch aus, er hat offenbar Erfolg damit gehabt.

Ihr Publikum direkt mit Sie oder du anzusprechen, ist bei Ratgebern eine gute Wahl, ersetzt er aus der Sicht der Leser doch in gewisser Weise das persönliche Beratungsgespräch. Es macht einen Unterschied, ob Sie schreiben „Wenn man ein Kratzen im Hals spürt, kann man mit Honigtee schnell

Linderung erfahren" oder „Wenn Sie ein Kratzen im Hals spüren, trinken Sie Honigtee und Sie spüren schnell Linderung." *Man* ist holprig. Wer sollte das sein? Im Gehirn Ihres Lesers müssen ein paar Synapsen mehr arbeiten, um zu verstehen, dass er mit gemeint ist.

Ob Sie Ihre Leserinnen und Leser nun direkt mit Sie oder du ansprechen, ob Sie sich selbst oder Ihr Team persönlich einbringen oder nicht, dafür gibt es kein Patentrezept. Letztlich ist es eine Frage Ihres Stils, wie Sie auch sonst kommunizieren. Bevorzugen Sie beruflich wie privat ein wenig Distanz? Dann werden Sie sich vermutlich etwas zurückhalten wollen. Sind Sie jemand, die die Nähe der Menschen sucht, wird es Ihnen nicht schwerfallen, sich für ich/wir und Sie/du zu entscheiden. Vor dem wesenlosen *man* möchte ich dennoch in jedem Fall warnen, ebenso vor Passivkonstruktionen, die entstehen, wenn die Autorin das *man* zu umgehen versucht: „Das Kratzen im Hals wird durch Honigtee gelindert" – das ist zwar eine legitime und Ihnen vielleicht vertraute Aussage, doch wo bleiben die Menschen, um die es geht? Die kommen in diesem Satz nicht vor! Darüber mehr in Schritt 7.

Von mir werden Sie in diesem Buch gnadenlos direkt angesprochen und in den Überschriften sogar mit Du. Handlungsaufforderungen, so dachte ich, brauchen eine schnellere, direkte Sprache. Die Tatsache, dass ich Ihnen eine Anleitung angedeihen lassen möchte, hat dies nahegelegt, und außerdem passt das viel besser zu meinem persönlichen Stil. Ich hab Sie gern in meiner Nähe. Doch das muss nicht immer passend sein – entscheiden Sie entsprechend Ihrer Persönlichkeit und auch entsprechend der Art des Buchs, das Sie schreiben!

Zeige deine Autorität

Entschuldigen Sie sich nicht, rechtfertigen Sie sich nicht. Sie sind Autor und haben Autorität – es ist schließlich kein Zufall, dass das eine Wort im anderen steckt, oder? Da lese ich Sätze wie: „Diese Aufzählung erhebt keinen Anspruch auf Vollständigkeit." Nun, wenn sie nicht vollständig ist, muss es einen guten Grund geben (außerdem: Wann ist etwas schon vollständig erschöpfend dargestellt?). Manchmal lese ich auch „Selbstverständlich ist das nur meine persönliche Sicht, aber …" Nun, was sonst! „Es kann natürlich sein, dass dies auf Sie nicht zutrifft." Es wird jeder Leser davon ausgehen, dass nicht alles auf alle zutrifft!

Jedes Relativieren, jedes Entschuldigen zeigt, dass Sie unsicher sind. Es untergräbt Ihre Autorität. Blöd ist das, denn das irritiert Ihre Leserinnen und Leser in hohem Maß. Wenn Leser ein Sachbuch kaufen, erwarten sie, dass Sie die Sichtweise und Meinung einer Autorität präsentiert bekommen. Enttäuschen Sie sie nicht, indem Sie Ihre Position schwächen. Und halten Sie Ihr Publikum für erwachsen und reif genug zu wissen, dass es auch andere Sichtweisen gibt. Genau das ist es, was man möchte, wenn man ein Buch kauft: eine neue Seite der Medaille kennenlernen.

Entschuldigungen stecken übrigens in vielen scheinbar harmlosen und höflich gemeinten Floskeln: „Meiner bescheidenen Meinung nach …" oder „Das könnte eventuell für Sie interessant sein". Ihr Buch ist dazu da, Ihre Meinung darzulegen, und Ihre Leserinnen und Leser kaufen es genau deshalb, weil Sie davon ausgehen, dass Sie Autorität auf diesem Fachgebiet haben, und Ihre Einschätzung lesen wollen. Und wenn Sie der Meinung sind, dass das, was Sie schreiben, nur „eventuell" interessant ist, dann lassen Sie es weg!

Das heißt nicht, dass Sie in Ihrem Buch ohne Erklärungen auskommen sollen. Damit Ihr Publikum Ihre Gedanken, eine Theorie oder Sichtweise nachvollziehen kann, will es Hintergründe erfahren. Das hat aber nichts mit Rechtfertigungen zu tun, geschweige denn mit Entschuldigungen und Relativierungen. Trauen Sie sich, Position zu beziehen, das werden Ihre Leserinnen und Leser lieben.

Erzähle Geschichten

Geschichten, Anekdoten, Beispiele, Best Practices. Sie sind nicht nur ansprechende Kapiteleröffnungen. Ich baue Geschichten dann ein, wenn ich entweder das Gefühl habe, bereits zu lange reine Sachinputs geliefert zu haben. Oder wenn ich etwas zu erklären habe, das kompliziert oder umfangreich ist. Im einen Fall dient die Geschichte mehr der Geschmeidigkeit und Unterhaltung, im anderen Fall ist sie ein wichtiges Vehikel, um den Leserinnen und Lesern das Verstehen zu erleichtern.

Es geht immer um Menschen, das dürfen wir Autoren nie aus den Augen verlieren. Selbst wenn Sie die Inbetriebnahme einer Maschine erklären oder die Beschaffenheit der erdabgewandten Seite des Mondes – es sind Menschen, die das wissen wollen. Wenn Sie Forscherin sind, befassen Sie sich mit der Mondrückseite schließlich nicht des Mondes willen, sondern weil Sie als Mensch neugierig und wissbegierig sind und die Forschergemeinschaft ein Stück weiterbringen wollen. Gehen Sie davon aus, dass es Ihren Leserinnen und Lesern genauso geht, und tun Sie ihnen den Gefallen, beim Schreiben von Mensch zu Mensch zu kommunizieren.

Denk an korrektes Zitieren

In Schritt 1 haben Sie bereits darüber gelesen, dass es für Sie als Autorin eine Selbstverständlichkeit sein sollte, nicht nur mit Ihrem eigenen, sondern auch mit fremdem Wissen respektvoll umzugehen. Sie haben sich bei Ihrer Recherche hoffentlich zu den inhaltlichen Notizen auch die jeweilige Quelle samt Seitenzahlen notiert, sodass Sie beim Schreiben des Manuskripts keine Mühe haben, sie nun entsprechend zu zitieren und zu erwähnen.

Schritt 7: Feile, poliere, überarbeite. Und langweile bitte nicht

Nach dem Rohtext kommt der Feinschliff. Über das Überarbeiten und die häufigsten Fehler, die einen Text schwer verdaulich machen. Über Dos and Don'ts der guten Sprache, die Entwicklung eines eigenen Stils, authentische Sprache und Leserführung.

Für den Schnellstart

1. Überarbeite, und zwar in mehreren Durchgängen.
2. Vertiefe dich noch einmal in die Inhalte, fülle Lücken, ergänze und adaptiere den Sachinput deines Buchs.
3. Feile erst dann am Schreibstil und prüfe erst ganz zum Schluss Rechtschreibung und Grammatik.
4. Überlege gut, wen du als Testleser wählen (und ob du überhaupt einen fragen) willst.

Der Inhalts-Check

Nun haben Sie einen prächtigen Rohtext fertiggestellt. Er ist mit großer Wahrscheinlichkeit von der Schreibqualität her nicht gerade das Gelbe vom Ei und er hat an vielen Stellen Lücken. Trifft das zu? Dann haben Sie alles richtig gemacht. Denn es ging in erster Linie darum, dass die Inhalte zügig aufs Papier kommen. In diesem Schritt 7 geht es nun ums Überarbeiten und wie Sie das am effizientesten anstellen. Nämlich so:

1. Überarbeitungsschritt: der Inhalts-Check

Üblicherweise wiederholen Sie diesen Schritt noch ein paar Mal.

2. Überarbeitungsschritt: Feilen Sie an Ihrem Schreibstil.
   Auch diesen Schritt werden Sie mindestens ein zweites Mal machen wollen.

3. Überarbeitungsschritt: Rechtschreibung, Grammatik und Interpunktion

Im ersten Durchgang geht es also noch einmal ausführlich um die Inhalte. Lesen Sie das gesamte Manuskript von Anfang bis zum Ende durch. Ergänzen Sie, wo Sie notiert haben, dass Sie noch recherchieren oder nachschlagen müssen. Wahrscheinlich fallen Ihnen beim Lesen noch weitere Inhalte ein, die Sie einarbeiten wollen – nur zu. Wie gesagt: Es geht bei dieser ersten Überarbeitungsschleife immer noch nur um die Inhalte, nicht um die Schreibqualität. Das kommt erst im nächsten Durchgang.

> **Shortcut**
>
> Im ersten Überarbeitungsschritt checken Sie den Inhalt: Ist alles Wichtige gesagt? Sind alle Lücken gefüllt, Markierungen aufgelöst?

Eventuell wollen Sie diesen Überarbeitungsschritt wiederholen. Wenn ich ein Buch ghoste, gehen meine Autorin und ich manchmal sogar mehrmals drüber – das hängt ganz davon ab, wie komplex das Thema ist und wie sattelfest die Autorin zu Beginn des Projekts war, sodass sie mir ihre Inhalte klar vermitteln konnte.

Mach den Text verständlich, lesbar und ansprechend

Wenn ich an mein Studium zurückdenke, denke ich an Motorradfahren bei fast jedem Wetter, den immer gleich süßlich-pikanten Geruch in der Mensa, Bücherstapel ohne Ende, die es zu lernen galt – und mühsames Lesen der Fachliteratur, manchmal knapp vorbei am Widerwillen. In 95 Prozent der Bücher sperrte sich das Wissen und erschloss sich viel zu oft erst nach zwei-

oder dreimaligem Lesen der Sätze. Warum, so fragte ich mich bei jedem neuen Fachbuch mit betonschwerem Inhalt, machen es uns die Universitätsprofessoren so schwer? Ist es wirklich notwendig, das ohnehin schon so abstrakte und komplexe Wissen durch Schachtelsätze und Wortungetüme unkenntlich zu machen? Irgendwann gewöhnt man sich ein bisschen dran. Ich war dennoch liebend gern in der Universitätsbibliothek und habe am Ende mit Hingabe meine Diplomarbeit geschrieben. Ich bekam übrigens nur ein „Gut" mit dem Hinweis, meine Sprache wäre nicht akademisch genug. Ich war mächtig stolz auf dieses Feedback. „Nicht akademisch", das heißt doch so viel wie „leicht lesbar"! Damit lasse ich mich gern adeln.

Seitdem habe ich mich intensiv mit der Schriftsprache in den unterschiedlichsten Kontexten beschäftigt: Gebrauchstexte für die Wirtschaft, Werbetexte, die verschiedenen journalistischen Formate, literarisches Schreiben, akademisches Schreiben. Ich fand es erstaunlich, was ich alles *nicht* im Deutschunterricht gelernt hatte! Ich wusste zum Beispiel nicht, dass es so etwas wie Schreibforschung gibt, und zwar schon seit den 20er-Jahren des vorigen Jahrhunderts, wo sie in den USA ihr Debut hatte. Die Erkenntnisse aus dieser Forschung werden dort nicht nur angehenden Schreibprofis beigebracht, sondern auch an den Managerschmieden unterrichtet. Ja, die Amerikaner haben Zielgruppendenken eben schon in die Wiege gelegt bekommen. Und ihr pragmatischer Zugang hat sie davor bewahrt, was vielen von uns Mitteleuropäern schwer im Nacken sitzt: der Glaube, dass gutes Schreiben nur den Genies gelingt. Ein Goethe-Syndrom.

Unterdessen werden unsere Schüler immer noch mit Erörterungen und Erlebnisaufsätzen geplagt – Textsorten, die im Berufsleben nur wenig Relevanz haben, es sei denn, man wird Deutschlehrerin. Ich hatte eine sehr gute und strenge Deutschprofessorin, doch ich habe sie kein einziges Wort verlieren hören über verständliche Schriftsprache. Eher im Gegenteil wurden wir angehalten, viele Eigenschaftswörter in unsere Erörterungen einzubauen – Sie werden weiter unten lesen, weshalb das weder der Lesbarkeit noch der Lebendigkeit eines Textes zuträglich ist. Wenn ich mich heute bei den 15- bis 20-Jährigen umhöre, hat sich bis auf wenige Ausnahmen nicht viel geändert. Es darf uns also nicht wundern, wie missverständlich und unübersichtlich heute E-Mails geschrieben werden.

Viel später als in den USA kam die Schreib- und Leseforschung nach Europa. Die Forschergruppe rund um den Kommunikationswissenschaftler Friedemann Schulz von Thun entwickelte in den 70er-Jahren das Hamburger Verständlichkeitsmodell. Sie definierten vier Gradmesser für gute Texte: Einfachheit, Struktur, Kürze und stimulierende Zusätze. Das wirkt recht hölzern, und doch sind damit die vier Kernkriterien lesbarer Texte umrissen:

- Einfach betrifft zum einen die Satzkonstruktion, die Subjekt, Prädikat und Objekte übersichtlich aneinanderreiht und nicht Haupt- und Nebensätze ineinander verschlingt wie beim Schachtelsatz. Zum anderen geht es um die Wahl der Worte. Nur was im Sprachgebrauch der Leserinnen und Leser vorhanden ist, macht einen Text für sie verständlich. Fachsprache kann hingegen ein Problem sein.
- Strukturiert sollte jeder Satz, jeder Absatz, jedes Kapitel, jedes Buch insgesamt sein, und das bedeutet: Strukturieren Sie zuerst Ihre Gedanken! Das ist der Grund, warum ich Sie fünf Kapitel lang vom Manuskriptschreiben abgehalten habe: zuerst denken, dann schreiben.
- Kurz heißt nicht, dass Sie alles verkürzen und verdichten sollen bis zur Unkenntlichkeit. Man kann es nämlich auch übertreiben. Doch ausschweifen sollten Sie auch nicht zu sehr. Maßhalten ist die Devise und die Leitfrage lautet: Wie viel Rundumgeschichten und nebensächliche Informationen verträgt das Publikum, ohne den roten Faden zu verlieren? Wie viel ist nötig, um den Inhalt plastischer, greifbarer zu machen?
- Stimulierende Zusätze, diese Bezeichnung von Schulz von Thun fand ich immer schon ein wenig verrucht. Gemeint ist damit, dass Sie Ihren Inhalt nicht nur trocken abhandeln sollen, sondern in den Gewürzschrank greifen sollen: Vom Bonmot bis zu den Erfahrungsberichten, vom schelmischen Augenzwinkern bis zur Provokation haben Sie die Wahl, Ihr Manuskript so anzureichern, dass es Ihren Typus abbildet und Ihre Leserinnen und Leser alle Emotionen spüren, nur keine Langeweile. Denn sonst legen sie Ihr Buch zur Seite und vergessen es.

Auch an anderen Universitäten im deutschsprachigen Raum wurden Modelle entwickelt, doch mit wenig Durchsetzungskraft – sie wurden nicht annähernd so bekannt. Die psychische Wirkung des Schreibens wurde ebenfalls untersucht. Daraus entwickelten sich Konzepte zum biografischen Schreiben sowie die Schreib- und Bibliotherapie. Viele Tipps und Tricks gegen Schreibblockaden sind beispielsweise daraus entstanden und interessante Erkenntnisse, was das Schreiben in uns psychisch auslösen kann.

Kommunikation ist eine schwierige Sache, das erleben wir sowohl beim Sprechen wie auch beim Schreiben: Man glaubt, etwas klar ausgedrückt zu haben, und trotzdem verhält sich der andere so, als hätte man etwas ganz anderes gesagt. Sie kennen das bestimmt. Man wundert sich und fragt sich, ob der andere richtig tickt. Dabei liegen die Ursachen von Missverständnissen immer auf beiden Seiten. Einerseits interpretiert jeder Mensch das, was er hört, sehr individuell. Wenn ich beispielsweise schreibe, dass das „Rauschen in der Sprache beim Verstehen von Inhalten stört", habe ich ein Radio im

Kopf, bei dem der Sender schlecht eingestellt ist, sodass man Mühe hat, der Nachrichtensprecherin zu folgen. Sie jedoch verbinden mit Rauschen möglicherweise etwas ganz anderes, Meeresrauschen zum Bespiel, und weil Sie das schön finden, sind Sie irritiert, weil ich es beseitigt haben möchte. Niemand kann genau wissen, wie die Welt anderer tickt, also versuche ich, mithilfe einer Metapher – dem Radiosender – klar zu machen, was ich meine. Ein Restrisiko bleibt wohl immer, damit müssen wir beim Kommunizieren leben.

Andererseits entsteht Unklarheit auch durch nachlässiges Verwenden unserer Sprache. Wir gehen viel zu sehr davon aus, dass unsere Welt, unsere Gedanken der Standard sind und alle anderen genauso denken müssten wie wir selbst. Weil unsere Leserinnen und Leser nicht nachfragen können, wenn sie etwas nicht verstehen, haben wir Schreibenden noch sorgsamer für Verständlichkeit zu sorgen.

Die US-amerikanischen Psychologinnen Yvonne Agazarian und Susan Gantt und ihr Forscherteam haben drei Hauptquellen definiert, die den Lärm – das Rauschen – rund um die eigentliche Botschaft verursachen:

1. Ambiguität durch vage Erklärungen
2. Redundanz: Man erzählt, was alle schon wissen, sodass die anderen abschalten und nicht mehr zuhören (oder lesen).
3. Widerspruch: Man sagt einmal so, einmal so oder verwendet viele „ja, aber"-Formulierungen, was zu Verwirrung und Unklarheit führt.

Was Agazarian in erster Linie für die mündliche Kommunikation so definiert hat, gilt auch fürs Schreiben. Diese drei Lärmquellen sollten Sie in Ihrem Text identifizieren und ausmerzen, so gut es geht. Sprechen Sie Tacheles, und zwar so, dass man Sie auch versteht. Ja, es gehört mitunter Mut dazu, zu seiner Meinung zu stehen. Es gehört mitunter auch Mut dazu, einen Sachverhalt so einfach darzustellen, dass Ihre Leserschaft ihn auch versteht. Leserinnen und Leser haben keine Lust auf vage Aussagen und auch nicht auf Rätselraten, was mit diesem Fachvokabel oder jenem Schachtelsatz wohl gemeint sein könnte. Sie möchten lesen, was Sie zu sagen haben, was Ihre Erfahrungen sind und zu welchen Erkenntnissen Sie gekommen sind. Deshalb haben sie Ihr Buch gekauft! Schreiben Sie, was zu schreiben ist. Ich gehe sogar noch einen Schritt weiter: Ein bisschen Polarisieren schadet nicht, im Gegenteil. Manchmal ist es sehr hilfreich, Extrempositionen darzustellen, weil dann ein Laie viel besser erkennen kann, was Sie meinen. Klar sind Sie dadurch angreifbarer, zumal Ihre Worte auch noch schwarz auf weiß dastehen und vervielfältig sind. Deshalb appelliere ich auch an Ihren Mut. Den brauchen Sie. Feige Autoren sind schlechte Autoren, nur die mutigen haben Erfolg.

Redundanzen im Buch sind nicht grundsätzlich schlecht, doch es kommt aufs Publikum an. Je intellektueller es ist, desto mehr sollten Sie Wiederholungen reduzieren. Es ist letztlich Gefühlssache, wie oft Sie auf einen wichtigen Punkt hinweisen. Widersprüche hingegen sollten Sie meiden, ganz klar. Es sei denn, Sie weisen dezidiert auf einen bestehenden Widerspruch hin, doch dann sorgen Sie bereits mit einem Hinweis darauf für Klarheit.

Am meisten haben wir es wohl den Journalistenschulen zu verdanken, dass all die theoretischen Erkenntnisse in Form von praktischen Werkzeugen für viele zugänglich wurde. Was auch verständlich ist: Wer, wenn nicht die Zeitungsverlage haben großes Interesse daran, ihre Leserinnen und Leser bei der Stange zu halten. Das geht nicht nur durch seriöse Recherche, sondern auch durch professionelles Schreiben, das sich am Wortschatz, am Geschmack und an der Zeitverfügbarkeit der Leserinnen und Leser orientiert. Wer einmal von Wolf Schneider, Deutschlands berühmtestem Sprachlehrer und -kritiker, in einem Sprachseminar durch die Mangel genommen wurde wie ich, weiß, was konsequente Leserorientierung und gnadenlose Strenge bei der Wortwahl bedeutet.

Doch immer noch grassieren Missverständnisse darüber, was eine gute Schriftsprache ausmacht. Was ich am häufigsten beobachte, ist der Versuch, durch bestimmte Wortwahl besonders „klug" wirken zu wollen. Welcher Autor möchte nicht als weise und eloquent dastehen? In ihrem Bemühen darum rutschen sie jedoch in einen Jargon hinein, der als eine Mischung aus akademisch und bürokratisch daherkommt: abstrakt, aufgeblasen, kompliziert. Es verblüfft mich immer wieder: Da stehen Beraterinnen, Trainer und Vortragende vor ihren Kunden, auf der Bühne oder im Seminarraum und sind fähig, eloquent, unterhaltsam und überaus verständlich ihr Wissen zum Besten zu geben. Kaum setzen sie sich an den Schreibtisch, wird jeder Satz verschwurbelt und schwer zu lesen. Man fragt sich: Ist das derselbe Mensch?

Ja, ist es. Er hat nur leider etwas missverstanden: Er glaubt, mit einem einfachen Sprachstil nicht ernst genommen zu werden, ins Eck der Dummen gestellt zu werden. Doch einfache Sprache hat nichts mit Primitivität zu tun. Ganz im Gegenteil! „Wenn du etwas nicht einfach erklären kannst", soll Albert Einstein einmal gesagt haben, „dann hast du es nicht gut genug verstanden". Die Sache ist nämlich die: Die Essenz einer Sache ist immer einfach und mit wenigen Worten zu erklären. Doch diese Essenz entsteht nur, wenn man sie viele Jahre lang am Herd köcheln lässt. Man muss das Thema aus der Nähe *und* aus der Distanz und in verschiedenen Facetten gesehen haben. Einfach und verständlich zu schreiben ist also eine hart erarbeitete Fähigkeit! Das heißt also: Den wahren Experten erkennt man an seiner verständlichen Sprache.

> **Shortcut**
>
> Den wahren Experten erkennt man an seiner verständlichen, weil einfachen und lebendigen Sprache. Wenn Sie überzeugen wollen, lernen Sie das Werkzeug für gute Texte.

Verständlich und eingängig, so mussten Sachtexte immer schon sein. Diesbezüglich stehen wir Sachbuchschreiberinnen und -schreiber in einer wunderbaren und sehr, sehr alten Tradition. Denn lange bevor Johannes Gutenberg im 15. Jahrhundert den Buchdruck erfand, wurden Ratschläge und Weisheiten mündlich weitergegeben. Damit die Zuhörerinnen und Zuhörer sich alles gut merken konnten, wurde das Wissen erstens in Geschichten verpackt und zweitens rhythmisch vorgetragen, sprich: passend zu Trommelschlägen oder anderen rhythmischen Instrumenten in Versform dargebracht. Die Odyssee von Homer oder auch das Alte Testament sind Beispiele dafür, das eine ein Ratgeber für Seeleute und Ehemänner, das andere ein Kompendium moralischer und pragmatischer Weisheiten.

Das wäre doch einmal etwas, oder? Ein Sachthema im Stabreim zu schreiben wie weiland Homer. Falls Sie sich zu diesem Experiment nicht berufen fühlen, ist das aber auch kein Problem. Ich würde mir diese Arbeit auch nicht antun. Wir haben heute viele andere Möglichkeiten, außerdem sind wir in der glücklichen Lage, dass unser Publikum lesen kann. Die Schreib- und Leseforschung hat viel Wissen entwickelt, sodass wir unser Wissen auch in zeitgemäßer Form in die Gehirne unserer Leserinnen und Leser verankern können: bildhafte Sprache, leicht verständliche Wörter, Geschichten etwa. Selbst mit einer korrekten Zeichensetzung können wir nicht nur Verständlichkeit erzeugen, sondern auch Rhythmus, sodass das Lesen zum Vergnügen wird.

Also entwirren Sie Ihre komplizierten Sätze, erleichtern Sie Wortgiganten von unnötigem Ballast, entrümpeln Sie Ihr Manuskript von störendem und irritierendem Unrat. Hier sind Hammer, Nagel, Poliertuch und für Härtefälle das Stemmeisen für eine verständliche und gut lesbare Sprache.

Wähle konkrete und lebendige Wörter

Auf meiner persönlichen Liste der unmöglichen Wörter stehen ganz oben „Maßnahmen", gefolgt von „Aktivitäten". Wenn ich in einem Bericht lese „Der Vorstand hat Maßnahmen zur Gewinnsteigerung in diesem Jahr beschlossen", dann weiß ich, dass er irgendetwas beschlossen hat – aber was? Genauso ist es mit „Sabine liebt Aktivitäten". Was, um alle Welt, liebt sie denn nun? Mag sie Sport oder geht sie gern in Museen oder liebt sie es, an ihrem Motorrad herumzuschrauben? Der Autor lässt uns im Dunkeln und das ist nicht nett von ihm.

Diese Wörter sind super, wenn man nicht genau Bescheid weiß. Der Vorstand hält sich vielleicht absichtlich bedeckt und Sabine ist eigentlich faul und sieht sich Aktivitäten lieber im Fernsehen an, nur will sie es nicht zugeben und bleibt vorsätzlich unklar. Mag sein. Hilfreich ist das nicht. Für Sie als professionelle Schreiberin sollten solche vagen Wörter Anlass sein zu hinterfragen, entweder sich selbst – was will ich eigentlich sagen? – oder die Quelle Ihrer Information, je nachdem.

Darüber hinaus gibt es ein paar sprachliche Tricks, mit denen Sie Ihren Text lebendiger und konkreter machen können. Hier die drei effektvollsten:

1. **Liebe die Zeitwörter**

   Wo man sich betont gewählt ausdrücken möchte, sind Substantivierungen meist nicht weit, also das hauptwörtliche Gebrauchen von Zeitwörtern. So wird aus einem „ich möchte dich erinnern" ein „ich möchte in Erinnerung rufen". Das liegt wohl daran, dass wir in der Schule oder an der Uni an diese Schreibweise gewöhnt wurden und das Bürokratendeutsch von Ämtern und Behörden uns glauben lässt, dass sich das so gehört. Und so schreiben wir Sätze wie „Die Übermittlung der Informationen hat gestern stattgefunden" anstatt „Wir haben gestern informiert". Nun können Sie auch schon erkennen, was das Problem bei Substantivierungen ist: Sie verlängern jeden Satz. Wenn wir ein Zeitwort zu einem Hauptwort machen, brauchen wir ein weiteres Zeitwort, und einen Artikel brauchen wir auch. In diesem Beispiel verdoppelt sich die Satzlänge fast.

   Freunden Sie sich also mit Zeitwörtern an (Verben, falls Sie von der lateinischen Fraktion sind). Zeitwörter sind die kraftvollste Wortart, die wir in unserer Sprache haben, weil sie fast immer sofort ein Bild in unserem Kopf erzeugen und vor Lebendigkeit nur so strotzen. Umgekehrt sind substantivierte Verben abstrakt und unser Gehirn muss mehr Arbeit leisten, um sie zu verstehen.

Machen Sie sich bitte keine Sorgen, dass Sie nun banal wirken. Banal können vielleicht Inhalte sein. Wenn Sie nicht ordentlich recherchiert haben und mit Ihren Weisheiten nur an der Oberfläche kratzen, dann kann das banal wirken. Doch eine Sprache, die dank vieler Zeitwörter lebendig und bildhaft ist, ist niemals banal. Sie ist dann schlicht und einfach und schön!

2. **Nenne die Dinge konkret beim Namen**

Wenn in der Wissenschaft abstrahiert wird, dann hat das seinen Sinn: Aus vielen konkreten Einzelsituationen wird etwas Allgemeingültiges zu erkennen versucht, um eine Theorie daraus zu machen, die auf möglichst viele andere Situationen anwendbar ist. Diese Vorgehensweise hat die Menschheit sehr weit gebracht und wir können froh sein, dass wir dazu imstande sind.

Abstraktes hat die Eigenheit, dass es sehr viel umschließt. Die „Pflanze" meint alles vom Baum bis zur Blume, der „Baum" kann ein Nadel- oder auch Laubbaum sein und der „Laubbaum" eine Erle, Birke oder Ulme. „Kostenreduktion" kann bedeuten, dass es um das Kündigen von Mitarbeitern geht oder darum, die Heizung im Haus um ein Grad niedriger einzustellen. Und „mein Klient war in einer schwierigen Situation" lässt offen, womit er tatsächlich zu kämpfen hat: Konnte er sich nicht zwischen zwei Jobs entscheiden? Oder wollte er einen Fehler vertuschen?

Diese Vieldeutigkeit ist beim Schreiben ein Problem. Unsere Leserinnen und Leser haben dadurch jede Menge Interpretationsspielraum, und das bringt die Gefahr mit sich, dass es zu Missverständnissen und Unklarheiten kommt. Die „Maßnahmen" und „Aktivitäten" von weiter oben sind typische Beispiele dafür, die leider sehr häufig in Texten auftauchen.

Noch einen Nachteil hat das abstrakte Hauptwort: Es erzeugt keine Bilder im Kopf. Haben Sie ein Bild für „Lebensmittel"? Doch Sie haben bestimmt sofort ein Bild im Kopf, wenn Sie „Himbeeren" lesen oder „Eier" oder „Salamipizza" – und nicht nur das, ich wette, Sie riechen jetzt gerade auch ein wenig den würzigen Duft nach Oregano, Tomaten und gebrutzelten Salamischeiben. Bilder im Kopf Ihrer Leserinnen und Leser sind gut und wichtig, weil sie das Lesevergnügen steigern und sie sich den Inhalt besser vorstellen und merken.

Wenn Sie wollen, dass Ihre Leser gerne lesen und dabei möglichst viel aufnehmen, dann schreiben Sie in Ihrem Buch über Nachhaltigkeit also nicht von in Plastik verpackten Backwaren oder in Legebatterien gehaltenem Geflügel. Backwaren riechen nicht und Geflügel hat keine Seele. Schreiben Sie vom Vollkornbrot und der Sachertorte, von Gänsen und Hennen. Dann kann Ihr Publikum viel besser nachvollziehen, was Sie ihm vermitteln wollen.

Nun können Sie einwenden, dass Sie nicht bei jedem abstrakten Begriff alle konkreten Varianten aufzählen können. Da haben Sie recht. Das müssen Sie auch nicht tun! Der Trick, den Schreibprofis in solchen Fällen anwenden, nennt sich „pars pro toto", was so viel heißt wie „ein Teil steht für das Ganze". Anstatt den abstrakten Begriff zu verwenden, nennen sie beispielhaft ein Detail oder zwei. Ihre Leser wissen dann schon Bescheid. Wenn ich schreibe „der Winter kündigt sich an mit Glatteis, Punsch und Schnupfennasen", dann ist klar, dass der Winter insgesamt noch viel mehr bietet. Trotzdem habe ich mit diesen drei konkreten Wörtern ein Bild gezeichnet und in Ihrem Kopf eine Vorstellung davon, was ich vom Winter halte. Das können Sie auch in Ihrem Text umsetzen. Anstatt zu schreiben „Geben Sie als Führungskraft alle nötigen Informationen weiter", formulieren Sie zum Beispiel „Als Führungskraft haben Sie die Aufgabe zu informieren; über die aktuellen Verkaufszahlen, den neuen Mitarbeiter und darüber, dass nächsten Monat der neue Handstaubsauger ins Sortiment genommen wird".

3. **Sei vorsichtig mit deinem Fachchinesisch**
Ihnen als Fachkraft ist Ihr Jargon geläufig, er macht Ihnen sogar das Leben leichter, weil Sie sich mit anderen Fachkräften in einer Sprache austauschen können, bei der Sie nicht immer alles umschreiben müssen. Fachvokabel sind wie Kürzel; Sie können „Metamorphose" sagen anstatt umständlich von der „Wandlung von einem Entwicklungszustand zum nächsten" zu sprechen. Möglicherweise ist Ihnen Ihre Fachsprache so vertraut, dass Sie sich gar nicht bewusst sind, dass bestimmte Worte für andere ein spanisches Dorf sind.

Texte mit zu vielen Fremdwörtern schrecken ab. Wenn Ihre Leser Ihre Worte nicht verstehen, werden sie das Buch weglegen und sich eine andere Autorin suchen, die ihnen das Verstehen leicht macht. Verwenden Sie Fachvokabular daher mit Bedacht. Wenn Sie sich schwertun, es zu identifizieren, fragen Sie jemanden, der Ihren Text gegenliest – jemanden, der Ihre Fachsprache nicht kennt.

Das soll nun nicht heißen, dass Sie Ihre Fachsprache komplett weglassen sollen. Es kommt letztlich darauf an, wer Ihr Publikum ist. In einem Fachbuch ist Fachsprache notwendig und auch erwünscht – man kauft es schließlich, um etwas zu lernen. Bei Sachbüchern und Ratgebern hingegen wenden Sie sich an ein breiteres Publikum. Je heterogener es ist, desto vorsichtiger sollten Sie mit Fachvokabular sein. Legen Sie jedes davon auf die Waagschale: Brauchen Sie es wirklich oder geht es auch ohne? Es gibt zwei Gründe, weswegen Sie ein Fachvokabel verwenden können: 1. Es ist unerlässlich und kommt daher auch im Buch häufig vor.

2. Es wird Ihrem Laienpublikum nützlich sein, es zu kennen. Wie gehen Sie vor? Ganz einfach: Wenn Sie es das erste Mal verwenden, erklären Sie es. Weiter oben habe ich es so gemacht, um den Begriff „Substantivierung" einzuführen: „Wo man sich betont gewählt ausdrücken möchte, sind Substantivierungen meist nicht weit, also das hauptwörtliche Gebrauchen von Zeitwörtern."

Verleihe deinen Sätzen viel Kraft

Sätze müssen kurz sein, hören manche und denken sich: „Prima, dann mache ich das so. Nur kurze Sätze und die Sache ist geritzt". Das ist ein recht praktischer Tipp, dennoch sollte er für Sie nicht mehr als eine grobe Orientierung sein.

Denn erstens: Kurze Sätze sind nicht automatisch verständlicher. Der Journalist und Sprachtrainer Wolf Schneider hat ein überzeugendes Beispiel dafür: „Die an dem von dem vor dem Rathaus liegenden Platz abgehenden Weg befindlichen Häuser werden abgerissen." Geben Sie es zu, Sie haben diesen Satz mindestens zweimal lesen müssen. Dabei hat er nur 16 Wörter, entspricht gerade noch der empfohlenen Satzlänge von 10 bis 15 Wörtern! Es kommt also nicht nur auf die Satzlänge, sondern vor allem sehr auf die Satzkonstruktion an. „Vom Platz vor dem Rathaus geht ein Weg ab. Die dort stehenden Häuser werden abgerissen" – das wäre eine mögliche Auflösung des obigen Ungetüms.

Zweitens: Lauter kurze Sätze hintereinander knattern daher wie ein Maschinengewehr. Spätestens auf Seite drei sind Ihre Leser alle tot. „Ich muss Geld verdienen. Deshalb brauche ich einen Job. Nur habe ich keine Lust zu arbeiten. Was soll ich tun? Ich bin nun einmal so". Mit der Zeit wird der Text eintönig, die Aufmerksamkeit Ihrer Leser schwindet rasant und Sie verlieren sie. Es ist also gut, mit der Satzlänge zu spielen: „Ich muss Geld verdienen, also brauche ich einen Job. Doch was soll ich tun: Ich habe keine Lust zu arbeiten, so bin ich nun einmal."

Dass die Kürze des Satzes nicht die Lösung aller Stilfragen ist, soll nicht heißen, dass Sie es James Joyce nachmachen sollen, der in seinem Buch *Ulysses* mit knapp 13.000 Wörtern einen der längsten Sätze der Literaturgeschichte schrieb. Unsere Sprache ist zum Glück reich an Varianten, also nutzen Sie sie auch. Dennoch sollten Sie bei der Überarbeitung Ihres Textes auf diese speziellen Aspekte achten:

1. **Verpasse deinen Sätzen eine Schlankheitskur**
   Vor vielen Jahren bat mich eine äußerst kluge Beraterin und Trainerin, ihr bei einem Fachartikel zu helfen. Ein Monatsmagazin hatte sie darum gebe-

ten und sie konnte schwer Nein sagen, obwohl sie das am liebsten getan hätte. Denn sie hasste es zu schreiben. Ein Blick auf die erste Seite, und mir war klar, was das Hauptproblem war: Schachtelsätze, und zwar ausschließlich! Ich sprach sie darauf an und begann, sie mit ihr gemeinsam aufzulösen. Nachdem wir aus dem ersten Satz vier gemacht hatten, las sie sie noch einmal durch. „Das geht so nicht", sagte sie. „Dieser erste Satz stimmt nicht. Er stimmt nur unter der Bedingung, die im zweiten Satz steht. Das müssen wir in diesen ersten Satz hineinschreiben, und selbst dann ist die Aussage nur korrekt, wenn man den Aspekt bedenkt, der im dritten Satz steht …"

Genau so kommt ein Schachtelsatz zustande: Man möchte alles in einen Satz hineinpacken, weil sonst jemand kommen und einen der Ungenauigkeit bezichtigen könnte. Oder man packt alles hinein, was einem gerade so in den Sinn kommt. Alles beginnt ganz harmlos mit dem Anfang eines Hauptsatzes, doch dann schiebt man Nebensätze und andere Satzteile dazwischen, bis schließlich alles, was zusammengehört, nicht mehr beisammensteht und daher unkenntlich gemacht ist. Diese so entstehenden Schwerkaliber werden dann nur noch getoppt, wenn die Schreiberin auch noch die Kommasetzung nicht beherrscht und Kommas entweder an falscher Stelle oder gar nicht setzt.

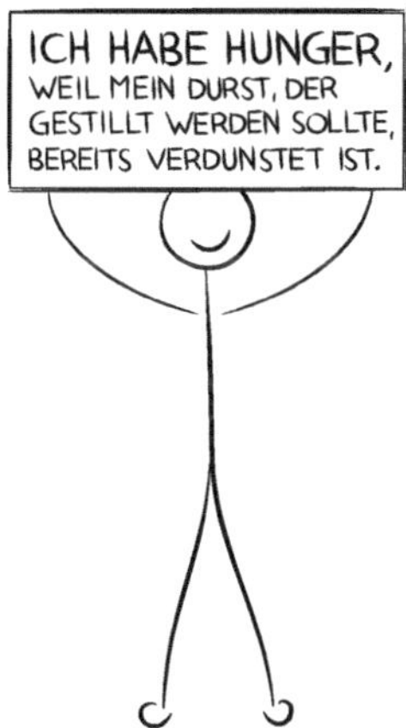

Immerhin ist der Schachtelsatz so berühmt-berüchtigt, dass ihm ein Ehrentag gewidmet ist: Am 25. Februar gibt es seit einigen Jahren den Tag der Schachtelsätze. Das hat den MDR Sachsen 2019 dazu bewogen, auf seiner Facebook-Seite ein wunderschönes Exemplar zu posten:

„Wussten Sie schon, und diese Frage wollten wir Ihnen schon lange stellen, und heute, am 25. Februar 2019 ist es so weit, weil es für jeden – nun gut, für fast jeden – Anlass einen speziellen Tag gibt, wie den heutigen, den wir extra für Sie gewählt haben, um Ihnen, unter Einhaltung der geltenden Regeln, sofern sie dem Verfasser bekannt sind, zu sagen, dass Schachtelsätze äußerst schwer verständlich sind?"

Prächtig, nicht wahr? Spätestens nach der ersten Zeile haben Sie vergessen, wie der Satz begonnen hat, und bis Sie am Ende erleichtert die „Auflösung" lesen, müssen Sie von vorn beginnen, um wenigstens eine der vielen Botschaften des langen Satzes in Ihrem Gehirn zusammenzupuzzlen.

Wenn Sie in Ihrem Manuskript solche wundersamen Gebilde finden, stellt sich nun die Frage, wie Sie sie auflösen. Es hilft letztlich nur eine Methode, und zwar die Zwiebelmethode: Sie hanteln sich von außen nach innen systematisch durch und fügen die Satzelemente zu kompletten Sätzen zusammen. Die stellen sie vorerst nebeneinander. Im obigen Beispiel sieht das so aus: „Wussten Sie schon, dass Schachtelsätze äußerst schwer verständlich sind? Diese Frage wollten wir Ihnen schon lange stellen. Heute, am 25. Februar 2019 ist es so weit, das zu sagen. Denn es gibt für jeden – nun gut, für fast jeden – Anlass einen speziellen Tag wie den heutigen. Wir haben ihn extra für Sie gewählt. Wir sagen das unter Einhaltung der geltenden Regeln, sofern sie dem Verfasser bekannt sind." Erst jetzt wird klar, was die Aussage des Schachtelsatzes ist. Man erkennt, was man streichen kann (der letzte Satz scheint mir zum Beispiel ein wenig sinnbefreit), der Rest könnte im Grunde so stehenbleiben.

Verabschieden Sie sich von der Vorstellung, dass jeder Satz alles beinhalten muss. Ein Text ist wie ein Mosaik – jeder Satz ein Steinchen, und erst der gesamte Absatz ergibt das vollständige Bild. Auch ein Lied entsteht durch die Aneinanderreihung von Tönen, und zwar hintereinander. Es wäre bloß Lärm und kein Lied, würde man alle Töne eines Lieds gleichzeitig anschlagen.

2. Schreib die Hauptsache in den Hauptsatz
Unsere Grammatik sieht Haupt- und Nebensätze vor. Zur Erinnerung: Hauptsätze sind solche, die für sich alleine stehen können, weil sie Subjekt (der Satzgegenstand) und Prädikat (die Satzaussage, also das Zeitwort) beinhalten. Nebensätze sind unvollständig, sie haben kein Subjekt und das Zeitwort steht an letzter Stelle. Sie können nicht alleine stehen, sondern brauchen einen Hauptsatz.

Hauptsätze sind kraftvoll, und das liegt in erster Linie an ihrer Struktur. Sie sind üblicherweise so konstruiert, dass Subjekt und Prädikat am Anfang des Satzes stehen oder zumindest weit vorne. Nachdem Subjekt und Prädikat den wesentlichen Teil einer Aussage bilden, bekommt ein Leser also das Wesentliche gleich zu Beginn serviert und nicht erst am Ende des Satzes, wo seine Aufmerksamkeit nicht mehr dieselbe ist.

Diesen Umstand können Sie sich zunutze machen: Formulieren Sie alle wichtigen Aussagen als Hauptsatz! Sie möchten ein Beispiel? Dann werfen Sie einen Blick auf die beiden ersten Sätze dieses Absatzes, sie sind beide als Hauptsatz konstruiert. Hätte ich geschrieben „Ich schlage Ihnen vor, dass Sie alle wichtigen Aussagen als Hauptsatz formulieren", hätte meine Aufforderung nicht dieselbe Kraft.

Hauptsätze sind im Übrigen ganz intuitiv unsere erste Wahl bei der mündlichen Kommunikation. Sie sind schlicht im Aufbau und daher nicht nur leicht verständlich, sondern auch leichter zu konstruieren als Nebensätze. Wir sagen „Danke, du bist so gut zu mir" und nicht „Danke, dass du so gut zu mir bist". Und wir würden auch niemals in Nebensatzkonstruktionen verfallen, wenn es um Leben und Tod geht: „Ich möchte Sie darauf hinweisen, dass es hinter Ihnen zu brennen begonnen hat, und fordere Sie auf, den Raum zu verlassen." Nein, wir sagen: „Es brennt! Laufen Sie um Ihr Leben!"

Nebensätze sind auch wichtig. Sie lockern den Lesefluss auf, sie können für einen schönen Rhythmus im Text sorgen. Ihre Aufgabe ist, wie der Name schon sagt, zusätzliche Informationen, Ergänzungen zu transportieren. Schreiben Sie die Hauptsache in den Hauptsatz und im Nebensatz erläutern Sie Ihre Aussage oder stellen ihr einen zusätzlichen Aspekt hinzu. Probieren Sie es aus!

3. Sag, wen du meinst

Kürzlich las ich in der Einleitung eines Fachbuchs: „In diesem Buch werden die Herausforderungen des 21. Jahrhunderts für Führungskräfte behandelt und Wege aufgezeigt, wie mit ihnen umgegangen werden kann. Dies wird anhand von Fallbeispielen gezeigt und es werden Tools beschrieben. Die Ausgangssituation wird anhand von Hypothesen dargestellt." Mich erinnert das an meine Diplomarbeit, als mein Betreuer mir verbat, in der Ich-Form zu formulieren. Dabei hätte ich das so gerne getan, war es doch schließlich ich, die so viel Arbeit damit hatte. Aber gut. Die Wissenschaft hat ihre Gesetze – die Populärliteratur, zu der auch Ihr Sachbuch oder Ihr Ratgeber gehört, hat zum Glück andere.

Man nennt diese Konstruktionen „Passiv", sie werden meistens mit dem Hilfsverb „werden" gebildet. Also: Aus „Ich zeige auf, wie man damit umgehen kann" wird „Es wird aufgezeigt, wie man damit umgehen kann". Wenn Sie in Ihren Texten viel Passiv verwenden, wirkt das beim Lesen vor allem distanziert und sperrig, weil Sie den Lesern vorenthalten, wer etwas tut – „es wird aufgezeigt" sagt nur, was getan wird, aber nicht, wer es tut. Das Passiv ist schwach und umständlich, schreibt Stephen King, und es wäre eine Quälerei. Ein überzeugendes Beispiel hat er auch: „Mein erster Kuss wurde mir von Shayna gegeben, wofür sie von mir geliebt wurde." Romantisch, nicht wahr?

Es gibt noch andere Konstruktionen, die ähnlich wie das Passiv Satzelemente unter den Teppich kehren, die für ein angenehmes Lesen hilfreich wären. „Die Zielgruppe ist festzulegen und das Exposé zu schreiben, das an den Verlag gesendet werden muss." Oder: „Nachdem die Rohfassung geschrieben wurde, sind mehrere Überarbeitungsschleifen nötig." Formulierungen wie diese können distanzierter gar nicht sein. Auch sie verheimlichen, wer das alles tun soll. Sperrig sind diese Sätze auch noch und unser Gehirn hat Mehrarbeit zu leisten, weil es um die Ecke denken muss.

Was ist denn schon dabei, wenn Sie Ihren Leserinnen und Lesern verraten, an wen Sie denken? „Legen Sie die Zielgruppe fest und schreiben Sie das Exposé" macht auf Anhieb klar, wer was zu tun hat, und es liest sich zudem auch noch viel flüssiger.

Entrümple deine Sprache

Wenn etwas weg kann, kann es weg. Diesem Motto sollten Sie rigoros folgen. Typische Kandidaten dafür sind zum einen Eigenschaftswörter, die Ihren Aussagen, Bildern, Metaphern und Geschichten die Kraft nehmen. Zum anderen sind es Weichspüler, die Ihre Aussagen verwässern bis zur Verblassung. Schließlich gibt es noch Füllwörter, auch sie stehen nur im Weg herum und verstellen die Sicht auf das, worum es wirklich geht. Je mehr dieser Wörter Sie in Ihren Sätzen stehen haben, desto unklarer wird Ihr Text. Also gehen wir es an:

Kürzlich warb eine Agentur auf einer Facebook-Gruppe: „Ich möchte Ihnen gern die Suche nach einem Ghostwriter unfassbar erleichtern." Unfassbar, unglaublich, sensationell, oder? Leuchtreklamewörter nenne ich sie, und man findet sie überall dort, wo Nicht-Werbetexter versuchen, einen Werbetext zu schreiben. Die Krux mit den Eigenschaftswörtern ist nämlich die, dass sie, wenn sie dastehen, um keinen Deut mehr Glaubwürdigkeit oder

Verlangen erzeugen. Sie helfen nicht, Bilder zu erzeugen. Bilder malen Sie viel besser mit Verben oder mit konkreten, plastischen Hauptwörtern. Ein „„Was bildest du dir ein?', rief sie entrüstet" braucht kein „entrüstet". Mit ihrer Aussage wissen wir auch so, wie es um sie steht. Und bei meiner Überschrift weiter unten in Schritt 9 „Entdecke die Möglichkeiten" braucht es keinen Hinweis, dass die Möglichkeiten vielfältig oder umwerfend oder Erfolg versprechend sind. Diese drei Wörter machen auch so neugierig.

Es gibt genau zwei Gründe, um Adjektive zu verwenden, sagt Wolf Schneider, nämlich um zu unterscheiden oder um zu überraschen. Ersteres ist einfach zu erkennen. Eine falsche oder korrekte Aussage, das blaue oder das gelbe Kleid. Zweiteres werden wir eher in der Literatur finden wie etwa bei Wilhelm Busch: „Im Gesichte Seelenruhe, an den Füßen milde Schuhe." Doch wer weiß, vielleicht stecken wortgewaltige Bilder in Ihrer Schreibseele wie bei einem meiner Kunden. Seine „hoffnungsfreie These" lasse ich gerne stehen, wo sie noch dazu umso mehr überrascht, als er sonst mit Eigenschaftswörtern wirklich geizt.

> **Shortcut**
>
> Streichen Sie Adjektive. Sie dürfen nur dort bleiben, wo sie einen Unterschied machen oder überraschen.

Kommen wir zur zweiten Kategorie im Topf der überflüssigen Wörter, zu den Weichspülern. Denn vielleicht, eventuell, möglicherweise haben Sie die Angewohnheit, Ihre Aussagen mit solchen Faserschmeichlern zu umrahmen. Könnte ja sein, dass sich jemand daran stößt! Das ist die Psychologie, die dahinter steckt. Man relativiert das Geschriebene, weil man doch weiß, dass nicht alle damit einverstanden sein werden – wann hat man schon eine 100-prozentige Zustimmungsquote! Weichspüler in Ihrer Sprache sind ein Zeichen für Unsicherheit und sie untergraben daher Ihre Autorität.

Auch der Konjunktiv ist ein Weichspüler – ich bin geborene Wienerin, ich weiß, wovon ich rede. Wir haben *hätte* und *wäre* und *könnte* doch quasi erfunden! „Es wäre wunderbar, wenn Sie diese Übung machten" – was jetzt? Ist es wunderbar oder nicht? „Könnten Sie vielleicht so nett sein und mein Buch rezensieren?" – Au weia, gleich zwei Weichspüler in einem Satz. „Ich freue mich, wenn Sie mein Buch rezensieren" ist doch eindeutig klarer, oder?

Aus Lesersicht sind diese Weichspüler unangenehm. Es macht einen Unterschied, ob man liest „Zu viel Sicherheitsdenken führt zur Erstarrung der Organisation" oder „Zu viel Sicherheitsdenken führt eventuell zur Erstarrung". Wie jetzt? Ist das nun eine Konsequenz oder nicht? Auch ich könnte hier nun schreiben: „Weichspüler können möglicherweise Ihre Aussage pulverisieren", weil ich mir Sorgen mache, dass zwei meiner Leserinnen sagen könnten, dass sie das anders sehen. Nein. Ich bin überzeugt von meiner Aussage, daher lasse ich den Weichspüler weg und ermuntere Sie, es ebenso zu tun. Zeigen Sie Autorität, trauen Sie sich!

> **Shortcut**
>
> Weichspüler untergraben Ihre Autorität: eventuell, vielleicht, unter Umständen, möglicherweise, relativ, eigentlich, normalerweise. Auch Konjunktive sollten Sie kritisch betrachten.

Füllwörter schwindeln sich immer dann gerne in den Text hinein, wenn Sie unachtsam sind, oder aus Verlegenheit. Sie zeichnen sich dadurch aus, dass sie einen geringen bis gar keinen Aussagewert haben. Ich selbst hege beispielsweise eine große Zuneigung zu dem kleinen Wörtchen „ja". „Das ist ja nicht immer so", schreibe ich beispielsweise. Fühlen Sie einmal genau hin: Wirkt „Das ist nicht immer so" nicht viel kräftiger? Also aktiviere ich die Suchfunktion in Word und lösche sie. Ich verrate Ihnen lieber nicht, wie viele Treffer Word für mich in meinem Manuskript zu diesem Buch gefunden hat! Ich sage Ihnen nur: Ich habe mehr als 50 davon eliminiert. Sie sind dort weg, wo sie keinen Sinn, keine Funktion erfüllten!

Es gibt eine ganze Fülle an Füllwörtern: Ich schätze *einfach (ein)mal*, dass Sie sich verheddert haben. *An und für sich* ist Sport eine sinnvolle Sache. Versuchen Sie *doch*, diese Übung durchzuführen. Das ist *durchaus* eine Möglichkeit. Füllwörter haben *quasi* keinen Aussagewert. Daher können Sie sie *sozusagen* entrümpeln.

Weil es jedoch nichts auf der Welt gibt, das nicht auch einen Wert hat, können Füllwörter auch sinnvoll sein. Sie können damit Betonungen ausdrücken. „Das ist *durchaus* eine Möglichkeit" kann beispielsweise stehenbleiben, wenn Sie davor beschreiben, dass niemand an bestimmte Möglichkeiten glaubt. Ansonsten seien Sie auch hier äußerst sparsam.

> **Shortcut**
>
> Füllwörter blähen Ihren Text auf: ja, einfach (ein)mal, an und für sich, doch, anscheinend, fraglos, regelrecht, offenbar, nichtsdestotrotz, zweifellos und viele andere.

Baue Leuchttürme statt Betonklötze

Platzieren Sie wichtige Aussagen an prominenter Stelle. Es nützt jeder klare Gedanke nichts, wenn Sie ihn verstecken. Es gibt viele Autoren, die nach dem Motto „das Beste hebe ich für den Schluss auf" agieren und ihr Publikum erst seitenweise mit Uninteressantem und Altbekanntem langweilen, bis sie dann endlich die Katze aus dem Sack lassen. Ihr Argument: Wenn ich gleich alles Wichtige schreibe, liest ja niemand den Rest. Nun. Wenn Sie mit Langweiligem beginnen, wird Ihr Leser überhaupt nicht lesen, so ist das. Wenn Sie aber mit Ihrer spannenden Message beginnen, beißt er an und selbst wenn er nicht bis zum Ende liest, hat er zumindest eine wichtige Erkenntnis mitgenommen und ist davon überzeugt worden, dass Sie etwas von der Sache verstehen.

Meine Tricks, mit denen Sie Wichtiges prominent darstellen:

1. An den Anfang damit, und zwar konsequent: An den Kapitelanfang, den Absatzanfang, den Satzanfang.
2. Formulieren Sie Hauptaussagen in einem Hauptsatz.
3. Verstecken Sie Ihre Aussagen nicht in der Bleiwüste: Prüfen Sie nochmals Ihre Absätze: Jeder Absatz, der länger als eine Seite ist, muss Ihnen suspekt sein. Wie viele wichtige Botschaften sind drin? Faustregel: Pro Botschaft ein Absatz. Wenn Sie in Ihrem langen Absatz erkennen, dass zwei wichtige Inhalte drin sind, machen Sie zwei Absätze draus.
4. Wissen gut vermitteln:

    a. Der Dreischritt: Wissen – Wozu ist es wichtig zu wissen? – Wie kann ich es anwenden? Oder auch umgekehrt: Sie beginnen mit einem Anwendungsfall und liefern erst dann die Theorie und den Sinn der Theorie nach.
    b. Metaphern: Nehmen Sie aber bitte die, die Ihnen erst als Zweites oder Drittes einfallen, und nicht das, was Ihnen als Erstes in den Sinn kommt, denn das ist mit großer Wahrscheinlichkeit abgedroschen und daher langweilig. Weder „unglaublich, aber wahr" noch „Übung macht den Meister" sollte in Ihrem Text zu finden sein. Ihre Kreativität ist gefragt!
    c. Beispiele aus der Praxis: Wenn Sie sich dafür entscheiden, Geschichten zu erzählen, achten Sie gut darauf, nicht abzuschweifen. Solche Geschichten sind dann wahre Schätze, wenn sie genau auf das hingeschrieben sind, was sie demonstrieren sollen. Achten Sie dabei bitte auch auf den Schutz von realen Personen. Entweder Sie wandeln die Geschichte so ab, dass niemand erkennbar ist, oder Sie holen sich von der betreffenden Person die Erlaubnis ein.

Halte dich an die Etikette: Korrekte Sprache ist sexy

Es gibt genügend Witze über Selbstständige, die im Homeoffice mit Leggings und löchrigem Shirt vorm Computer sitzen, unfrisiert, ungewaschen und mit Häschenpantoffeln an den Füßen. Wenn Sie die Häschenpantoffel weglassen, haben Sie ein ungefähres Bild von mir manchmal beim Buchschreiben. Es ist bequem und vor allem: Es sieht mich keiner, also ist es auch egal. Doch wenn ich einen Kundentermin habe, egal, ob persönlich oder via Skype, dann bin ich geschminkt und frisiert und habe meine besten Kleider an. Kleider machen Leute. Ich gehe einmal davon aus, dass Sie das ähnlich sehen. Ich bin sicher, Sie wären schon etwas irritiert, wenn ich Ihnen die Tür im Nachthemd aufmache: „Komme ich ungelegen?", werden Sie fragen und überlegen, ob Sie den Termin in Ihrem Kalender falsch eingetragen haben – oder ich den Verstand verloren habe.

Dasselbe Prinzip gilt auch für Texte. Solange Sie Ihr Manuskript niemand anderem zumuten als sich selbst, können Sie Groß- und Kleinschreibung ignorieren und Kommas nach dem Zufallsprinzip verstreuen. Doch sobald Sie es aus der Hand geben und jemand anderem zum Lesen vorlegen, sollte es nicht nur inhaltlich einwandfrei sein, sondern auch frei von Rechtschreib- und Grammatikfehlern. Bemühen Sie sich. Nicht nur Kleider, auch korrekte Texte machen Leute.

Ich verstehe schon, Ihr vorrangiges Ziel ist nicht, ein grammatisch einwandfreies Manuskript, sondern ein inhaltlich kluges Buch herauszugeben. Doch Ihre Leserinnen und Leser fühlen sich willkommen, wenn es fehlerfrei ist. Und besser zu lesen ist es auch. So wie Sie an meiner Haustür sich fehl am Platz fühlen würden, wenn ich im Schlabberlook vor Ihnen stehe, so fühlt sich auch Ihre Leserschaft, wenn sie in Ihrem Text lauter irritierende Fehler findet. Es ist ein Akt des respektvollen Umgangs miteinander. Sie stellen sich für einen Vortrag auch nicht in Pyjama und Bademantel auf die Bühne, obwohl das vermutlich keinen Einfluss auf den Inhalt Ihres Vortrags hätte.

Schlampige Texte schaden Ihrem Ruf, professionell zu sein. Wenn Sie im Restaurant ein Schnitzel bestellen und der Kellner bringt es Ihnen auf einem Teller, auf dessen Rand sich Reste unbekannter Herkunft befinden, jedenfalls nicht zum Schnitzel gehörig, dann werden Sie das letzte Mal in diesem Restaurant gegessen haben, auch wenn das Schnitzel gut war. Für

Ihr gutes Geld haben Sie bessere Qualität verdient. Ein Buch mit Rechtschreibfehlern ist wie eine Visitenkarte mit Fettflecken drauf. Wer mag das schon?

Shortcut

Korrekte Rechtschreibung, Grammatik und Zeichensetzung unterstützen Ihren Ruf, professionell zu arbeiten, sorgen für klare Aussagen und beseitigen Missverständnisse und helfen so Ihren Lesern, sich auf den Inhalt zu konzentrieren, anstatt von Ratespielchen aufgehalten zu werden.

Grammatik, Rechtschreibung und Interpunktion sind übrigens nichts, was irgendwann einmal ein Sadist erfunden hat, um uns zu quälen. Sie machen Texte verständlich und besser lesbar. Satzzeichen zum Beispiel wurden schon zu Aristoteles' Zeiten eingeführt, um einem Redner anzuzeigen, wo er im Text eine Pause machen, mit der Stimme hinauf- oder hinuntergehen soll. Satzzeichen helfen somit, Aussagen zu strukturieren. Denken Sie nur an das Komma, das Haupt- und Nebensatz trennt. Im Hauptsatz steht (hoffentlich) die Hauptaussage, im Nebensatz etwas Nebensächliches. Indem Sie ein Komma dazwischensetzen, trennen Sie optisch sichtbar das Wichtige vom weniger Wichtigen und das hilft beim Lesen ungemein. Und der inzwischen schon auf T-Shirts und Kaffeebechern prangende Satz „Wir essen jetzt Opa" – ohne Komma vor dem Opa – zeigt, dass Satzzeichen sogar lebensrettend sein können, weil sie entscheiden, wie eine Aussage zu verstehen ist.

Ähnlich ist es mit der Groß- und Kleinschreibung, der Getrennt- und Zusammenschreibung: Sie bestimmt, wie etwas zu verstehen ist. Sehr häufig begegnet mir etwa das Problem des groß- oder kleingeschriebenen „Sie", das, wenn falsch angewendet, zu ziemlich viel Verwirrung sorgt. Nehmen Sie also den Duden zur Hand, wenn Sie unsicher sind, wie etwas geschrieben wird. Die Rechtschreibprüfung von Word ist hilfreich, auch wenn man sich nicht ganz darauf verlassen sollte. Ich habe sie seit Jahren abgeschaltet, weil sie mir zu viele Wörter als falsch markiert, obwohl sie richtig geschrieben waren. Wenn Sie sich in Sachen Rechtschreibung jedoch sehr unsicher fühlen oder jemand sind, der sich oft vertippt, ist sie dennoch hilfreich.

Auch Ihre Lektorin ist übrigens ein Mensch, der es nicht verdient hat, Sie im Schlabberlook zu erleben. Es stimmt, eine Lektorin übernimmt meist auch das Korrekturlesen oder sie gibt es nach dem Lektorat noch einer Korrektorin für den letzten Schliff. Trotzdem sollten Sie nicht vorsätzlich

Fehler in Ihrem Manuskript lassen. Sie wird auch so genug finden, das korrigiert gehört! Und wenn Sie Selfpublisher sind, möchte ich Ihnen dringend raten, sich an eine professionelle Lektorin zu wenden. Ihre Nichte mit dem großen Schreibtalent, die gerade die Schule abgeschlossen hat, ist ganz bestimmt nicht die Richtige, um Ihnen zu einem professionellen und fehlerfreien Manuskript zu verhelfen.

Bleib cool und such dir Testleser

Wenn Sie Ihr Manuskript nun mehrfach überarbeitet haben, sind sie in der heißesten Phase der Buchentstehung gelandet. Ihr Buch hat bereits so viel Gestalt angenommen, dass die bislang eher abstrakte Vorstellung, Autorin zu werden, nun konkret wird: Hey, nun lässt es sich tatsächlich kaum mehr verhindern, dass Ihr Wunsch wahr wird! Selbst mich lässt diese heiße Phase nicht kalt, auch wenn ich wirklich schon viele Manuskriptfertigstellungen erlebt habe. Ganz ehrlich? Ich hoffe, dass ich so abgeklärt nie sein werde. So nervenaufreibend diese Abschlussphase auch ist, so ist sie doch wunderbar. Wäre sie es nicht, wäre es auch nicht so ein erhebendes Gefühl, ein Buch geschaffen zu haben! Freuen Sie sich über diese aufregende Zeit.

Es kann sein, dass Sie nun den höchstmöglichen Level an Unsicherheit erreichen: Ist es gut genug geworden oder werde ich mich blamieren? Habe ich auch nichts vergessen? Werden meine Leserinnen und Leser sich gut abgeholt fühlen und bereichert, weil ich ihnen etwas Interessantes biete? Ich kann mich nicht erinnern, jemals mit jemandem zusammengearbeitet zu haben, der kurz vor der Fertigstellung des Manuskripts nicht Schweißausbrüche, Herzflattern oder kalte Füße bekommen hätte. Da werde ich zehnmal gefragt: Ist das Manuskript gut? Zwei Tage später wieder: Ist es wirklich gut? Jedes Mal, wenn ich guten Gewissens beruhige, weiß ich: Übermorgen werde ich wieder gefragt. Andere beginnen, in hektischen Aktionismus zu verfallen. Da werden Absätze verschoben, die bereits ihr wohldurchdachtes Plätzchen gefunden haben, oder Kapitel umbenannt und Wörter in Sätze hineingequetscht – kurz gesagt, das Manuskript wird dann meistens leider verschlimmbessert.

Sofern Sie nicht gerade einen Schreibcoach oder Ghostwriter mit an Bord haben, der Sie vor solchen Untaten abhält, versuchen Sie es lieber mit Testlesern. Testleser sind prima. Sie sind der Baldrian für gestresste Autorenseelen.

Wenn Sie es richtig angehen.

Denn meist passiert Folgendes: Die Autorin fragt ihre beste Freundin, den Vater, den Ehemann und die Tochter, ob sie Zeit hätten, das Manuskript zu lesen und Feedback zu geben. Das Feedback lautet dann entweder unisono „Toll!!!“ oder „Ich bin so stolz, dass du es tatsächlich geschafft hast“. Was, frage ich Sie, wollen Sie mit diesem Feedback anfangen? Zugegeben, ein begeistertes „Toll!!!“ mit drei Rufzeichen ist wie eine liebende Umarmung und tut auf jeden Fall gut. Trotzdem wird es die Zweifel nicht wirklich eliminieren, weil etwas Entscheidendes fehlt: Das Feedback ist nicht konkret! Auf der anderen Seite kann das Feedback auch unerwartet lapidar ausfallen: „Also mich persönlich interessiert dieses Thema nicht so, aber für andere ist das sicher super.“ Auch dieses Feedback bringt Ihnen nichts außer einem flauen Gefühl in der Magengegend. Über die Qualität Ihres Manuskripts sagt das jedenfalls nichts aus.

Wenn Sie sich dafür entscheiden, Testleser zu fragen, sollten Sie zwei Spielregeln unbedingt berücksichtigen:

1. Wählen Sie sie mit Bedacht und fragen Sie sich bei jedem Einzelnen: Was kann ich von ihr oder ihm erwarten? Aus welchem Blickwinkel kann sie auf das Manuskript schauen? Ist er repräsentativ für meine Zielgruppe?
2. Eine gute Idee ist es, wenn Sie einen sinnvollen Mix finden: jemanden vom Fach, jemanden aus dem Kundenkreis und dann eventuell noch jemanden, der Ihrer empfindlichen Autorenseele guttut. Dass der Fachkollege nicht gerade Ihr größter Konkurrent sein sollte, versteht sich von selbst. Wenn Sie eine Kundin fragen, bedenken Sie, dass Sie um etwas bitten, das ihr viel Zeit und Hirnarbeit abverlangt. Zeigen Sie sich erkenntlich – das Privileg, die erste Kundin zu sein, die Ihr Werk lesen darf, zieht vielleicht nicht immer.
3. Liefern Sie konkrete Fragen mit, damit Sie auch wirklich brauchbares Feedback bekommen. Wo sind Ihre größten Unsicherheiten – ist es das Sprachliche oder das Inhaltliche, das Ihnen schlaflose Nächte bereitet? Ihre Vorgabe sollte möglichst klar und möglichst einfach sein.
4. Eine Möglichkeit, die ich gerne praktiziere, ist folgende: Lieber Testleser! Bitte lies das Manuskript ganz normal durch. An jenen Stellen,

- wo du zweimal lesen musstest: mach ein Kreuz,
- wo du etwas gar nicht verstanden hast: mach ein Fragezeichen,

- wo du gelacht hast oder positiv überrascht warst: mach ein Smiley,
- wo du (inhaltlich oder stilistisch) beeindruckt warst: mach ein Rufzeichen.

An den Stellen, die mit Kreuzen versehen sind, werden Sie oft von selbst herausfinden, woran es hakt. Bei den Fragezeichen wird es meist ebenso sein. Wenn nicht, fragen Sie nach. Falls Sie trotz Ihrer konkreten Bitte dennoch lapidares Feedback à la „stellenweise langatmig" oder „es war ein Vergnügen" bekommen, haken Sie nach: Woran machst du das fest? An welchen Stellen genau war es langatmig? Was hat dir besonders gut gefallen?

Shortcut

Wenn Sie Testleser um ihre Einschätzung bitten, wählen Sie sie mit Bedacht und liefern Sie ganz konkrete Fragen mit. Dann ist das Feedback konkret und brauchbar für Sie.

Feedback ist im Übrigen immer nur ein Angebot und nie eine Anweisung. Es liegt an Ihnen, ob Sie einen Verbesserungsvorschlag annehmen oder nicht. Ihre Testleser sind aller Wahrscheinlichkeit nach schließlich keine Experten im Sachbuchschreiben und ihre Einschätzung nur eine von mehreren möglichen Sichtweisen. Selbst wenn sie in der Vergangenheit viel geschrieben haben, ist das kein Garant für Allwissenheit. Ich erinnere mich noch an eines meiner ersten Ghostwriting-Projekte. Meine Kundin bat unter anderem einen sehr guten Freund um Feedback. Nach zwei Wochen rief sie mich an. „Wir müssen alle Quellenangaben noch einmal überarbeiten, wir müssen jede Quelle im Text benennen, samt Erscheinungsjahr, und nicht nur hinten in der Literaturliste!", rief sie verzweifelt. Ich brauchte eine Weile, um sie zu beruhigen und ihr zu versichern, dass bei Ratgebern Quellenverweise anders gehandhabt werden als in der wissenschaftlichen Fachliteratur. Erst als ich den Beruf dieses Freundes erfuhr, ging mir ein Licht auf. Er war Universitätsprofessor und war davon ausgegangen, dass die ihm vertrauten wissenschaftlichen Zitierregeln in gleichem Maße für alle Bücher gelten – was aber nicht der Fall ist. Ja, auch Universitätsprofessoren können Halbwissen haben.

Schritt 8: Wende dich an Profis, wenn du feststeckst

Über Schreibcoaches, Autorenberaterinnen, Lektoren, Programmleiterinnen im Verlag, Transkriptoren, Grafikerinnen, Ghostwriter und andere gute Geister, die an der Buchentstehung teilhaben (können). Ein Blick hinter die Kulissen der Dienstleister, die Ihnen als Autorin nützlich sein können, und die Erkenntnis, dass Schreiben nicht unbedingt ein einsamer Job sein muss.

Für den Schnellstart

1. Wenn du Schwierigkeiten hast, dein Buchprojekt im Alltag unterzubringen: Frag eine Autorenberaterin oder einen Coach.
2. Wenn dir Know-how über den Markt oder bei der Verlagssuche fehlt: Frag einen Autorenberater.
3. Wenn du deinen Schreibstil verbessern und zügig vorankommen willst: Wende dich an einen Schreibcoach oder eine Schreibtrainerin.
4. Nutze unbedingt die Dienste einer Lektorin oder eines Lektors, um deinem Manuskript den allerletzten professionellen Schliff zu geben.
5. Lass für die Illustrationen deines Buchs einen Grafiker die Arbeit machen. Es sei denn, du hast dieses Metier von der Pike auf selbst gelernt.
6. Frag einen PR- und Marketingprofi für die spätere Buch-PR.

Wer meint, für ein Buch brauche es bloß den Autor und einen Verlag, der kennt nicht das gesamte Buchuniversum. Denn rund um *His Majesty The Book* kreisen eine ganze Reihe unterschiedlicher Dienstleister, die Ihnen beiseite stehen, Arbeit abnehmen, Sie durch den Prozess führen und Ihnen zuarbeiten, wo Ihnen das Know-how, die Zeit oder auch die Lust fehlt. In Zeiten, in denen Sie als Autorin gefordert sind, viel selbst in die Hand zu nehmen, ist dies auch notwendig. Wenn Sie Spezialistin auf dem Gebiet des Innendesigns von Wohnräumen sind, sind Sie nicht automatisch Profi im Layouten oder Vermarkten von Büchern. Scheuen Sie also nicht den Weg zum Autorencoach oder zur PR-Beraterin. Das spart Ihnen Zeit – mitunter jede Menge Zeit –, Sie können sich besser auf das konzentrieren, was Ihr Hauptjob ist, und Sie schaffen einen höheren Qualitätslevel beim Buch und beim Vermarkten.

Ein Einblick in die Arbeit und ihren Nutzen für Sie als Autorin soll Ihnen einen Überblick verschaffen, damit Sie wissen, wen Sie fragen können, wenn Sie feststecken.

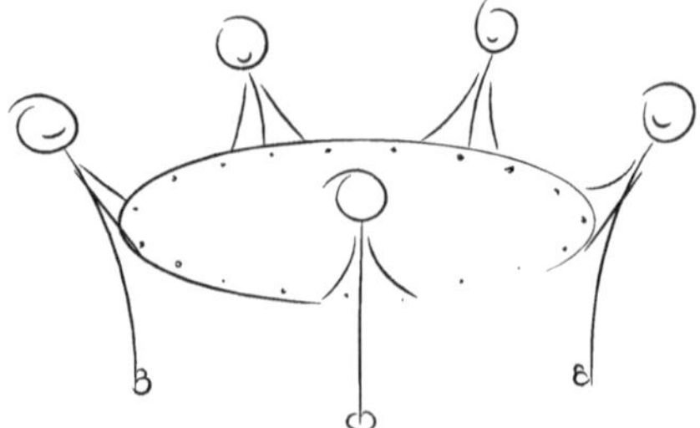

Die Autorenberaterin

Sie kennt den Buchmarkt – meist ist sie spezialisiert auf ein bestimmtes Segment, also Belletristik oder Sachbuch, und eine Auswahl an Genres. Idealerweise hat sie eine Berater- oder Coachingausbildung und hilft Ihnen durch den gesamten Prozess von der Buchidee bis zum fertigen Manuskript. Sie erarbeitet mit Ihnen das Konzept, hilft Ihnen vielleicht auch bei der Verlagssuche und geht mit Ihnen durch Dick und Dünn beim Schreiben.

Autorenberatung umfasst mehr das fachliche Know-how rund um Markt und Strategie und beantwortet Fragen wie etwa:

- Wie plane ich bestmöglich meine Karriere als Autorin?
- Welche Strategien sind für mich als Expertin/Autorin denkbar?
- Wie komme ich zu einem passenden Verlag bzw. wie publiziere ich selbst?
- Wie mache ich aus meiner vagen Idee ein knackiges Thema fürs Buch, mit dem ich auf mich als Expertin aufmerksam mache?
- Worauf achte ich beim Verfassen eines überzeugenden Exposés?

Woran erkennen Sie eine gute Autorenberaterin? Da ist einmal ihre Erfahrung auf dem Buchmarkt. Werfen Sie also einen Blick in ihre Projektliste, die sie hoffentlich auf ihrer Website vorstellt. Zudem sollte sie mindestens ein Buch selbst geschrieben haben – ob als Autorin oder Ghostwriter, das ist zweitrangig. Hauptsache, sie weiß nicht nur theoretisch, wie es geht, sondern kann mit jeder Faser nachspüren, wie das Publizieren sich so anfühlt, welche Hindernisse und Freuden das mit sich bringt.

Schreibcoach und Schreibtrainer

Die Grenze zwischen Autorenberatung und Schreibcoaching verläuft oft fließend, gibt es doch keine offizielle Berufsdefinition dazu. Die meisten meiner Kolleginnen und Kollegen – wie auch ich selbst – bieten beides an, und das ist auch sinnvoll, weil ein Autor meist beides wünscht. Wenn man eine Grenze ziehen möchte, dann wäre es logisch, dass Letzteres ausschließlich auf das Schreib-Know-how fokussiert. Ein Schreibcoach hilft Ihnen bei Krisen und Schreibblockaden oder beim Erlernen einer besseren und klareren Schriftsprache „on the job" und er unterstützt Sie bei der Schreiborganisation.

Gerade weil sich im Grunde jeder Schreibcoach nennen kann, der auch nur einen Stift in der Hand halten kann, sollte eine Ausbildung zum Coach nicht fehlen. Denn Schreibcoaching ist weit mehr als nur Hilfe beim Geraderücken von Sätzen. Coaching ist ein Lernprozess, bei dem Sie das Handwerk „on the job" lernen und Sie sich persönlich weiterentwickeln, um Ihren (Schreib-)Alltag gut zu bewältigen.

Schreibtrainer: Sie bringen einem eine gute und moderne Schriftsprache bei. Jene, die sich weniger auf literarische denn auf Sachtexte und demnach mehr auf eine klare Sprache fokussieren, findet man in Journalistenschulen und vereinzelt auch auf dem Trainermarkt. Belletristische bzw. literarische Schreibtrainer hingegen gibt es wirklich viele. Sie können auch hilfreich sein, weil auch sie natürlich das Ziel haben, lebhaft, ansprechend, unterhaltsam und klar zu schreiben. Doch als Arbeitsmaterial dient eben der Roman – wenn Sie den nicht haben und auch keine Ambitionen haben, einen zu schreiben, werden Sie sich ein bisschen fehl am Platz fühlen.

Ghostwriter

Viele Menschen wollen nicht ein Buch schreiben. Sie wollen es geschrieben haben. Das ist der Zeitpunkt, wo ein Ghostwriter auf den Plan kommt. Sie springen immer dann ein, wenn jemand eine Buchidee hat, aber keine Zeit, keine Lust oder auch kein Know-how, um selbst zu schreiben. Ghostwriter füllen diese Lücke aus. Es entsteht eine Kooperation, bei der jeder das in den Topf wirft, was er am besten kann: der Autor das Fachwissen, der Ghostwriter das Schreib-Know-how.

Einen guten Ghostwriter zu finden, ist so eine Sache. Denn viele machen ihrem Namen alle Ehre und sind unsichtbar wie Schlossgespenster. Das liegt wohl daran, dass die meisten einen Hauptberuf haben – Journalistin beispielsweise – und nur bei Bedarf ein Buch im Namen eines anderen schreiben. Manche sind wiederum Ghostwriter im Hauptberuf – wie ich beispielsweise – und haben diesen Job entsprechend an ihre Fahnen geheftet, respektive auf ihrer Website stehen.

Zu unterscheiden ist jedoch der Ghostwriter, der Ihr Sachbuch schreiben kann, und jene Fülle an Ghostwriter-Studenten, die akademische Arbeiten für ihre Kommilitonen ghosten. Wenn Sie „Ghostwriter" in die Suchmaschine eingeben, werden Sie jede Menge dieser zwielichtigen Gestalten und sogar Organisationen finden. Abgesehen davon, dass sie im Graubereich der Legalität arbeiten, sind diese auch nicht die Richtigen, um ein Sachbuch zu schreiben. Akademische Arbeiten unterliegen völlig anderen Regeln als Sachbücher und Ratgeber. Sie werden sich also durch ein paar Seiten Ihrer Suchmaschine durchscrollen müssen, bis sie einen Sachbuch-Ghostwriter finden.

Was ein guter Ghostwriter mitbringen sollte? Nun, er sollte bereits Bücher geschrieben haben, was allerdings nicht so einfach zu erkennen ist. Wie soll ein Ghostwriter Ihnen Referenzbücher nennen können, wenn er eine Verschwiegenheitsklausel unterschrieben hat? Zum Glück setzt es sich langsam durch, dass Autoren ihren Ghostwriter offiziell nennen. Das macht die Sache ein wenig leichter.

Ein Punkt sollte bei Ihrer Wahl auf jeden Fall ins Gewicht fallen: die Nähe zu Ihrem Fachwissen. Jeder Ghostwriter hat kraft seiner eigenen Ausbildung oder beruflichen Erfahrung Themenschwerpunkte. Es ist nicht nötig – und meiner Erfahrung nach gar nicht vorteilhaft –, dass er Spezialwissen hat. Basiswissen ist jedoch gut. Wenn Sie beispielsweise Traumatherapeutin sind, reicht es, wenn Ihr Ghostwriter sich mit Psychotherapie oder Psychologie generell auskennt, damit Sie ihm nicht alles von Adam und Eva an genau erklären müssen.

Ob ein Ghostwriter professionell ist oder nicht, zeigt sich nicht nur an seiner Referenzliste, sondern beispielsweise auch darin, ob sein Angebot professionell verfasst – und möglichst fehlerfrei geschrieben ist. Und er sollte vertrauenswürdig sein. Das können Sie jedoch nur in einem persönlichen Gespräch selbst einschätzen.

Die freie Lektorin

Sie liest den lieben langen Tag – wenn das kein Traumjob ist! Die Sache hat nur einen Haken. Der Lesestoff, den Lektorinnen und Lektoren zu lesen haben, ist meist nicht so fein zu lesen. Denn deshalb bekommen sie ihn ja: weil er an allen Ecken und Enden noch nicht druckreif ist. Mit ihrer Hilfe erst soll das Manuskript klar, verständlich, flüssig, logisch und zielgruppengerecht gemacht werden überall dort, wo er das noch nicht ist. Darüber hinaus legen sie schließlich noch ihr orthografisches und grammatisches Wissen drüber, damit Sie sich die Peinlichkeit eines fehlerhaften Buchs ersparen.

Und so verbessern sie den Stil. Sie achten darauf, ob das Subjekt eines Satzes zum Prädikat passt, lösen Substantivierungen auf, wo sie nicht sein müssen, merken an, wenn Sie in einem Absatz fünfmal dasselbe Wort verwendet haben, und spüren detektivisch falsch verwendete Metaphern und Sprüche auf. Überall, wo es holpert im Erzählfluss, merken sie es an. Ein Widerspruch im Kapitel? Wird angemerkt. Manchmal ist es auch nötig, in die Gesamtstruktur einzugreifen. Dann schlagen sie vor, hier ein Unterkapitel noch einzufügen oder ein Kapitel aufzuteilen, weil es zu lang und unübersichtlich ist. Alles, was der Leserführung dient, wird von ihnen mit Adlerblick geprüft, angemerkt, ergänzt, vorgeschlagen. Abschließend werden noch Rechtschreib- und Tippfehler korrigiert, die Zeichensetzung geradegebogen und die Grammatik verbessert.

Wenn Sie Ihr Manuskript in elektronischer Form zurückbekommen und die Datei öffnen, wird sie zunächst einmal der Schlag treffen. Ein Meer roter Korrekturen, durchgestrichener Passagen, eingefügter Wörter und Kommentare zeigt sich. Denn alles, was der Lektor verbessert, wird im Normalfall mit eingeschalteter Änderungsnachverfolgung vorgenommen, sodass Sie als Urheber des Textes genau sehen können, wo er eingegriffen hat. Das bedeutet: Sie bekommen Ihr Manuskript in elektronischer Form zurück und haben nun die Möglichkeit, alles der Reihe nach durchzugehen und die einzelnen Vorschläge anzunehmen oder auch abzulehnen. In den meisten Fällen werden Sie sie annehmen.

Wenn Sie für Ihr Buch einen Verlag gefunden haben, müssen Sie sich nicht weiter auf die Suche nach einer Lektorin machen, denn dann übernimmt der Verlag das Lektorat und Korrektorat Ihres Manuskripts. Eine Verlagslektorin ist jedoch nicht nur die Hüterin eines passenden, lesergerechten Schreibstils, sondern hat auch noch viele andere Arbeiten auf Ihrem Schreibtisch liegen. Ihr widmen wir uns gleich im Anschluss.

Für den Fall, dass Sie selbst publizieren, empfehle ich Ihnen dringend, sich nach einer Lektorin umzuschauen. Die Nichte, die die Schule in Deutsch mit Auszeichnung abgeschlossen hat, hat noch lange nicht das nötige Know-how, ein Sachbuch zu lektorieren! Nicht einmal der befreundete Deutschlehrer kann das. Freie Lektorinnen und Lektoren in Deutschland finden Sie auf www.lektoren.de, für Österreich werden Sie auf www.lektorat.at fündig und für die Schweiz auf www.lektorate.ch.

Die Verlagslektorin

Wenn Sie einen Verlagsvertrag in der Tasche haben, haben Sie bereits Kontakt zur Verlagslektorin bzw. zum Verlagslektor. Auf der Visitenkarte finden Sie jedoch möglicherweise eine andere Bezeichnung: Editor (das ist die englische

Bezeichnung und wird in international agierenden Verlagen gern genommen) oder Programmleitung etwa. Die Bezeichnung „Verlagslektorin" ist ein wenig verwirrend: Wie ist das nun? Ist die Lektorin im Verlag für das Lektorat des Manuskripts zuständig? Warum ist sie dann meine Ansprechpartnerin bei der Vertragsverhandlung und hat mit entschieden, ob mein Buch ins Verlagsprogramm aufgenommen wird oder nicht? Es kann auch sein, dass Sie bei der Abgabe Ihres Manuskripts feststellen: Meine Verlagslektorin reicht es zwecks Lektorat und Korrektorat an eine andere Lektorin weiter. Eine Lektorin, die gar nicht lektoriert!

Tatsächlich sind die Aufgaben eines Verlagslektors vielfältig. Wäre er in einer anderen Branche tätig, würde man ihn als Produktmanager oder Projektleiter bezeichnen. Der Verlagslektor akquiriert und betreut seine Autorinnen und Autoren. Er ist Ansprechpartner in allen Fragen zum Vertrag und verhandelt mit Ihnen das Honorar. Er sichtet alle unaufgefordert einlangenden Exposés und Textproben, begutachtet und bewertet sie. Gemeinsam mit den anderen Lektorinnen und Lektoren im Verlag bestimmt er mit, welche Bücher verlegt werden und welche nicht – das passiert zunächst in den regelmäßig stattfindenden Lektorenkonferenzen, in denen eine erste Selektion erfolgt. Endgültig entschieden wird das Programm in den Vertreterkonferenzen, an denen die Lektoren, die Verlagsvertreter und Mitarbeiterinnen aus dem Marketing teilnehmen. In kleinen Verlagen sitzen auch die Chefs mit am Tisch.

Doch damit noch nicht genug. Lektorinnen kalkulieren jedes Buchprojekt für die Budgetplanung. Sie leiten das Projekt, indem sie Zeitpläne erstellen und die Zusammenarbeit mit dem Satz, der Grafik, dem Korrektorat und der Herstellung koordinieren. Sie sind beteiligt an der Herstellung der Programmvorschauen, die die Verlagsvertreter für ihre Akquise benötigen. Auch mit der Werbe-, Marketing- und Presseabteilung kommunizieren sie und stellen bei Bedarf den Kontakt zu den Autoren her. Sie sind außerdem eine Art Themenscout, beobachten den Markt und erkennen Themen, die gerade gesellschaftlich up to date sind. Auch der Einkauf von Lizenzen fremdsprachiger Bücher gehört zu ihrem Aufgabengebiet. Und dann, ja dann … lektorieren sie auch noch Manuskripte. Sofern sie dazu noch Zeit finden. Wenn nicht, lagern sie diese Tätigkeit an eine andere – vielleicht auch freie – Lektorin aus, was für Sie als Autor nicht weiter schlimm ist. Hauptsache, das Manuskript wird professionell zur Druckreife geführt.

Mit Ihrem Verlagslektor sollten Sie gut Kontakt halten. Er wird Sie zu Beginn hoffentlich ausreichend briefen, damit Sie wissen, was der Verlag von

Ihnen erwartet, etwa in welcher Form Sie das Manuskript abliefern sollen oder in welchem Format Grafiken gewünscht sind. Fragen Sie in jedem Fall selbst nach, wenn Sie keine Informationen bekommen. Ihr Lektor wird Sie gern in allen Fragen beraten, die das Buch und seine Marktfähigkeit betreffen. Auch wenn Sie keine speziellen Fragen haben, ist es gut, wenn Sie sich zwischendurch melden und über den Fortschritt des Manuskripts berichten.

Sollten Sie feststellen, dass Sie den vereinbarten Abgabetermin nicht einhalten werden können, drucksen Sie nicht lange herum. Greifen Sie zum Telefon oder schreiben Sie eine Nachricht, damit Ihr Lektor Bescheid weiß, dass er mit Ihrem Manuskript erst drei Wochen später rechnen kann. Das hilft ihm bei seiner Planung. Wenn Sie erst zwei Tage vor Abgabetermin damit herausrücken, kann das problematisch werden. Wenn der Verlag Ihr Manuskript nicht zeitgerecht bekommt und die Vorwerbung des Buchs schon begonnen hat, zieht er – und damit auch Sie selbst – den Ärger des Handels auf sich. Vor allem Amazon ist ziemlich rigoros. Wenn Sie mit Ihrem Verlag den angekündigten Erscheinungstermin nicht schaffen, werden alle Bestellungen bei Amazon storniert. Ich bin sicher, dass Sie das nicht wollen!

Der Grafiker

Die PowerPoint-Folie, die bei den Vorträgen immer so gut ankommt, das Foto von einer Gruppenübung im Seminar unlängst, die Zeichnung, die der Onkel – seines Zeichens Hobbykünstler – extra fürs Buch gespendet hat: Theoretisch kann all dies gut fürs Buchcover taugen. Ja, es gibt viele Möglichkeiten, Schönes zu gestalten, und auch ein Laie kann mit etwas Glück das ideale Buchcover kreieren, das wie eine Bombe einschlägt. Trotzdem würde ich nie und nimmer ein Cover selbst gestalten oder von unerfahrener Hand entwerfen lassen.

Weil man es erkennt, ob das Cover professionell gemacht wurde oder nicht. Fragen Sie mich nicht, woran genau man das festmacht. Vielleicht liegt es an der Erfahrung, die wir als Buchkonsumenten haben. Wenn wir in eine Buchhandlung hineingehen, sehen wir Hunderte von Buchcovers – und wir wissen intuitiv, welches uns anspricht und welches nicht. Nur der Profi weiß, wie er unsere Intuition dazu bewegen kann, hinzugreifen und mit dem Buch zur Kassa zu gehen.

Profigrafiker haben in viererlei Hinsicht einen Vorsprung. Erstens haben sie sich intensiv mit Proportionen, Farben, Typografie, Formaten und vielem anderen auseinandergesetzt. Sie haben das nötige technische Know-how, um Grafiken zu erstellen, die nicht nur zielgruppengerecht und werbewirksam sind, sondern auch hochauflösend und druckfähig. Sie sind zweitens kreative Köpfe und haben durch ihre Distanz zu den Inhalten die besseren Ideen. Drittens haben sie viele Jahre Erfahrung im Gestalten von Werbemitteln, idealerweise im Finden passender Buchcover. Sie wissen also, wie sie mit Bildern Emotionen wecken können.

Denn darum geht es in der Werbung. Es genügt nicht, wenn Sie auf Ihr Buch einen Fisch draufmalen, weil es darin um Fischzucht geht. Auch das Foto einer Flipchart-Tafel reicht nicht unbedingt für ein Buch über Präsentationstechnik – abgesehen davon, dass ein solches Motiv auf jedem zweiten Buch zu diesem Thema verwendet wurde. Es ist der Grafiker, der einen Spannungsbogen zwischen Bild und Text herzustellen vermag. Er setzt dann eine Flipchart-Tafel so in Szene, dass ein neuer Ansatz entsteht. Und viertens sind Grafiker hartgesotten genug, um ihre eigenen Ideen mit der nötigen Distanz zu betrachten. Die ist dringend notwendig, damit sie ihre eigenen Ideen verwerfen, korrigieren, weiterentwickeln können. Wir Laien – seien wir ehrlich – verlieben uns doch in unsere allererste kreative Idee und lassen sie so, wie sie ist, vor lauter Glücksgefühl, dass uns überhaupt etwas eingefallen ist.

Ähnliches gilt für die Illustrationen im Buch: Das Tortendiagramm aus der PowerPoint-Präsentation ist meist nicht ansprechend genug. Selbst geschossene Fotos ebenfalls nicht. Und bei Grafiken aus dem Internet müssen Sie ohnehin vorsichtig sein: Auch für Grafiken gilt das Urheberrecht, die können Sie nicht einfach kopieren oder abzeichnen. Lassen Sie die Profigrafikerin Ihres Vertrauens diese Arbeit tun. Sie weiß auch, wie Sie mit dem Copyright richtig umgehen.

PR- und Marketingprofis

Etwa die Hälfte meiner Autorinnen und Autoren seufzen betrübt, wenn wir über das Vermarkten des Buchs sprechen. Verkaufen, das ist so gar nicht ihr Ding! Social Media meiden sie bewusst (ich beneide sich manchmal darum, dass sie es sich offenbar leisten können, sich diese Zeitfresser so erfolgreich vom Hals zu halten).

Falls Sie zu dieser Spezies gehören, schlage ich Ihnen vor: Lesen Sie erst einmal Schritt 9 und vielleicht ganz speziell den Teil, in dem es um den

Glaubenssatz geht, Sie könnten nicht verkaufen. Vielleicht entdecken Sie eine ganz neue Seite an sich und Sie sagen künftig: Hey, es macht Spaß, mein Buch unter die Leute zu bringen! Wenn meine Ausführungen im nächsten Kapitel dennoch keine Früchte tragen, gibt es immer noch die Möglichkeit, dass Sie sich von PR- und Marketingprofis Unterstützung holen. Sagen Sie jetzt nicht, dass das doch unglaublich kostspielig ist. Sie müssen ja nicht gleich das ganze Programm in Auftrag geben. Bereits ein oder zwei Coachingstunden können Ihnen schon auf die Sprünge helfen. Außerdem gestatten Sie mir die Frage: Was ist kostspieliger, das Honorar eines Profis oder ein Buch, in das Sie mehrere hundert Stunden gesteckt haben, das sich dann nicht verkauft?

Suchen Sie nach PR- und Marketingprofis, die ein Händchen für Ein-Personen-Unternehmen oder zumindest kleine Unternehmenseinheiten und idealerweise Erfahrung im Buchmarketing haben. Idealerweise deshalb, weil es nur sehr wenige gibt, die sich auf diese Branche spezialisiert haben. Sie werden Ihnen helfen, aus der Fülle der möglichen Marketing- und PR-Ideen jene herauszufiltern, die gut zu Ihnen und Ihren Zielen passen und das bewirken, was Sie sich wünschen: dass Sie sich mit Ihrem Buch gut in Szene setzen!

Schritt 9: Starte rechtzeitig den Marketingturbo

Über das Ineinandergreifen von Buch- und Expertenmarketing und die Zusammenarbeit mit dem Verlag. Über die Notwendigkeit, gerade im Sachbuchbereich selbst die Werbetrommel zu rühren. Ideen und Anregungen, wie – und wann – man ein Buch promotet.

Für den Schnellstart

1. Verabschiede dich von der Idee, der Verlag alleine wäre zuständig für die Promotion deines Buchs. Das beste Testimonial für dein Buch bist du!
2. Mach kein reines Buchmarketing. Sachbücher entfalten ihr volles Marketingpotenzial erst, wenn du dich selbst zum Bestseller machen.
3. Setze nicht wahllos die verschiedenen Aktionen um, sondern wähle aus den Möglichkeiten jene aus, die dir liegen und für deine Zielgruppe gut passt.
4. Bleib authentisch, dann bist du auch glaubwürdig.
5. Achte gut auf deine zeitliche Verfügbarkeit. Marketing ist zeitaufwendig.

Rede dich nicht auf den Verlag aus

So. Buch geschrieben, jetzt endlich dürfen Sie sich zurücklehnen und den Verlag den Rest machen lassen. Sie als Autor haben jedenfalls alles getan, was ein Autor zu tun hat, nämlich seine Gehirnwindungen auszuwringen und all sein Wissen klug und lesergerecht in ein Manuskript zu packen. Nach dieser Knochenarbeit haben Sie das volle Recht, die Beine hochzulegen und sich auszuruhen. Nicht wahr?

Mitnichten.

Also gut, ein bisschen vielleicht. Erholen Sie sich von den Strapazen. Es war schließlich anstrengend, dranzubleiben und dem Alltag genügend Schreibzeit abzuknöpfen, und am Ende war es auch noch ordentlich nervenaufreibend. Feiern Sie den Etappensieg und genießen Sie es, geschafft zu haben, wovon die meisten anderen nur träumen und bestenfalls darüber reden. Sie sind nun Autorin bzw. Autor eines Sachbuchs! Genießen Sie Ihr Ruhekissen. Aber nicht zu lange.

Denn es ist weiterhin viel zu tun. Die Tatsache, dass Sie ein Buch geschrieben haben, wissen bislang vielleicht eine Handvoll Menschen: die Familie, ein paar Freunde, der Verlag und vielleicht ein paar Kolleginnen und Kunden. Nun ist es an der Zeit, dafür zu sorgen, dass der Rest der Welt auch davon erfährt.

John Kremer schlägt in seinem Buch *1001 ways to market your book* vor, dass Sie täglich drei bis fünf Dinge tun sollten, die der Vermarktung Ihres Buchs dienen. Das kann an manchen Tagen nur zehn Minuten Ihrer Zeit erfordern, an anderen Tagen mehr. Entscheidend ist, dass Sie es tun und kontinuierlich dranbleiben. Marketing ist nichts, was man nur sporadisch tun sollte. Eine Wirkung erzielen Sie nur, wenn Sie es zur Routine werden lassen, zu einer Selbstverständlichkeit in Ihrem Autorenleben. Wenn Sie das schaffen, haben Sie einen eindeutigen Vorteil gegenüber den vielen anderen, die mit Autorenschaft bloß das Schreiben verbinden, nicht aber auch das Verkaufen ihres Buchs. Machen Sie es besser als die meisten Ihrer Kollegen, die meinen, schnöder Verkauf wäre mit ihrer kreativen Seele nicht kompatibel. Diese Einstellung ist Schnee von gestern!

Shortcut

Marketing ist nichts, was Sie nur sporadisch tun sollten. Lassen Sie es zur Alltagsroutine werden!

Sie selbst als Autorin oder Autor sind das mit Abstand beste Verkaufspersonal für Ihr Buch. Es ist Ihre Verantwortung, dass es sich gut verkauft. Niemand sonst wird das für Sie tun, nicht der Verlag und auch nicht der Buchhandel. Diese beiden Partner machen den Verkauf für Sie leichter, weil sie gewisse Aufgaben übernehmen wie den Druck, die Logistik und Distribution. Sie sorgen dafür, dass Ihr Buch verfügbar ist, gekauft werden KANN. Damit Leserinnen und Leser Ihr Buch das auch tatsächlich TUN, dafür müssen Sie schon noch die Ärmel hochkrempeln.

Ja, sicher: Sowohl Verlag als auch Buchhändler wollen, dass sich Ihr Buch gut verkauft – genauso wie das der anderen zehn, hundert oder tausend Autoren auch, die sie im Sortiment haben! Denn das ist eine Tatsache, der wir Autorinnen und Autoren in die Augen sehen müssen: Für sie sind wir eine von vielen, die um die Gunst des Marketing- und Verkaufsbudgets rangeln. Im deutschsprachigen Raum bringen knapp 2500 Verlage jährlich an die 100.000 Neuerscheinungen auf den Markt. Etwa die Hälfte davon sind Sachbücher. Das heißt, statistisch gesehen betreut jeder Verlag 40 Neuerscheinungen. Verlage konzentrieren sich daher auf eine kleine Auswahl. Und der Buchhandel macht Werbung für die Buchhandlung selbst und meist nur in Kooperation mit dem Verlag auch Werbung für einzelne Titel. Es wäre auch eine ziemliche Überforderung für die Kunden, wenn sie in eine Buchhandlung gingen und ihnen zu jedem Buch, das es dort zu kaufen gibt, ein Werbeplakat entgegenschreien würde, oder? Man darf es also weder Verlag noch Buchhandlung übel nehmen, wenn sie nicht für jeden Autor den roten Teppich ausrollen.

Aber sich selbst sollten Sie es übel nehmen, wenn Sie sich nicht ums Marketing kümmern. Denn Sie können tatsächlich viel tun und viel bewirken. Sie haben auch einen entscheidenden Vorteil: Sie kennen Ihre Leserinnen und Leser besser als jeder Verlag und jede Buchhandlung. Einige davon kennen Sie sogar persönlich, weil Sie mit ihnen bereits Geschäfte gemacht oder auf eine andere Weise mit ihnen zu tun haben. Und noch einen unschlagbaren Vorteil haben Sie: Sie sind die Person, die für all das Wissen im Buch steht. Sie sind das beste, das glaubwürdigste Testimonial, das Sie sich nur wünschen können. Niemand sonst kann mit so viel Überzeugung, mit so viel Leidenschaft über den Nutzen des Buchs erzählen!

> **Shortcut**
>
> Sie selbst sind das mit Abstand beste Verkaufspersonal für Ihr Buch. Es ist Ihre Verantwortung, dass es sich gut verkauft.

Also erzählen Sie von Ihrem Buch, so oft und so vielen Menschen wie möglich. Ob Sie einen Verlag haben oder nicht, ob der Verlag Ihnen großzügig unter die Arme greift oder nicht, lassen Sie sich davon nicht irritieren. Checken Sie, was der Verlag bereit ist zu tun, damit Sie nicht zweigleisig fahren und doppelte Arbeit machen – und starten Sie dann Ihr eigenes Marketing. Stehen Sie zu Ihrem Buch, lassen Sie es nicht im Stich. Sie haben so viel Herzblut hineinfließen lassen – es wäre doch eine Tragödie, wenn nun niemand davon erfährt!

Um auch noch die letzten Bedenken beiseitezuräumen: Doch, Buchmarketing können Sie sich leisten. Ich habe schon öfter gehört: „Marketing ist teuer, ich bin doch nur ein kleines Ein-Personen-Unternehmen und habe kein Budget dafür!" Don't worry. Klar könnte man in Tageszeitungen und Magazinen teure Werbeannoncen schalten und das Buch kostspielig an Litfaßsäulen pinseln lassen. Doch ich bin nicht einmal sicher, ob das überhaupt sinnvoll wäre und Ihre Verkaufszahlen tatsächlich in die Höhe schnellen lassen würde. Die meisten Dinge, die Sie fürs Buchmarketing tun können, kosten kein oder nur wenig Geld. Sie kosten hauptsächlich Ihre Zeit. Investieren Sie sie!

Es gibt einige grundlegenden Dinge, die ein Verlag auf jeden Fall unternimmt:

- Er organisiert eine ISBN, damit Ihr Buch überhaupt verkaufbar ist.
- Er listet es im VLB, dem Verzeichnis lieferbarer Bücher. Das ist jenes Verzeichnis, auf das alle Buchhändler Zugriff haben, wenn sie nach einem Titel suchen. Was da nicht aufscheint, wird auch nicht verkauft.

- Er schreibt eine Pressemeldung und versendet sie an die passenden Journalistinnen und Journalisten.
- Er administriert die Versendung von Rezensionsexemplaren für diese Journalisten.
- Er stellt das Buch in der Verlagsvorschau vor, die an Buchhändler verteilt wird und den Verlagsvertretern als Gesprächsgrundlage dient.
- Er schickt seine Verlagsvertreter aus, die die Buchhändler abklappern.
- Er sorgt dafür, dass das Buch auch in den Onlinebuchhandlungen erhältlich ist.
- Er stellt das Buch auf der eigenen Website vor (oft samt Pressemitteilung und druckfähigem Coverbild zum Download für die Medien) und – so vorhanden – bietet es im verlagseigenen Onlineshop zum Verkauf an.

Die meisten Verlage sind zu weiteren Aktionen bereit – innerhalb ihres geringen Marketingbudgets. Es ist auf jeden Fall eine gute Idee, wenn Sie mit dem Verlag darüber sprechen, was er für Sie übernehmen könnte und wo Sie kooperieren wollen. Warten Sie nicht darauf, dass der Verlag Sie darauf anspricht, sondern sprechen Sie ihn an und unterbreiten Sie konkrete Ideen. Doch überlegen Sie vorher, was Sie selbst unternehmen wollen, bevor Sie ihn ansprechen. Wenn der Verlag erkennt, dass Sie sich ordentlich ins Zeug legen, ist er eher bereit, Sie zu unterstützen. Er kann beispielsweise die Produktion von Postkarten oder Lesezeichen übernehmen oder vielleicht auch eines Roll-ups, das Sie bei Lesungen, Vorträgen und in Ihren Seminaren aufstellen wollen. Denken Sie bei der Zusammenarbeit mit dem Verlagsmarketing bitte dran: Der Verlag hat viel Erfahrung im Buchmarketing. Wenn er es ablehnt, einen Fernsehspot zu finanzieren, dann liegt das vielleicht nicht nur am schmalen Budget, sondern auch am Wissen über die Wirkung solcher Aktionen. Respektvolle Kommunikation auf Augenhöhe, das sollte für beide Seiten selbstverständlich sein.

Wenn Sie über einen Selfpublisher verlegen lassen, sieht die Sache schon reduzierter aus. Informieren Sie sich auf den Websites, was Ihr Selfpublishing-Anbieter in seinem Standardangebot hat. Meist sind das das Bereitstellen einer ISBN, die Listung im VLB, die Verteilung der Verlagsvorschau und das Eintragen in die großen Onlinebuchhandlungen. Gegen Aufpreis gibt es meist zusätzliche Angebote.

Mach dich zum Bestseller, nicht dein Buch

Wo der Traum vom eigenen Buch wirklich wird, ist der Traum vom Bestsellerautor nicht weit. Doch Bestseller können weder geplant noch gemacht werden. Vielmehr ist es ein Zusammentreffen vieler glücklicher Gegebenheiten: Das Thema ist brisant, das Buch lesergerecht zugeschnitten, meist ist die Autorin bereits berühmt … doch den größten Einfluss, ob ein Buch Bestseller wird, hat mit Abstand der Zufall, die glückliche Fügung. Die lässt sich weder planen noch vorhersagen.

Auf dem Buchmarkt herrscht harter Verdrängungswettbewerb. Es sei denn, Sie besetzen ein Thema, über das noch niemand jemals geschrieben hat und das mindestens die Welt rettet. Oder etwas, das der halben Menschheit von oben verordnet wird wie die Bibel – Bestseller No. 1 weltweit. Auf Platz zwei liegt *Worte des Vorsitzenden Mao Tse-Tung*, auch als Mao-Bibel bekannt. Oder Sie sind Pionier eines Themas, das den Traum vieler Millionen Menschen anspricht wie das Buch *Denke nach und werde reich*. Napoleon Hill hat es 1966 geschrieben, seitdem ist es das meistgelesene Sachbuch. Ich bin sehr sicher, dass weder Napoleon Hill noch die Kirche über einen möglichen Bestsellerstatus nachgedacht hat, bevor sie zur Feder griffen.

Außerdem: Um mit einem Buch reich zu werden, müssen Sie wirklich sehr viele Exemplare verkaufen. Rechnen wir einmal. 100.000 verkaufte Bücher im ersten Jahr – das wäre dann auf jeden Fall ein Bestseller – bringen Ihnen, Daumen mal pi gerechnet, 100.000 Euro ein. Die müssen Sie aber erst einmal verkaufen!

> **Shortcut**
>
> Es ist viel realistischer, dass Sie zum Bestseller werden, nicht Ihr Buch.

Realistischer sind da schon eher – je nach Größe Ihrer Zielgruppe – 5000, 10.000, vielleicht 20.000. Damit werden Sie Ihre Familie nicht ernähren können.

Doch es würde reichen, um Ihre Expertenkarriere ein gutes Stück voranzutreiben. Zehn zusätzliche Seminare im Jahr, das wäre doch ein toller Erfolg. Oder Vorträge, Einladungen zu Podiumsdiskussionen oder Keynotes. Oder zusätzliche Coachingkundinnen oder Patienten. Mit dem Buch sollte es Ihnen gelingen, neue Kunden zu erreichen. Wenn Sie Ihren Expertenstatus auf die nächsthöhere Ebene gehoben haben, können Sie in weiterer Folge auch Ihre Honorare erhöhen. Sie sehen schon, was ich meine: Ein Buch ist nicht so profitabel, um es zur Haupteinnahmequelle zu machen. Doch als Werbemittel erster Güte, als King of Content, erweist es Ihnen den besten Dienst für Ihr Expertenmarketing.

Buchmarketing ist Expertenmarketing

Es lässt sich ein Sachbuch ohnehin nicht ohne die Autorin vermarkten. Theoretisch schon, denn ein Buch ist schließlich auch nur ein Produkt wie Brot oder ein Smartphone. Doch das ist nur die halbe Miete – und es wäre auch nicht in Ihrem Sinn. Dazu kommt, dass Leserinnen und Leser bei Büchern gerne auch die Autorin im Hintergrund spüren wollen. „An integral part of marketing your book is marketing your company name and image", schreibt der US-amerikanische Buchmarketingprofi John Kremer.

Ihr Buch ist das perfekte Werbemittel für Ihre Expertenkarriere, in dem potenzielle Kunden erkennen können, wofür Sie stehen und wer Sie sind. Sie sind nicht einfach nur die Autorin – Sie sind die Expertin, die ein Buch geschrieben hat. In diesem Sinn geht es beim Buchmarketing nicht nur um das Buch, sondern auch um Ihr Selbstmarketing. Der springende Punkt ist, dass Sie es schaffen, beides miteinander zu verknüpfen.

Marketing, Werbung, PR

Lassen Sie uns zunächst einmal klarstellen, wovon wir eigentlich reden, wenn wir von Marketing, Werbung und PR reden. Das sind so große und gleichzeitig auch so abstrakte Begriffe, und daneben werden sie gerne durcheinandergebracht oder synonym verwendet, wo sie doch gar keine Synonyme sind. Die Fachvokabeln PR, Werbung und Marketing sind mitnichten ein und dasselbe, Sie werden es gleich sehen. Voilà meine Kurz-kurz-Einführung in die Grundlagen dessen, was wir alle grundsätzlich können, wenn wir nur ausreichend motiviert sind: anderen etwas Gutes zu tun.

Marketing ist der Überbegriff. Er umfasst alles, was man tun kann, um auf dem Markt zu reüssieren: auf sich aufmerksam machen, einen Bedarf (eine Marktlücke) entdecken, dementsprechend ein neues Produkt entwickeln und den Kunden vorstellen, sich mit einem Thema oder Produkt positionieren, sich ein Image aufbauen, sich ins rechte Licht rücken, neue Kunden gewinnen, bestehende Kunden an sich binden, neue Vertriebskanäle öffnen, versuchen in die Medien zu kommen und vieles mehr. Damit all diese Handlungen zielgerichtet sind, entwickeln die Profis eine Marketingstrategie und leiten daraus einen Plan mit konkreten Aktionen ab.

Einen guten Überblick über die unzähligen Aufgaben, die man zum Marketing zählt, bietet der Marketingmix, der als die „4 P des Marketing" bekannt geworden ist – Product, Price, Placement und Promotion, also Produktentwicklung und -gestaltung, Preis- und Konditionengestaltung, Distribution und Marktkommunikation. Zum letzten P – der Promotion oder Marktkommunikation – gehört auch die Werbung, also das gezielte Ansprechen von potenziellen Kunden, und die PR, was eine Abkürzung für Public Relations ist und Öffentlichkeitsarbeit ist. PR hat die Aufgabe, die öffentliche Wahrnehmung einer Person oder eines Unternehmens ins rechte Licht zu rücken. Auch der Verkauf ist ein Teil der Marktkommunikation. Man kann also sagen: Die ersten beiden Ps gestalten das Produkt so, wie es am Markt wahrgenommen werden soll. Das dritte P sorgt dafür, dass es in die Läden hineinkommt, und das vierte P, dass es Kunden kaufen und verwenden.

Das lässt sich nun ganz einfach auf Ihr Buch umlegen. Denn die umwerfend gute Nachricht für Sie ist: Sie haben die ganze Zeit schon an den „4 P des Buchmarketing" gearbeitet. Sehr vieles davon ist bereits erledigt. Wir sind also bereits mittendrin! Schauen Sie einmal:

- „Product": Sie haben Produktentwicklung betrieben, indem Sie eine Idee, einen Leserbedarf, eine Marktlücke aufgespürt haben. Das Kernstück der Produktion haben Sie auch übernommen, denn Sie haben das Manuskript verfasst. Der Verlag oder Ihr Selfpublishing-Anbieter oder die Druckerei hat das Buch fertiggestellt (oder ist gerade dabei).
- „Price": Den Preis hat entweder der Verlag oder haben Sie selbst als Selfpublisher festgelegt. Dank Buchpreisbindung ist nun dafür gesorgt, dass Ihr Buch überall zum selben Preis verkauft wird.
- „Placement": Auch das übernimmt der Verlag. Er sorgt dafür, dass Ihr Buch eine ISBN bekommt, im VLZ, dem Verzeichnis lieferbarer Bücher, gelistet ist und in den Buchhandel kommt. Wenn Sie Ihr Buch über einen Selfpublisher veröffentlichen, übernimmt der üblicherweise ebenfalls die ersten beiden Punkte und informiert die großen Internetriesen. Nur den stationären Buchhandel, den müssen Sie selbst beackern, wenn Sie das wollen.

- Bleibt noch die „Promotion". Das ist, was Sie nun zu tun haben, egal, ob mit oder ohne Verlag.

Eine Definition von Marketing mag ich besonders: Marketing ist Beziehungsarbeit. Wenn wir ein Produkt entwickeln, tun wir das, weil wir herausgefunden haben, dass ein anderer Mensch es brauchen kann. Wenn wir neue Kunden ansprechen, bauen wir eine Beziehung auf und je besser diese Beziehung gepflegt wird, desto eher wird der Kunde zum treuen Stammkunden. Wenn wir ins Fernsehen kommen wollen, müssen wir die Gunst eines Journalisten gewinnen. Und auch in einem Verkaufsgespräch, da werden Sie mir bestimmt recht geben, wird eine Beziehung aufgebaut.

Eine Beziehung herzustellen, das ist nun Ihre Aufgabe: zu Ihren Leserinnen und Lesern und damit auch zu potenziellen Kunden, ebenso zu Multiplikatoren und zu Journalistinnen und Journalisten. Gehen wir es systematisch an.

Entwickle eine (Buch-)Marketingstrategie

Der Strategos war im alten Griechenland der, der die Soldaten zum Sieg führte, und zwar nicht, indem er seine Mannen einfach auf den Gegner draufhauen ließ. Der Strategos dachte vorher nach: Wo stehen wir gerade, was haben wir? Wer sind wir und wo wollen wir hin? Was machen die anderen und was tun wir, wenn sie nach links gehen oder nach rechts? Strategie heißt, dass man sich Ziele setzt und sein Selbstverständnis durch grundlegende Haltungen und Verhaltensweisen definiert: Wofür stehe ich und woran werden das die anderen erkennen? Für Ihre Buchmarketingstrategie hilft Ihnen dieser Leitfaden:

- **Was ist Ihr längerfristiges Ziel?**
  Nachdem wir bereits darüber gesprochen haben, dass „Bestseller" nichts ist, das Sie gezielt planen können, hoffe ich, dass das nicht das Erste ist, das Ihnen bei dieser Frage einfällt. Werfen Sie einen Blick auf Ihre beruflichen Ziele. Wollen Sie sich als gut bezahlter Keynote-Speaker etablieren, um künftig weniger Seminare verkaufen zu müssen, weil die Sie zunehmend anstrengen? Wollen Sie mehr Patienten auf sich aufmerksam machen, weil Sie sich als Zahnärztin auf alternative Heilmethoden spezialisiert haben und dieses Angebot einem größeren Kreis bekannt machen wollen? Wünschen Sie sich, künftig Ihre Honorare erhöhen zu können? Wünschen Sie sich als Steuerberater mehr Kunden, die Bedarf an Finanzstrafrechtsberatung haben? Sind Sie Softwareentwicklerin und

wünschen Sie mehr Aufträge? Möchten Sie als Führungskraft die Karriereleiter weiter emporklimmen? Vielleicht ist es Ihr Ziel, hinkünftig nur noch Bücher zu schreiben und sich zu einem konkreten Themenkreis in ein Marktsegment zu setzen? Oder haben Sie genug vom aufreibenden Job als Managerin und wollen mit dem Buch den Einstieg in Ihre neue Karriere als Unternehmensberaterin einläuten?

Ziele gibt es viele. Definieren Sie sie konkret. Wie viele neue Kunden oder zusätzliche Aufträge – in Prozent oder in absoluten Zahlen? Bis wann? Um wie viel oder auf welchen Betrag wollen Sie Ihr Honorar erhöhen? Auch qualitative Ziele lassen sich konkret darstellen, indem Sie sie beschreiben, als wären sie schon eingetroffen. Das liest sich dann so: „Am Ende des Jahres habe ich mein Image als Expertin fürs Sachbuchschreiben aufgebaut. Ich erkenne es dadurch, dass mich mehr Anfragen für Interviews und Keynotes erreichen und ich auch im Kollegenkreis öfter um mein Fachwissen und meine Einschätzung gebeten werde." Sie beschreiben also Dinge, die eine logische Konsequenz aus Ihrem Ziel sind und die Sie sehen, hören und beobachten können, auch wenn diese nicht messbar sind.

- **Wofür stehen Sie?**
Als Unternehmerin, Selbstständige, Freiberuflerin sollten Sie zu dieser Frage bereits eine Antwort haben. Es geht hier also um Ihren USP, Ihre „Unique Selling Proposition". Was unterscheidet Sie von Ihrer Konkurrenz?

Wenn nicht, dann überlegen Sie:

Für welches Thema, welches Spezialgebiet stehen Sie? Die Antwort auf diese Frage müsste ident sein mit der Frage: Was qualifiziert Sie als Autorin, Ihr Buch zu schreiben? In meinem Fall lautet die Antwort: „Ich bin Expertin fürs Sachbuchschreiben. Sie können mich als Autorenberaterin oder Schreibcoach buchen. Als Ghostwriter schreibe ich zu allen Themen in Wirtschaft und Psychologie."

Mit welcher Haltung gehen Sie an die Sache heran? In welcher Weise arbeiten Sie anders als die anderen? Woran kann Ihr Kunde das erkennen? Die Wahrscheinlichkeit, dass Sie Experte auf einem Gebiet sind, in das sich noch niemand anderer auf unserem Planeten vertieft hat, ist gering. Deshalb sagt man auch, dass ein USP sich aus der Kombination mehrerer Spezialitäten ergibt. In meinem Fall beispielsweise: Es gibt auch andere Autorenberater und Ghostwriter. Was mich aber von anderen unterscheidet, ist meine unkomplizierte Sichtweise zum Schreiben, mein immer wertschätzendes Feedback, mein humorvoller Blick und dass ich sowohl in Wirtschaft als auch Psychologie eine Ausbildung und praktische Erfahrungen habe. Das erleichtert die Zusammenarbeit und ermöglicht mir auch kritische Fragen, die ein Buch prägnanter machen.

- **Wer ist Ihr Publikum und wen können Sie noch ansprechen?**

Die Antwort ist klar, oder? Schlagen Sie nach in Ihrem Exposé, da haben Sie sie bereits beschrieben. Die sind möglicherweise ident mit Ihren Kundinnen und potenziellen Kunden, vielleicht auch nur mit einem Teilsegment davon. Allerdings werden Sie nicht nur direkt mit Ihren Leserinnen und Lesern kommunizieren, sondern in vielen Fällen indirekt: über Multiplikatoren, Distributoren, Journalisten.

Für das Schreiben Ihres Manuskripts war es gut, Ihre Zielgruppe so homogen wie möglich vor Augen zu haben. Nun sollten Sie Ihren Fokus erweitern. Wie bei einer Taschenlampe, die man von einem schmalen Spot auf einen breiten Strahlwinkel drehen kann, verbreitern Sie den Kreis potenzieller Gesprächspartner:

Welche konkreten Personen könnten Ihr Buch aus eigenem Interesse kaufen wollen (Ihre primäre Zielgruppe)? Wer sind sekundäre Zielgruppen und wer sind Ihre Kollateralleser? Sie erinnern sich? In Schritt 3 können Sie noch einmal nachlesen.

Wer könnte Ihr Buch in größeren Mengen kaufen wollen? Das können Unternehmen sein, die das Buch ihren Führungskräften schenken möchten, Vereine, Interessengruppen, Clubs, Organisationen.

Wen in Ihrer Branche können Sie über das Buch noch informieren? Ein Managementratgeber beispielsweise ist interessant für die Mitglieder der Industriellenvereinigung, der Handelskammern, Banken, Versicherungen. Wer sind die Topführungskräfte dieser Organisationen, die Sie in Ihren Verteiler aufnehmen können?

Wer könnte Ihr Buch kommentieren, rezensieren oder vielleicht sogar ein Vorwort schreiben?

Wen kennen Sie bei TV, Radio oder Zeitung? Wen kennen Sie, der Zugang zu Medien oder Medienkontakte hat?

Wen könnten Sie bitten, Ihre Beiträge in den Social Media zu kommentieren oder zu teilen?

Wen kennen Sie, dessen Kunden Interesse am Buch haben könnten? Das können Kolleginnen und Kollegen sein, aber gehen Sie auch Ihre Familienmitglieder und Ihren Freundeskreis in Gedanken einmal durch.

- **Was wollen Sie kommunizieren?**

Stellen Sie sich vor, Sie stehen bei einer Party an der Bar mit einem Gläschen Spumante in der Hand, da kommt jemand auf Sie zu. Er stellt sich vor, Sie stellen sich vor. Es kommt zum Smalltalk, bei dem Sie sich gegenseitig erzählen, was Sie beruflich so machen. „Ich bin seit zehn Jahren

Psychotherapeutin und spezialisiert auf Traumatherapie", sagen Sie. Der andere horcht auf, denn er ist Lebens- und Sozialberater und hat auch schon öfter mit traumatisierten Klienten zu tun gehabt. Er fragt näher nach. Sie plaudern von Ihren Erfahrungen und dass Sie die Arbeit mit Kindern besonders beglückend finden. „Und übrigens habe ich ein Buch geschrieben", werfen Sie schließlich ein (ein Glück, dass es Ihnen noch eingefallen ist!). „Oh wow, tatsächlich!", sagt Ihr Gegenüber. „Wovon handelt es denn?" – „Ja, äh, also …", stottern Sie.

Das soll Ihnen nicht passieren. Das wird Ihnen auch nicht passieren, denn Sie sind vorbereitet. Sie haben sich nämlich einen „Elevator Pitch" zurechtgelegt. Das ist ein Satz (oder maximal zwei Sätze), der ausdrückt, worum es geht und welchen Nutzen der andere davon hat. Der Idee liegt die Vorstellung zugrunde, dass man mit einem Kunden gemeinsam im Aufzug fährt und nur die paar Sekunden bis zum Aussteigen Zeit hat, um den Kunden von einer Sache zu überzeugen, die einem am Herzen liegt.

Unsere Traumatherapeutin hätte sich beispielsweise den hier zurechtlegen können: „Ich stelle darin sämtliche Methoden vor, die man zur Stabilisierung von Traumapatienten einsetzen kann. Damit können Sie Ihren Klienten mehr Sicherheit geben und wirksamer mit ihnen arbeiten." Und schon wird der Lebens- und Sozialberater Papier und Stift suchen und sich notieren, dass er gleich morgen Ihr Buch besorgen muss.

- Also: Wie lautet Ihr Elevator Pitch?

Entdecke die Möglichkeiten

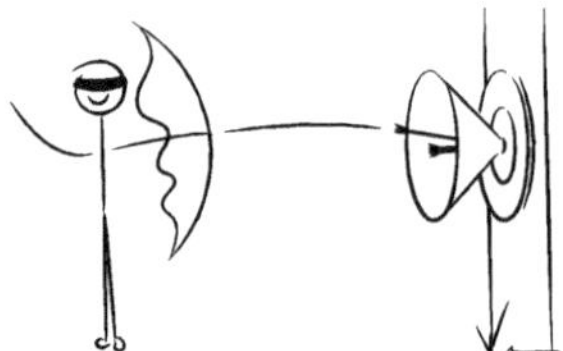

Es gibt wahrliche viele Möglichkeiten, wie Sie Ihr Buch bekannt machen können. Von der Lesung bis zur Verlosung, vom Blog bis zum Blinkist-Eintrag, von der konkreten Firmenansprache bis zum Flyer könnten Sie Zeit und Geld investieren und eine Vollzeitbeschäftigung daraus machen. Weil das aber weder realistisch noch sinnvoll ist, habe ich die vielversprechendsten Vorschläge in diesem Kapitel gesammelt. Manche sind aufwendiger, manche ganz einfach in ihrer Umsetzung. Die Idee ist, dass Sie eine Auswahl treffen, die Sie in Ihrer Planung berücksichtigen.

Web 2.0: Präsentiere dich im Internet

Unternehmens-, Autoren oder Buchwebsite

Es ist eine Möglichkeit, eigens für Ihr Buch eine Website programmieren zu lassen, aber das muss nicht sein. Eine Ankündigung, wann Ihr Buch erscheinen wird, ein Hinweis auf die Möglichkeit der Vorbestellung und einen Link zur Bestellmöglichkeit auf der Verlagswebsite können Sie auch auf Ihrer bereits seit Jahren etablierten **Firmenwebsite** platzieren. Sinnvoll ist, einen eigenen Menüpunkt „Publikationen" einzurichten. Das hat den Vorteil, dass Sie mehr Platz haben, um Ihr Buch vorzustellen. Außerdem hat dieser Menüpunkt einen eigenen Linkpfad, den Sie überall einsetzen können, sodass die User gleich direkt zu Ihrem Buch geführt werden.

Wenn Sie doch an eine neue **Website fürs Buch** denken, sollten Sie bald damit beginnen, denn die Umsetzung dauert erfahrungsgemäß länger: Sie brauchen eine Webgrafikerin, die Ihnen ein schönes Layout gestaltet, einen Programmierer, der für die technische Umsetzung sorgt, und Sie brauchen vor allem ein Konzept. Und Texte!

Je nachdem, ob Sie bloß eine Webpräsenz für Ihr Buch haben wollen oder eine Plattform für Ihre Leserinnen und Leser, auf der Sie auch ein Blog und andere Kommunikationsmöglichkeiten bespielen wollen, wird sie unterschiedlichen Umfang haben. Sie können auch ausschließlich ein Weblog programmieren lassen und ab sofort zu Ihrem Thema bloggen.

Sinn macht eine Buchwebsite allerdings nur, wenn Sie bereit sind, sie auch in Zukunft zu hegen und zu pflegen. Ich kenne genug Buchwebsites, die zum Publikationszeitpunkt wunderhübsch anzuschauen und zu lesen waren – und drei Monate später fristeten sie bereits ein einsames und verwaistes Leben als Datenleiche. Sie müssen also Ideen und auch die Zeit haben, wie Sie auch später noch Ihre Leserinnen und Leser bei Laune halten können. Wenn nicht, nutzen Sie lieber Ihre bestehende Website, die ist normalerweise Arbeit genug.

Wenn Sie planen, auch noch weitere Bücher zu schreiben, ist eine **Autorenwebsite** eine gute Idee. Attraktiv an dieser Idee ist, dass eine Autorenseite Sie ins Zentrum rückt und erst in zweiter Linie das Buch. Später haben Sie Platz für so viele Bücher, wie Sie zu schreiben imstande sind. Selbstverständlich können Sie auch hier mit Ihren Leserinnen und Lesern interagieren, mit einem Blog beispielsweise oder dem Einspielen von Podcasts und Videos.

Bloggen

Wenn wir schon davon reden: Ein Blog zu schreiben gehört schon fast zum guten Ton. Für Sie als Expertin oder Experte ist ein Blog allemal ein tolles Instrument, mit dem Sie Ihr Know-how sichtbar machen. Erst neulich erzählte mir ein Führungskräftetrainer, dass er den Zuschlag für Trainings von einem führenden Medienhaus bekam mit der Rückmeldung: „Wir haben uns für Sie entschieden, weil uns Ihre Blogbeiträge überzeugt haben. Toll geschrieben und super Inhalte!" Was für ein unschlagbares Argument für den Zuschlag wäre es dann erst, wenn der Kunde auch noch ein tolles Sachbuch vorfindet!

Im Idealfall haben Sie bereits ein Blog und eine treue Leserschar. Denn dann ist es ein Leichtes, im einen oder anderen Blogbeitrag das bald erscheinende Buch zu erwähnen. Wenn Sie für das Buch ein neues Blog eröffnen wollen, starten Sie rechtzeitig damit, um einen Leserkreis aufzubauen, noch bevor Sie Ihr Buch ankündigen. Das bedeutet, dass Sie nicht nur das Blog technisch einrichten müssen, sondern auch ein Konzept brauchen und einige Beiträge veröffentlicht haben.

Sie sollten nur eines nicht tun: Ein Blog mit einem Newsletter verwechseln. Im Newsletter können Sie Informationen in die Welt hinausschicken – im Blog sollten Sie Mehrwert im Sinne des Content-Marketing erzeugen, einen Nutzen stiften und eine Geschichte erzählen. Blogabonnenten interessiert vermutlich wenig, ob Sie Ihren Standort von München nach Stuttgart verlegt haben oder Ihre Website relauncht haben, auch wenn Sie ihnen begeistert berichten, um wie viel einfacher die Bedienung nun geworden ist. Es reicht auch nicht zu schreiben, dass Ihr Buch ab sofort erhältlich ist. Sie müssen schon eine Story draus machen.

Blogs sind untrennbar mit den sozialen Netzwerken verbunden. Denn mit einem oder mehreren Social-Media-Kanälen können Sie die Reichweite Ihres Blogs erhöhen, indem Sie die einzelnen Beiträge dort teilen. Natürlich können Sie ein Blog betreiben und auf Facebook & Co verzichten. Es gibt auch andere Wege, um den Abonnentenkreis Ihres Blogs zu erweitern. Mit den sozialen Netzwerken erreichen Sie jedoch nicht nur mehr Leserinnen und Leser, sondern haben auch dort mehr Möglichkeiten, mit ihnen in einen persönlichen Austausch zu treten. Werfen wir also einen Blick in die Welt der virtuellen Vernetzungen.

Social Media

Bücher verkaufen sich, indem Sie sie ins Gespräch bringen. Da können die Social Media ein hilfreiches Tool sein. Jedoch nur, wenn Sie es richtig angehen. Ein „Kauf mein Buch – JETZT!!!!!", in Neonfarbe untermalt, ist mit Sicherheit der falsche Weg. Sie müssen schon Storys erzählen und mit Content in kleinen Häppchen neugierig machen, um einen Mehrwert für die Social-Media-User zu generieren. Leider verwechseln immer noch manche Autoren Facebook & Co mit einer Plakatwand, auf die sie ihre Werbung draufpappen können.

Die sozialen Netzwerke sind eine Welt für sich. Bevor Sie nun loslegen und überall – auf Facebook, Xing, LinkedIn, Instagram & Co – einen Account anlegen, überlegen Sie einmal:

- Wo ist Ihre Zielgruppe am häufigsten anzutreffen? Macht es wirklich Sinn, sich auch auf Facebook herumzutreiben, wenn Sie Ihre Businesskunden vorwiegend auf Xing oder LinkedIn finden? Oder betrifft Ihr Thema Menschen in ihrem Privatbereich? Dann sieht die Sache schon anders aus.
- Konzentrieren Sie sich auf ein oder zwei Kanäle! Denn Sie müssen schon ein leidenschaftlicher Social-Media-User sein, wenn es Ihnen gelingt, alle Kanäle gleichermaßen zu bedienen. Besser weniger, dafür mit mehr Qualität und regelmäßiger Frequenz, als viele Kanäle, diese dafür nur halbherzig.

- Mit welchen Inhalten wollen Sie unterhalten und einen Mehrwert bieten? Wie lässt sich auf den Inhalt Ihres Buchs aufmerksam machen? Auf welche Gustostückchen können Sie hinweisen?
- Erzählen Sie Geschichten. Unterhaltung ist das vorrangige Ziel, das Social-Media-User haben, also liefern Sie keine reinen Informationen, sondern verpacken Sie sie in eine Geschichte. Eine meiner Autorinnen, die Psychologin Natalia Ölsböck, hat in ihrem zweiten Buch die Seelenklempnerin eingeführt. Mit dieser Figur kann sie wunderbar ihre Leserinnen und Leser für die vielen Tipps aus ihrer „Kleinen Seelenwerkstatt" transportieren. Ob Fantasie-, Comic- oder reale Figuren, sofern es zu Ihrem Buch und zu Ihnen passt, ist alles erlaubt. Sogar Motoren können sprechen, wenn man sie lässt! Sie können erzählen, wie sie den Angestellten den Arbeitsalltag in Krankenhäusern, Fabriken, Großküchen oder auch daheim erleichtern – je nachdem, auf welchem Schauplatz sie eingesetzt werden. Auf diese Weise lässt sich Lesernutzen kommunizieren, ohne auch nur im Geringsten auf öde Werbesprache zurückgreifen zu müssen.

Shortcut

Die zentralen Fragen für Social Media:
1. Wo tummelt sich das Gros Ihres Publikums?
2. Welches Medium liegt Ihnen am meisten?
3. Welche Geschichten haben Sie zu bieten?

Social Media ist zeitaufwendig. Und es ist wenig wirkungsvoll, wenn Sie a) nicht regelmäßig und b) nicht den jeweiligen Gepflogenheiten entsprechend kommunizieren. Da einmal ein Posting auf Facebook und zwei Wochen später auf LinkedIn, das wird nicht reichen. Wenn, dann müssen Sie präsent sein und bereit, Ihr Buch immer und immer wieder ins Gespräch zu bringen, nicht nur einmal im Monat. Es ist so ähnlich, wie wenn Sie zu einer Großveranstaltung gehen: Es macht einen haushohen Unterschied, ob Sie dort auf der Bühne stehen und Ihr Buch dem gesamten Auditorium präsentieren oder ob Sie in einer Ecke der neben Ihnen stehenden Person zuflüstern, dass Sie Autorin sind.

Außerdem hat jedes Medium sein eigenes Konzept und es liegt an Ihnen zu entscheiden, welches am besten zu Ihren Zielen passt. Auf **Instagram** etwa geht es in erster Linie um Bilder, der dazugeschriebene Text ist nebensächlich. Im Kommentar lassen sich noch dazu Blogbeiträge nicht verlinken. Der Kanal kann dennoch interessant sein, wenn Sie ein Thema bedienen, das mit Fotos gut darstellbar ist – ein Handbuch für Gartengestaltung, ein Fitnessratgeber oder ein Kochbuch lassen sich auf diese Weise wunderbar präsentieren. Hashtags sollten Sie dabei unbedingt einsetzen, denn auf Instagram kann man nicht nur Personenprofile abonnieren, sondern auch Hashtags wie etwa der für Bücherfreunde beliebte Hashtag #bookstagram mit 30 Millionen Beiträgen. Stöbern Sie nach passenden Hashtags, die auch andere verwenden, dann werden Ihre Beiträge nicht nur in den Timelines derjenigen Abonnenten gelistet, die Sie als Person abonniert haben, sondern auch im Newsfeed der Hashtag-Abonnenten.

Ähnlich wie Instagram hat auch **Pinterest** seinen Schwerpunkt auf das Bild gelegt, jedoch können Sie hier auch auf Ihre Blogbeiträge verlinken. Pinterest wird vorwiegend als eine Art Nachschlagewerk verwendet, in dem man sich jede Menge Tipps und Know-how holen kann – von der Strickanleitung bis zum Gelassenheitstraining finden Sie so ziemlich alles. Mit dem richtigen Hashtag können Sie Ihre Tipps zu welchem Thema auch immer zum Evergreen machen.

Wenn Sie nicht so gern mit Bildern arbeiten, dann sind wohl eher **Facebook**, **Xing** oder **LinkedIn** eine passende Möglichkeit, um Ihr Buch zu promoten. Während es auf Facebook lebendiger zugeht, ist es auf Xing oder LinkedIn wiederum eher ruhig und förmlich. Das zeigt sich schon allein dadurch, dass man sich auf Facebook duzt, während auf den beiden anderen Kanälen das formelle Sie zum Standard gehört. Tendenziell kann man sagen: Bücher, die sich Menschen kaufen, um im Beruf weiterzukommen, sind auf Xing und LinkedIn gut aufgehoben, Bücher für Privatzwecke eher auf Facebook. Ein Sachbuch über agiles Management präsentieren Sie also auf Xing oder LinkedIn, ein Selbsthilfebuch fürs Lebensglück auf Facebook. Wobei so einfach die Entscheidung auch wieder nicht ist, denn auf Xing befinden sich bestimmt jede Menge Menschen auf der Suche nach dem Lebensglück. Ein Ratgeber zum Stressabbau passt eigentlich überall hin, denn gestresste Menschen finden sich in den Businesschefetagen genauso wie in den Friseurläden oder im Homeoffice. Es sei denn, Sie haben Ihr Buch ausschließlich für die Businesswelt geschrieben. Auch das Niveau Ihres Buchs ist ausschlaggebend dafür, wohin es passt: Das eher wissenschaftliche, intellektuelle Sach- oder Fachbuch wird mehr Leser auf Xing und LinkedIn finden als auf Facebook. Haben Sie Ihr Buch leicht verständlich geschrieben, wird es auch auf Facebook Anklang finden.

Wenn Sie es kurz und rasant mögen, kann **Twitter** der passende Kanal für Sie sein. 280 Zeichen kurz darf ein Tweet sein, inklusive Verlinkung – da lohnt es sich, den Link zum Beispiel via tinyurl.com verkürzen zu lassen, dann haben Sie mehr Zeichen übrig für Ihr Statement. Auch auf Twitter sind Hashtags wichtig. Er ist wohl der schnellste Kanal von allen, bei dem die Tweets nur sehr kurz im Blickfeld bleiben.

Sie sehen, wenn Sie nicht gerade grundsätzlich Social-Media-Verweigerer sind, findet sich für jeden Geschmack das richtige Medium. Das sollten Sie auch für sich nutzen und die Wahl des Mediums nicht nur an der passenden Zielgruppe, sondern auch nach Ihren persönlichen Vorlieben wählen. Sind Sie jemand, der den gemütlichen Plauderton bevorzugt? Dann werden Sie mit Xing nicht weit kommen, mit Facebook aber schon. Die Hobbyfotografin wird sich auf den bildlastigen Kanälen wohlfühlen, aber vielleicht nicht auf Twitter. Nehmen Sie diese Neigung ernst, denn Sie würden sonst nicht lange durchhalten!

Foren können für Sie auch interessant sein. Im Internet finden sich gerade zu Spezialthemen gut gepflegte Foren, bei denen man sich einbringen kann. Auch bei Facebook gibt es jede Menge Gruppen, für die Sie eine Mitgliedschaft beantragen können. Diese Foren und Gruppen haben zwei wesentliche Charaktereigenschaften: Es geht um einen konstruktiven Austausch und Werbung ist nicht erlaubt. Mit interessanten Beiträgen und einer professionellen Teilnahme an den Diskussionen können Sie jedoch Ihre Expertise zeigen und Aufmerksamkeit auf sich ziehen.

Wenn Sie bereits auf dem einen oder anderen Kanal aktiv sind, können Sie schon während des Buchschreibens beginnen, Ihre Publikation einzufädeln. Wenn Sie noch nicht viel damit zu tun hatten, aber Lust darauf haben, in diese Welt einzutauchen, empfehle ich Ihnen: Beginnen Sie rechtzeitig mit dem Hineinschnuppern, damit Sie dann, wenn es ernst wird mit dem Buchmarketing, schon ein wenig Übung haben. Wie bereits erwähnt: Jedes Medium hat eine eigene Sprache, eigene Gepflogenheiten und technische Möglichkeiten. Wenn Sie sich ein bisschen mit der Plattform Ihrer Wahl auseinandergesetzt haben und verstanden haben, wie die User dort ticken, ist es keine große Hexerei. Freundlich, verbindlich, menschlich zu kommunizieren, das können Sie bestimmt. Wie die Social-Media-Expertin Christa Goede im Interview weiter unten betont, ist in jedem Fall Ihr persönlicher Stil gefragt. Je klarer Ihr Selbstbild, Ihre Positionierung ist, desto besser gelingt es Ihnen, diesen nach außen zu tragen und unverwechselbar zu werden.

Interview mit der Social-Media-Expertin Christa Goede

Für Christa Goede ist das Internet ihr zweites Wohnzimmer. Ich habe sie über die Chancen, Risiken und Pannen für Sachbuchautorinnen und -autoren gefragt.

Es kreuzen bestimmt viele Autorinnen und Autoren deine Timelines, darunter auch Sachbuchautoren. Was ist dein Eindruck, wie professionell sind sie unterwegs? Was machen sie grundsätzlich richtig und was falsch?

Sie machen das richtig oder falsch, was alle anderen Berufsgruppen in Social Media auch richtig oder falsch machen: Falsch ist, einfach loszulegen und sich vor dem Start nicht genau zu überlegen, wen man mit welchen Inhalten auf welchen Kanälen erreichen will. Richtig ist, als Allererstes ein Konzept für den eigenen Social-Media-Auftritt zu entwickeln. Dabei hilft es, folgende Fragen zu beantworten:

- Welche Ziele will ich erreichen?
- Welche Personen will ich erreichen?
- Welche Inhalte habe ich?
- Welche Kanäle will ich bespielen?
- Wie viel Zeit habe ich?
- Welche Vorlieben habe ich?

Gerade Sachbuchautoren haben zumeist einen erfüllenden Vollzeitjob – doch nebenher diverse Social-Media-Kanäle zu betreuen ist sehr schwer. Ein klares Konzept hilft hier, die knappe Zeit sinnvoll einzusetzen und sich gezielt für die Kanäle zu entscheiden, auf denen die Zielgruppe aktiv ist. Und auch die Frage nach den persönlichen Vorlieben finde ich wichtig: Denn wer sich mit Fotos eher schwertut, ist auf dem Fotokanal Instagram vielleicht nicht unbedingt richtig.

Für den einen oder die andere könnte über die eigenen Auftritte hinaus vielleicht auch eine Vermarktung über Gespräche zum Thema spannend sein: Gerade auf Facebook gibt es unzählige Gruppen zu ganz verschiedenen Themen. Hier als Autor mitzumischen, ist nicht die schlechteste Idee – aber immer mit dem Fokus auf dem Nutzen für den Leser, NICHT als reine Vermarktungsaktion. Denn pure Werbung ist in aktiven, gut gepflegten Gruppen nicht gerne gesehen. Gerade zum Start hilft es, den Admin anzuschreiben und sich dort das Okay für die geplanten Inhalte zu holen.

Wichtig ist auch die intensive Vernetzung von Online- und Offlinemaßnahmen: Termine für Lesungen gehören natürlich in Social Media. Und bei Lesungen darf der Autor ruhig sagen, dass sie oder er sich über neue Follower und Fans in Social Media freut ;-). Am besten präsentiert der Autor seine digitalen Kanäle unübersehbar bei jedem Liveauftritt! Oft vergessen werden die digitalen Auftritte auch auf den Promotionflyern zum Buch … Schade, denn so werden die Möglichkeiten nicht optimal ausgenutzt.

Wenn ich meinen Autoren rate, sich zu überlegen, dass sie sich mit ihrem Buch auch auf Xing, LinkedIn, Facebook & Co präsentieren, stelle ich fest: 1. Die einen sind bereits präsent und versuchen (manche besser, manche schlechter), ihr Buch zu promoten, 2. die anderen haben noch kein Profil, sind aber willens, diese Kanäle zu nutzen, 3. und die dritten sind Verweigerer. Was würdest du zu jedem der drei sagen?

Ad 1. Prima, die Basis ist schon da. Mit einem klaren Konzept, das zu dir, deinen Zielen und deiner Zielgruppe passt, kannst du viel erreichen. Und wenn du selbst nicht weiterkommst, hol dir kompetente Unterstützung. Am besten schon vor der Veröffentlichung deines Buches!

Ad 2. Okay, bitte lerne zuerst die Kanäle kennen, denn jede Plattform hat ihre eigenen, oft ungeschriebenen Regeln. Starte am besten vor der Veröffentlichung deines Buches mit dem Konzept. Bitte hab keine Angst, kein Meister ist je vom Himmel gefallen!

Ad 3. Puh, ich überrede niemanden dazu, in Social Media aktiv zu werden. Wenn jemand echten Widerwillen hat, dann sollte er sich auf Vermarktungsmöglichkeiten konzentrieren, die ihm besser liegen.

Wie gut schätzt du die Chancen generell ein, in den sozialen Netzwerken ein Sachbuch zu promoten?

Mit einem klaren Konzept – sehr gut! Doch gerade bei Nischenthemen sollte niemand auf die ganz großen Reichweiten spekulieren. Hier geht es eher darum, die richtigen Menschen mit den richtigen Inhalten auf den richtigen Kanälen anzusprechen. So sind auch mit einem speziellen Sachbuch gute Erfolge zu erzielen!

Was sind die wichtigsten Regeln, die man befolgen sollte, um gut wahrgenommen zu werden und die richtige Zielgruppe zu treffen?

Oh, da gibt es einige. Zum Start darf eine gute Recherche nicht fehlen: Welche Kanäle gibt es, auf denen die Zielgruppe zu finden ist? Wie möchte diese Zielgruppe angesprochen werden? Gibt es eventuell schon Beispiele für eine gute Sachbuchkommunikation zum Thema, von denen ich lernen kann? Auch sollte man seine eigenen Zeitbudgets realistisch einschätzen. Denn Social Media kann sich leicht zu einem riesigen Zeitfresser entwickeln. Es gibt einfach so viele spannende Dinge da draußen!

Viele scheitern schon bei der Bestimmung der Zielgruppe. Ich erarbeite gerne mit meinen Kunden sogenannte Personas – das sind fiktive Personen, die zur Zielgruppe gehören könnten. Denn uns Menschen fällt das Schreiben viel leichter, wenn wir uns eine konkrete Person vorstellen können, für die wir schreiben! So können wir einfacher die passenden Inhalte identifizieren und treffen viel besser den richtigen Ton.

In deinem Blog schreibst du viel und oft über Authentizität und das Zeigen von Ecken und Kanten, wie du sagst. Doch wie weit kann man sich als Expertin oder Experte hinauslehnen mit seinen Eigenarten? Kennst du Sachbuchautoren, die das gut hinbekommen?

Ich selbst bevorzuge die authentische Kommunikation – für meine Kunden und für meine eigenen Auftritte. Denn glatt geschliffenes, austauschbares Werbe-Blabla gibt es auf dieser Welt schon genug. Gerade für Einzelkämpfer bieten sich hier viele Möglichkeiten, denn wir alle bringen mit unserer eigenen Person schon ein echtes, rundum glaubwürdiges Alleinstellungsmerkmal mit – wie praktisch!

Außerdem muss ich mich nicht verstellen: Ich rede und blogge, wie mir der sprichwörtliche Schnabel gewachsen ist. Öfter mal rau und sehr direkt, häufig nachdenklich, aber stets humorig, in verständlicher Sprache und mit viel Wissen und Tipps versehen. Auch in meinen werblichen Texten auf meiner Website schimmert „Christa" durch, ich verstecke mich nicht. Meine Zielgruppen und Kunden schätzen mich genau für diese Art. Klar, es gibt auch Leute, die mich ganz schlimm finden – und? Für alle Menschen kann ich eh nicht arbeiten, mein Tag hat nur 24 Stunden.

Authentisch zu agieren heißt für mich aber nicht, dass meine Kunden wissen müssen, dass ich heute superschlechte Laune habe und mit riesigem Ei-Fleck auf dem Pulli am Schreibtisch sitze! Es gibt also eine Grenze zwischen persönlichem Stil und privaten Dingen, die jeder für sich selbst bestimmen muss.

Auf Twitter lese ich *Margarete Stokowski* (https://twitter.com/marga_owski) sehr gerne: Sie ist streitbar, wortgewaltig und kann schwierige Inhalte anhand einfacher Beispiele erklären. Sehr persönlich und individuell ist der Auftritt von Sibylle Berg auf Instagram (https://www.instagram.com/sibylle_berg/): Sie fordert zum Beispiel ihre Follower in einem Video auf, ihre Bettfrisur auf einer Skala von 1 bis 10 zu benoten. Und nebenher präsentiert sie ihr neues Buch als Fitnessgerät. Wundervoll! So wundervoll, dass ich nach diesem Posting ihr Buch bestellt habe.

Wenn jemand zu dir kommt mit der Bitte um eine Social-Media-Kampagne für sein Sachbuch – wie würdest du das angehen?

Wir würden gemeinsam ein individuelles Konzept erarbeiten, das genau zur Zielgruppe, zu den Zielen und dem Autor passt. Dann geht es an die Umsetzung: Ich begleite Menschen bei ihren ersten professionellen Schritten in Social Media. Doch mein Ziel ist es, mich im Alltag überflüssig zu machen! Denn Social Media für Einzelkämpfer hat sehr viel mit dem eigenen Stil zu tun – ich bin viel zu sehr Christa, um langfristig authentische Social-Media-Kommunikation für eine andere Person als mich zu machen.

Wo sind aus deiner Sicht die Grenzen für eine gute Buch-PR in den sozialen Netzwerken?

Im Sachbuchbereich gibt das Thema die Grenzen ganz klar vor: Millionen Fans oder Follower zu erreichen wie eine JK Rowling ist da eher ein unrealistisches Ziel. Die Autoren sollten sich lieber kleinere Ziele setzen, denn so geht die Motivation nicht verloren. Und Motivation und einen langen Atem braucht man unbedingt, wenn man auf diesen digitalen Plattformen erfolgreich sein möchte.

Eine weitere Grenze ist die Zeit: Deswegen frage ich bei der Konzepterstellung immer genau nach, wie viel Zeit realistisch zur Verfügung steht, um das eigene Buch zu vermarkten. Denn was nutzt das tolle Konzept, wenn es nachher schlicht und ergreifend aus Zeitmangel nicht umgesetzt werden kann?

Apropos Zeit: Wie viele Stunden pro Woche sollte man deiner Erfahrung nach mindestens erübrigen, damit der Aufwand sich überhaupt lohnt?

Das ist eine schwierige Frage – aber mehrere Stunden pro Woche sollten es schon sein. Ja, ich weiß, das ist schwer, denn wer kann sich heute einfach so viele Stunden freischaufeln? Ich habe mich in diesem Punkt selbst überlistet: Ich tracke all die Zeiten, die ich mit meiner Selbstvermarktung verbringe, und rechne sie meinem fiktiven Kunden ICH AG zu. So weiß ich am Ende des Monats ganz genau, wie viele Stunden und damit Geld ich investiert habe. Außerdem kommt mir in diesen Zeiten, in denen ich für mich arbeite, so schnell kein Kunde dazwischen – schließlich bin ich schon offiziell gebucht ;-)

Du hast bereits an mehreren Anthologien mitgeschrieben. Wie hast du dich betreffend der Buch-PR eingebracht?

Ich hatte das Glück, bei einem Verlag zu landen, der sehr rege ist – ich musste mich mit meiner Social-Media-Reichweite nur an die bereits vorhandenen Inhalte und an die Leserunden andocken. Außerdem habe ich an einigen Lesungen mitgewirkt und dort vor Ort Werbung für die Bücher gemacht – eben alles, was zu meinem Zeitbudget gepasst hat. Da diese

Anthologien mir Spaß gemacht und nicht dem Broterwerb gedient haben, war die Vermarktung für mich auch nicht ganz so wichtig. Wenn ich ein eigenes Buch schreiben würde, sähe das ganz sicher anders aus!

Was möchtest du meinen Leserinnen und Lesern, den angehenden Sachbuchautoren, noch mit auf den Weg geben?

Sei mutig, probiere dich aus! Es gibt kein Standardrezept für Social Media, sondern so viele Wege zum Erfolg, wie es Personen gibt. Und wenn mal etwas misslingt … so what. Krönchen richten und weiter geht's.

Christa Goede gestaltet Websites und Social-Media-Auftritte mit individuellen Texten sehr authentisch. Ihre Erfahrung und ihr Wissen als Texterin, Konzepterin, Social-Media-Managerin und Bloggerin teilt sie in ihrem Blog oder live in Workshops und Vorträgen – viel Humor und gute Laune inbegriffen. www.christagoede.de

PR: Überzeuge die Öffentlichkeit

Redaktionen auf sich aufmerksam machen

Presse- bzw. Öffentlichkeitsarbeit ist eine wichtige Säule im Buch- bzw. Autorenmarketing. Wie die Bezeichnung Public Relations schon sagt, geht es darum, dass Sie Ihre Beziehungen zur Öffentlichkeit pflegen, indem Sie mit bestimmten Interessentengruppen so kommunizieren, dass Sie und Ihre Sichtweisen und Themen im rechten Licht dargestellt werden. Und so, wie die Pflege der Beziehung zu Ihrer Partnerin oder Ihrem Partner nur mit viel Leidenschaft und Herzblut gelingt, so brauchen Sie auch für Ihre PR einen langen Atem und viel Engagement.

Mit einer Buchrezension in der einen oder anderen Tageszeitung ist es also nicht getan. Es ist gut, wenn eine bekannte Zeitung Ihr Buch vorstellt oder ein relevantes Magazin es rezensiert, möglichst mit Coverbild. Unterm Strich bringt es jedoch mehr, wenn Sie sich selbst und Ihr Thema in den Fokus stellen und dabei Ihr Buch wie eine Standarte vor sich her tragen. Wir haben weiter oben schon darüber gesprochen: Ihr Buch ist der King im Content-Marketing – und Sie sind die Person, um die sich alles drehen sollte. Es ist eines der großen Vorteile Ihres Buchs: Der Öffentlichkeit fällt es viel leichter, Sie als Experten anzuerkennen.

Damit Sie erfolgreich mit Journalistinnen und Journalisten kommunizieren können, hilft es, einmal in die Schuhe einer Journalistin oder eines Journalisten zu steigen. Wonach entscheiden Redaktionen, worüber sie berichten wollen? Im Großen und Ganzen geht es ihnen nicht anders als Ihnen mit Ihrem Buch: Das Interesse der Leserschaft des jeweiligen Mediums will bedient werden. Aktualität ist ein Entscheidungskriterium, doch es ist nicht das einzige. Was aktuell ist, kann auch ausgesprochen langweilig sein! Wenn Sie die Memoiren von Tante Herta verfasst haben, die in ihrem Leben nichts wirklich Weltbewegendes getan hat, dann ist Ihr Buch zwar aktuell, weil soeben erschienen – doch wie viele Zeitungsleser wird das interessieren? Tante Herta muss schon einen besonders herausragenden Charakter haben, und selbst da müssen Sie sich einen guten Aufhänger überlegen, um die Journaille neugierig zu machen.

Doch es kann durchaus auch Alltägliches interessant sein. Machen Sie sich also keine Sorgen, wenn Sie ein Buch über die Behandlung von Fußpilz geschrieben haben und glauben, damit aus der Sicht der Presse ein viel zu banales Thema aufgegriffen zu haben. Wenn Sie das richtige Medium ansprechen, kann die Redaktion das durchaus für berichtenswert erachten. Das ist schließlich eine unangenehme und lästige Angelegenheit, die viele betrifft (weswegen Sie ja auch ein Buch darüber geschrieben haben).

Was immer spannend ist: wenn ein Thema mit einer aktuellen Begebenheit verbunden wird. Nehmen wir die Memoiren von Tante Herta und sagen wir, dass sie damals, als Großbritannien der EU beitrat, für einige Jahre nach England auswanderte und von den Vorzügen des Binnenmarktes profitierte. Vielleicht gelingt es Ihnen, eine sinnvolle und auch aussagekräftige Brücke zum Brexit zu schlagen, der gerade in aller Munde ist und die Gemüter erhitzt. Dann haben Sie vielleicht eine Chance, in den Medien Gehör zu finden. Genauso ist es, wenn Sie als waschechte Tirolerin ein Buch über Skifahren geschrieben haben. Selbst in der Skination Österreich würden Sie damit im Sommer eine Bauchlandung machen. Im Spätherbst jedoch, wenn alle Wedelkünstler mit Sehnsucht den ersten Schnee erwarten, passt es ganz wunderbar.

Shortcut

PR ist eine mächtige Säule in Ihrem Marketing. Nutzen Sie sie, auch wenn es aufwändig ist.

So tickt die Journaille. Und Sie wissen nun auch, wie Sie denken müssen, um erfolgreiche Beziehungen mit den Medien aufbauen zu können. Selbstverständlich können Sie einfach ein paar geeignete Zeitschriften und Magazine identifizieren und denen Ihr Buch schicken. Das wäre der einfachste – aber wohl auch am wenigsten effektive – Weg. Mehr Erfolg haben Sie, wenn Sie sich ins Zeug legen und kreativ werden. Hier ist mein Vorschlag, wie Sie vorgehen können:

1. **Stellen Sie eine Pressemappe zusammen.** Falls der Verlag es nicht für Sie getan hat, schreiben Sie eine Pressemeldung zum Buch sowie einen sogenannten Waschzettel – das ist ein One-Pager mit allen wichtigen Informationen zum Buch samt Cover und Autorenkurzportrait. Organisieren Sie sich außerdem ein Autorenfoto. Das Foto sollte druckfähig sein, also eine Auflösung von mindestens 240 dpi haben. Richten Sie auf Ihrer Website eine Presseecke ein und bieten Sie die Dokumente (unbedingt als pdf) und Fotos zum Download an. Vergessen Sie nicht, hier Ihre Telefonnummer bzw. Mailadresse zu deponieren, über die Sie rasch und unkompliziert erreichbar sind.

2. **Legen Sie sich einen Presseverteiler zurecht.** Erstellen Sie eine Liste an relevanten Medien. Die entscheidende Frage dabei ist: Welche Tageszeitungen, Wochenzeitschriften oder Monatsmagazine werden von Ihrer Zielgruppe gelesen? Wenn Sie beispielsweise ein Buch über Geldanlage geschrieben haben, dann sollten Magazine wie Capital, Euro, Stiftung Warentest, Spiegel, Gewinn oder Trend auf Ihrer Liste stehen. Doch auch manche Frauenzeitschriften können passen, wenn Sie die weibliche Klientel ansprechen wollen, ebenso Tageszeitungen, die im Wirtschaftsteil ihren Leserinnen und Lesern Tipps für Geldanlage geben wollen.

3. **Recherchieren Sie, welche Journalistin oder welcher Journalist zu Ihrem Thema schreibt.** Identifizieren Sie zu jedem Medium die richtige Ansprechperson, die thematisch infrage kommt (samt E-Mail-Adresse und Telefon). Wie Sie diese Personen identifizieren? Werfen Sie einen Blick in die entsprechende Zeitung und schauen Sie, wer welche Artikel verfasst hat. Sollten Sie nicht fündig werden, rufen Sie bei der Zeitung an und

erkundigen Sie sich, man gibt Ihnen bestimmt gerne Auskunft. Manchmal hilft auch ein Blick ins Impressum.

Denken Sie auch an die vielen freien Journalistinnen und Journalisten, die nicht an ein bestimmtes Medienhaus gebunden sind, sondern für mehrere schreiben. Auf den Websites www.freischreiber.de bzw. www.freischreiber.at oder auch auf www.torial.com können Sie fündig werden und jene identifizieren, die zu Ihrem Thema passen.

4. **Arbeiten Sie konkrete Themenvorschläge aus.** Nun kommt die kniffflige Aufgabe: Steigen Sie in die Journalisten- bzw. Redakteursschuhe und überlegen Sie, worüber Sie als Journalistin für dieses Magazin schreiben würden. Wie können Sie Ihr Thema verpacken, welchen Aspekt aus Ihrem Buch können Sie heranziehen, der guter Stoff für einen journalistischen Artikel ist? Was konkret könnte die Leserschaft des betreffenden Mediums interessieren? Was sind Dauerfragen der Leserinnen und Leser der Zeitung? Kurz: Wie kann man aus Ihrem Thema eine Geschichte machen?

Sie meinen, das wäre doch die Aufgabe der Zeitung? Ja, sicher. Doch wenn Sie ihr die Arbeit erleichtern, steigt die Wahrscheinlichkeit, dass ein Artikel mit Ihnen oder über Sie und Ihr Buch erscheint. Also legen Sie sich ins Zeug!

Eines müssen Sie sich auf jeden Fall vor Augen halten: Mit einem „Juhu, mein erstes Buch ist erschienen, ist das nicht toll!" werden Sie keine Journalistin hinter dem Ofen hervorholen. Mag sein, dass das für Sie atemberaubend und aktuell ist – doch ob das wirklich Erfolg bringt? Es gilt, was im Content-Marketing generell gilt: Bieten Sie für die Leserinnen und Leser relevante Inhalte an, die ihnen einen Mehrwert bringen. Nur dann wird man auf Sie aufmerksam.

5. **Schreiben Sie die Journalistin oder den Journalisten persönlich an.** Es ist wichtig, dass Sie nicht an den Chefredakteur oder an eine redaktion@…-Adresse schreiben, sondern jener Person, die tatsächlich den Artikel schreiben würde. Schreiben Sie, dass Ihr Buch erscheint (oder gerade erschienen ist) und Sie sich vorstellen könnten, dass Thema X, Y und Z für sie interessant sein könnte. Sie stehen jedenfalls sehr gern für ein Interview zur Verfügung und schicken auch gerne ein Belegexemplar. Wahlweise können Sie auch telefonisch kommunizieren, es muss nicht alles schriftlich sein, nur weil Sie nun ebenfalls zur schreibenden Zunft gehören.

6. **Fragen Sie nach.** Kann sein, dass Sie sich vielleicht nicht bei allen beliebt machen, wenn Sie nach einer Weile nachfragen. Tun Sie es trotzdem. Vielleicht ist Ihre Nachricht nur untergegangen und der Journalist ist froh, dass Sie ihn erinnern.

7. **Halten Sie den Kontakt aufrecht.** Wenn Journalisten etwas über Sie geschrieben und Ihr Buch erwähnt haben, pflegen Sie den Kontakt. Bedanken Sie sich für den Artikel oder die Rezension. Schicken Sie von Zeit zu Zeit neue Themenvorschläge, die interessant für die Zeitung sein können.

All dies bezieht sich nicht nur auf Printmedien, sondern auch auf Onlinemagazine, -zeitschriften und -infoportale, die in Ihr Beuteschema passen können. Bis Sie die passenden Medien beisammen haben, kann es schon einige Zeit dauern. Am besten, Sie fangen noch während des Manuskriptschreibens damit an. Wenn es Ihre Zeitressourcen übersteigt, lassen Sie sich von einer PR-Agentur helfen oder einer PR-Beraterin. Ein paar Coachingstunden können schon Licht ins Dunkel und System in Ihr Chaos bringen!

Noch etwas können Sie tun: Wann immer Ihr Berufsleben oder auch die Buchpromotion Sie auf Veranstaltungen und Messen führt, halten Sie Ausschau nach Journalistinnen und Journalisten. Versuchen Sie, mit ihnen ins Gespräch zu kommen, plaudern Sie über Ihre Ideen für einen guten Artikel in der Zeitung oder im Magazin. Etwas leichter haben Sie es, wenn Sie selbst bei einer Veranstaltung auf dem Podium stehen, denn dann haben die Journalisten Sie möglicherweise ohnehin im Visier. Nutzen Sie die Gelegenheit des persönlichen Kontakts!

Interview mit Sabine und Roland Bösel

Sabine und Roland Bösel sind Paartherapeuten, die bereits zwei erfolgreiche Beziehungsratgeber geschrieben haben. Was bei ihnen besonders herausragt, ist eine sehr umtriebige und aktive Medienpräsenz. Ich habe sie vors Mikrofon gebeten.

Sabine und Roland, beginnen wir mit dem Beginn: Wie kam es zu euren ersten Medienkontakten?

Wir müssen einmal vorausschicken, dass wir laut Psychotherapeutenkodex nur eingeschränkte Möglichkeiten haben, was Werbung anlangt. Daher haben wir auch nie Journalisten von uns aus angesprochen. Doch es hat sich irgendwann einmal ergeben, dass eine Redaktion bei uns angeklopft hat. Das haben wir dann gerne aufgegriffen und sind Rede und Antwort gestanden.

Und die Journalistinnen und Journalisten haben euch von da an immer wieder kontaktiert. Was meint ihr, woran das lag?

Was man grundsätzlich zu den Medien sagen muss: Man darf sich nicht zu gut sein und sollte auch die ganz kleinen Anfragen annehmen, auch wenn es da nur ganz wenig Publikum gibt. Aus zwei Gründen, erstens wegen des Lerneffekts – teilweise war es schon eine ganz schön harte Schule, die Umgangsformen kennenzulernen und auszuhalten. Natürlich kann man sich einen Mediencoach anheuern, doch gewisse Dinge lernt man da nur durch Erfahrung, und so gewinnt man mit der Zeit Routine. Der zweite Grund ist: Auch wenn in einer Radiosendung nur zehn Menschen zuhören, so kann es trotzdem sein, dass genau einer dabei ist, der weitererzählt, dass wir etwas Interessantes zu bieten haben.

Sabine wurde – noch vor dem ersten Buch – zu Help-TV, einer ORF-Sendung, eingeladen. Wir hatten einen Mordsaufwand, und dann durfte sie am Ende gerade einmal drei Sätze sagen. Nach der Aufnahme hat Sabine die Moderatorin darauf angesprochen, doch einmal etwas mit Paaren zu machen. Die Moderatorin war skeptisch, dass sich ein Paar dazu bereiterklären würde. Sabine hat mit ihr dann eine Wette abgeschlossen: Wenn sie es schafft, ein Paar zu finden, findet die Sendung statt. Ein halbes Jahr später waren wir im Studio – mit einem Paar! Das war dann wirklich toll für unsere Publicity.

Welchen Beitrag haben eure Bücher geleistet, um eure Bekanntheit weiter zu erhöhen?

Die Medien haben zuerst gar nicht reagiert. Erst als der Verlag das Buch beworben hat, kamen tröpfchenweise Anfragen. Zuerst von einem ORF-Radiosender, dann kam eine Frauenzeitschrift, und so begann langsam ein DominoeEffekt einzusetzen.

Abseits der Medienlandschaft hat uns das Buch insofern weitergebracht, als es uns neue Klienten gebracht hat. Zum Teil über den Buchhandel natürlich, zu einem großen Teil auch dadurch, dass unsere bestehenden Klienten unsere Bücher weiterschenken an Freunde und Familie, die uns noch nicht kennen.

Wie schafft ihr es, dass ihr immer wieder von Redaktionen gefragt werdet?

Wir zeigen uns persönlich und geben nicht nur sachlich gute Antworten. Sachinputs hören die Journalisten von anderen auch, doch wir erzählen aus unserem Leben – Sabine, dass sie manchmal Schuldgefühle hat, ich erzähle von Panikattacken oder dass wir beide manchmal überzeugt sind, dass der andere gerade schuld an dem Streit ist. Dass wir aus unserem Leben erzählen, interessiert die Journalistinnen und Journalisten viel mehr als irgendwelche Weisheiten.

Wir haben einmal vergessen, unsere Bücher mitzunehmen, so etwas sollte nie passieren. Wir haben normalerweise immer beide Bücher mit, doch ansonsten sind wir „nur" mit unserer ganzen Persönlichkeit präsent. Wenn andere mit uns gemeinsam in ein Studio eingeladen werden, haben die oft hundert Prospekte mit – das kam jedenfalls nie gut an, wir haben das auch nie gemacht.

Sehr wichtig im Sinne der Buch-PR ist auch, mit dem Verlag gut Kontakt zu halten und zusammenzuarbeiten.

Wie kommen die Themen für die verschiedenen Artikel zustande?

Alle Themen kommen von den Redaktionen, die sich zum Teil an aktuellen gesellschaftlichen Ereignissen orientieren, wie beispielsweise die Scheidung der Gottschalks, die durch alle Medien ging. Da passt es natürlich super, einen Paartherapeuten dazu zu befragen, wie es kommen kann, dass Langzeitehen nach 40 oder 50 Jahren plötzlich in die Brüche gehen. Das war ein schöner Beitrag.

Nur auf eines muss man immer aufpassen: Redakteure suchen immer einen Aufhänger und haben gern etwas zum Festnageln. Roland wurde bei diesem Interview zum Beispiel nach einer Diagnose gefragt, warum sich die Gottschalks wohl haben scheiden lassen. Hier darf man sich nicht verführen lassen, nur um dem Redakteur einen Gefallen zu tun. Es wäre sehr riskant und auch unseriös, wenn er da eine Ferndiagnose gegeben hätte. Anbiedern ist ein absolutes No-Go, ich denke, das gilt für alle Professionen. Zu den eigenen Aussagen stehen und sich nicht anbiedern, ist unsere Devise.

Was habt ihr – abseits der Medienarbeit – noch gemacht, um eure Bücher bzw. euch zu promoten?

Wir haben in die Buchtitel trotz Verlag selbst Geld investiert. Das war sehr wichtig und die Titel kommen sehr gut an. Nach dem Erscheinungstermin haben wir Buchlesungen gemacht und uns für diese Veranstaltung ein Roll-up machen lassen, das wir auch in unseren Seminaren einsetzen. Auch hier kann man nur sagen: Man darf sich nicht zu gut sein. Auch wenn zu einer Lesung nur drei Leute kommen – genau da kann eine Person dabei sein, die Kontakte hat und uns weiterempfiehlt.

Wie schafft man es, ins Fernsehen und Radio zu kommen?

Unermüdlich Botschaften verbreiten, ist unser Credo. Und ganz wichtig: Vertrauen haben, dass das Richtige schon passieren wird. Wir haben uns vor einigen Jahren einmal sehr angestrengt, in die Sendung „Frühstück bei mir" von Barbara Stöckl zu kommen. Die wird in Ö3, dem größten Sender Österreichs jeden Sonntagvormittag ausgestrahlt und hat Millionenpublikum. Doch wir haben uns zu sehr verkrampft. Je mehr wir uns angestrengt haben, desto weniger hat es funktioniert.

Was würdet ihr einem Neosachbuchautor für die Medienarbeit empfehlen?

Nimm dir Zeit, rede nicht nur übers Geschäft, sondern auch übers Leben. Hab eine gute, aufrichtige Botschaft und verbreite sie. Dranbleiben, authentisch sein, ehrlich auftreten. Wir kennen es doch aus dem täglichen Leben: Menschen, die uns ehrlich sagen, was sie interessiert, die authentisch sind, die erreichen und berühren uns und interessieren uns. Das ist bei Journalistinnen und Journalisten nicht anders!

Dr. Sabine und Roland Bösel sind Paartherapeuten in Wien. Sie haben zwei Bücher geschrieben: Leih mir dein Ohr und ich schenk dir mein Herz (2010) und Warum haben Eltern keinen Beipackzettel? (2013), beide erschienen bei Orac/ Verlag Kremayr & Scheriau, Wien. www.boesels.at

Rezensionen

Was dem Schauspieler der Theaterkritiker, ist der Autorin der Rezensent. Man giert nach einer guten Buchbesprechung – und gleichzeitig fürchtet man die Kritik. Wobei, es heißt ja: Auch schlechte Werbung ist gute Werbung. Und eine negative Bewertung auf Amazon bei fünf guten Bewertungen, das macht die guten Bewertungen erst glaubwürdig. Wer wird nicht skeptisch, wenn er bei einem Buch 30 Fünf-Sterne-Bewertungen vorfindet und kein einziges kritisches Wort! Riecht ein wenig nach gekauften Rezensionen, nicht wahr?

Also ran an den Speck. Rezensionen sind gut und wichtig für Ihr Buch – und Sie müssen nicht still sitzen und darauf warten, dass jemand endlich eine Bewertung schreibt. Sie können und sollen sogar Ihre Leserinnen und Leser dazu anregen. Fragen Sie in Ihrem beruflichen und privaten Netzwerk, ob jemand eine Rezension schreiben möchte. Fragen Sie Freunde und Bekannte und selbstverständlich auch Leserinnen und Leser, mit denen Sie persönlich ins Gespräch kommen.

So wie Sie bei Redaktionen anklopfen und Artikelthemen vorschlagen, so wählen Sie auch Print- und Onlinemedien aus und bitten darum, ihr Buch zu besprechen. Wenn Sie es schaffen, dass eine Zeitschrift einen Artikel über Sie bringt, dann schaffen Sie es erst recht, dass Medien Ihr Buch vorstellen – samt Abbildung des Buchcovers, versteht sich. Es versteht sich ebenso, dass diese Medien nur solche sind, die von Ihrer Zielgruppe gelesen werden.

Stellt sich noch die Frage, ob Sie das Buch samt Ihrer schriftlichen Anfrage gleich an die Redaktion schicken oder ob Sie vorher telefonisch oder per E-Mail klären, ob eine Rezension überhaupt möglich ist. Eine eindeutige Antwort gibt es dazu leider nicht, denn beides hat sein Für und Wider. Wenn eine Journalistin Ihre Anregung zur Rezension liest und das Buch schon in der Hand hat, kann es schon helfen, ihre Neugierde zu wecken. Umgekehrt – es kann verlorene Liebesmüh sein und ein Buch weniger, das Sie anderswo gewinnbringender anbringen können. Auch hier gilt das Prinzip, dass es keine Garantie gibt. Wovon Sie jedenfalls in keinem Fall ausgehen sollten: dass ein Journalist, der Ihr Buch rezensiert, es vom ersten bis zum letzten Satz gelesen hat. Die Zeit hat er einfach nicht dafür. Vielmehr wird er querlesen, an den Stellen, wo er hängenbleibt, genauer lesen – und Sie dann um ein Interview bitten.

Was Buchbesprechungen in den Medien anlangt, sollten Sie unbedingt mit Ihrem Verlag zusammenarbeiten, so Sie einen haben. Für Verlage gehört es zum Standardprozedere, kurz vor dem Erscheinungstermin ihren Presseverteiler zu aktivieren. In diesem Fall läuft die Kommunikation direkt zwischen Verlag und Redaktion. Sorgen Sie dafür, dass Sie nicht dieselben Medien ansprechen wie der Verlag, Doppelgleisigkeit ist vertane Energie. Redaktionen erhalten vom Verlag immer ein Rezensionsexemplar. Wenn Sie zusätzliche Rezensionswillige finden, bitten Sie den Verlag, ein Belegexemplar zu schicken, das müssen Sie nicht aus Ihrem womöglich nicht so großen Stapel an Autorenexemplaren spenden.

Eine Garantie für die Rezension haben Sie wie gesagt nicht. Nur weil der Verlag einer Journalistin ein Buch schenkt, ist das noch lange kein Grund, dass die Rezension auch geschrieben und gedruckt wird. Es könnte sein, dass ihr das Buch nicht interessant genug für die aktuelle Ausgabe erscheint oder es ihr nicht gefällt – oder die Chefredakteurin eine der hundert anderen guten Gründe hat, die Rezension nicht zu drucken.

Blogger als Rezensenten

Es gibt viele Menschen, die leidenschaftlich gerne bloggen. Und es gibt Bloggerinnen und Blogger, die leidenschaftlich gerne lesen und über das Gelesene bloggen. So entstand die Community der Buchblogger. Geben Sie dieses Stichwort in Ihrer Suchmaschine ein und sie wird Ihnen eine sechsstellige Zahl an Ergebnissen auflisten. Allerdings sind die meisten dieser Buchblogger im belletristischen Bereich angesiedelt. Dennoch kann es sich lohnen, ein wenig zu recherchieren und diese Blogger höflich anzuschreiben, ob sie Interesse daran hätten, Ihr Buch zu rezensieren, Sie (oder der Verlag) würden im Fall des Falles gern ein Belegexemplar schicken.

Doch nicht nur Buchblogger bloggen über Bücher, auch andere Bloggerinnen und Blogger tun das mitunter. Recherchieren Sie, wer zu Ihrem Thema bloggt, und fragen Sie um eine Rezension. In jedem Fall gilt auch hier:

Fragen Sie zuerst, ob Interesse besteht, dann erst sorgen Sie dafür, dass der Blogger ein Belegexemplar bekommt. Eine Garantie auf eine Buchbesprechung dürfen Sie auch hier nicht erwarten.

Reden, reden, reden: Nutze den Schneeballeffekt

Tue Gutes und sprich darüber

Diese Weisheit ist eigentlich das Grundprinzip von Marketing und PR. Genau deshalb sollten Sie es genau so halten: Sie haben Gutes getan, nämlich ein super Buch geschrieben, also reden Sie darüber, und zwar so viel wie möglich und mit so vielen Menschen wie möglich. Wiederholen Sie sich ruhig!

Kollegen

Es kann natürlich sein, dass Ihre Kolleginnen und Kollegen neidisch sind, wenn sie erfahren, dass Sie gerade Autorin geworden sind. Es kann aber auch sein, dass sie selbst gar keine Ambitionen haben, ein Buch zu schreiben, und nun dankbar Ihr Buch kaufen und ihren Kunden davon erzählen, dass es neuerdings dieses Buch gibt, das es wert ist, gelesen zu werden. Jetzt haben diese Kollegen endlich eine gute Antwort, wenn sie gefragt werden, wo es gute Literatur zum Thema gibt.

Vielleicht hatten Sie auch die Idee, in Ihrem Buch die eine oder andere Kollegin zu Wort kommen zu lassen – in einem Interview beispielsweise, wie Sie das in diesem Buch auch vorfinden. Diese Kollegen werden liebend gern Ihr Buch weiterempfehlen! Geben Sie ihnen Exemplare in Kommission mit, wenn diese sie in ihren Seminaren auflegen und verkaufen wollen. „In Kommission" bedeutet, dass Sie dem Kollegen beispielsweise zehn Bücher kostenlos überlassen. Erst wenn er einige davon verkauft, zahlt er Ihnen den Verkaufspreis (eventuell abzüglich einer Provision, die Sie vereinbaren). Die, die er nicht verkaufen konnte, retourniert er ohne Kosten an Sie.

Kunden

Sie selbst verkaufen Ihr Buch selbstverständlich auch überall dort, wo Ihre Kunden sind. Bei Ihren Vorträgen, Seminaren, Workshops, Kamingesprächen haben Sie eine ausreichende Menge dabei. In Ihrer Praxis, im Coachingraum und selbst im Büro, wo Sie nur ab und zu Kundengespräche abhalten, liegen Ihre Bücher unübersehbar zum Kauf bereit. Wenn Sie öfter mit dem Auto unterwegs sind: Im Kofferraum haben Sie immer Exemplare eingepackt. Man kann nie wissen, wen man trifft! Denken Sie daran, Quittungen dabei zu haben. Menschen kaufen Bücher immer gern direkt beim Autor oder bei der Autorin, lassen Sie diese Gelegenheit also nicht ungenutzt. Sorgen wegen der Registrierkassenpflicht müssen Sie sich erst machen, wenn Sie die gesetzliche Umsatzgrenze pro Jahr überschreiten.

Auch wenn Sie keine größeren Veranstaltungen abhalten, gilt für Sie: Ab dem Moment, wo Sie Ihr Buch in Händen halten, haben Sie immer mehrere Exemplare in der Tasche mit dabei und verwenden das Buch als die Edelvisitenkarte, die es schließlich auch ist. Ebenso haben Sie – so vorhanden – Postkarten, einen Folder oder Ähnliches dabei und lassen ein paar davon beim Kunden. Denn er wird das Buch bestimmt kaufen oder empfehlen wollen, und da ist es gut, wenn er eine Postkarte in der Hand hat, auf der steht, wie es genau heißt.

Apropos Kunden: Vielleicht haben Ihre Kunden ein Kunden- oder Mitarbeitermagazin, das regelmäßig erscheint. Egal, ob als Printmedium oder im Intranet publiziert, kann auch das ein guter Weg sein, um einem größeren Publikum Ihr Expertentum näherzubringen. Eruieren Sie den passenden Ansprechpartner, der für die Publikation verantwortlich ist, und klären Sie: Ist es denkbar, dass Sie einen Fachartikel schreiben, der veröffentlicht wird, idealerweise mit Hinweis auf Ihr neu erschienenes Buch?

Familie, Freunde, Bekannte

Reden, reden, reden heißt es für Sie ab sofort auch, wenn Sie rein privat unterwegs sind. Haben Sie keine Scheu, anderen von Ihrem Buch zu erzählen, selbst wenn es noch nicht ganz fertig ist. Machen Sie sich keine Sorgen, jemand könnte Ihre Idee noch schnell klauen. Sie sind hoffentlich mindestens bei den letzten Kapiteln Ihres Manuskripts angelangt – diesen Vorsprung holt keine Konkurrenz mehr ein, es sei denn, Sie lassen sich zu viel Zeit mit dem Fertigstellen und Publizieren. Erzählen Sie allen von Ihrem Buch, die

Ihnen über den Weg laufen. Allen, die es hören wollen, und auch denen, die es nicht hören wollen. Man weiß ja nie. Auch Ihre Tante (die, die so gerne strickt, Sie erinnern sich vielleicht), die bestimmt keinen Bedarf an einem Buch übers Fallschirmspringen hat, kennt vielleicht jemanden, der jemanden kennt … Sie wissen schon: Wir sind alle über sechs Ecken miteinander verbunden.

Ihr engster Familienkreis weiß vermutlich schon längst, dass Sie seit Monaten über dem Manuskript geschwitzt haben, schließlich haben die Sie viele Abende lang sehnlichst vermisst, weil Sie sich fürs Schreiben so oft zurückgezogen haben. Nun ist es an der Zeit, Ihre Kommunikationskreise weiter zu ziehen. Machen Sie es sich zur Gewohnheit, so oft wie möglich ein „übrigens wird in drei Monaten mein Buch erscheinen" einzuwerfen – bei der Hochzeit Ihrer Nichte, beim 30-jährigen Klassentreffen, beim Berufsgruppentreffen und im Sportverein!

Überlegen Sie nicht allzu lange, ob Ihr Freundeskreis überhaupt Interesse an Ihrem Sachbuch hat. Kann schon sein, dass Sie mit einem Roman mehr Anklang finden würden. Doch darum geht es gar nicht so sehr. Freunde haben auch wieder Freunde und Familie und Kollegen und Kunden. Wie gesagt: Wir sind alle über sechs Ecken miteinander verbunden. Je mehr Menschen von der Existenz Ihres Buchs wissen, desto größer die Wahrscheinlichkeit, dass jemand davon erfährt, der es gerade dringend brauchen kann.

Multiplikatoren

Damit sind Menschen gemeint, die kein unmittelbares Interesse an Ihrem Buch haben müssen, die jedoch bereit sind, anderen davon zu erzählen. Idealerweise haben sie ein großes Netzwerk. Das können Menschen in Berufsverbänden sein oder anderen Vereinen und Plattformen, in denen interessierte Leserinnen und Leser zu finden sind.

Was Sie nun nicht machen sollten: alle wahllos anschreiben. Ein wenig System sollte dahinterstecken, denn sonst vergeuden Sie viel Zeit und haben nur wenig Erfolg damit. Lieber nur drei Multiplikatoren identifizieren und sich um die jedoch wirklich bemühen, als zwanzig nur mit einem lapidaren E-Mail beglücken. Im ersten Schritt sollten Sie also recherchieren, wer zu Ihrem Thema passend infrage kommt.

Sie haben einen Elternratgeber geschrieben? Dann überlegen Sie, wo sich Eltern üblicherweise so umtreiben: bei Ärztinnen oder Psychologen, in Kindergärten oder Schulen, in diversen Foren im Internet. Auch diverse Seniorenplattformen würde ich anschreiben, schließlich tummeln sich dort

Omas und Opas, die ein großes Interesse am Wohlergehen ihrer Sprösslinge und Enkelsprösslinge haben. Oder ist Ihr Buch ein Entrümpelungsratgeber? Fragen Sie nach bei Organisationen, Verbänden, Vereinen, die mit Immobilien, Einrichtung oder Umzugslogistik zu tun haben.

Recherchieren Sie die richtige Ansprechperson, schicken Sie ihr Ihre Pressemeldung oder den Waschzettel zum Buch und fragen Sie konkret nach dem, was Sie sich wünschen: eine Rezension auf der Plattform oder in der Vereinszeitung, eine Buchpräsentation beim monatlichen Netzwerktreffen der Berufsgruppe, einen Impulsvortrag für die Mitglieder. Überlegen Sie, was die Mitglieder konkret für Anliegen haben könnten, und lassen Sie sich etwas Gutes einfallen, das man Ihnen nicht abschlagen kann!

Nachdem Sie die Sache themenbezogen durchgedacht haben, kommt der nächste Schritt: Gibt es in Ihrem Umfeld Menschen, die einen Draht zu Multiplikatoren haben oder selbst Multiplikator sind? Gehen Sie systematisch vor: Wen sehen Sie häufig und regelmäßig? Mit wem hatten Sie früher einmal regelmäßig zu tun – beruflich oder privat –, den Sie ansprechen und so den Kontakt reaktivieren könnten? Notieren Sie all diese Namen und gehen Sie sie durch, inwiefern sie ihnen Zugang zu neuen Interessentengruppen verschaffen können.

Ob Rotary Club, Lions Club oder auch das regionale Businessnetzwerk in Ihrem Heimatort – prüfen Sie, ob Ihr Thema dort Gefallen finden könnte. Wenn Sie selbst Mitglied sind, ist es bestimmt kein Problem, beim nächsten Treffen eine Buchpräsentation abzuhalten. Wenn nicht, dann überlegen Sie, wen Sie kennen, der jemanden kennen könnte … Sie wissen schon Bescheid über dieses Spiel, nicht wahr?

Es gibt viele Themen, die ein breites Publikum haben. Alles im Zusammenhang mit Selbsthilfe – vom Glücksbuch bis zum Selbstorganisationsratgeber – ist für viele interessant, für die Managerin genauso wie für den Kindergärtner und die Hebamme. In diesem Fall können Sie aus dem Vollen schöpfen. Das hat Vor- und Nachteile – Vorteile wegen des großen Personenkreises, Nachteile, weil Sie sich verzetteln könnten. Wenn Sie hingegen ein Nischenthema bedienen, haben Sie den Vorteil, eine überschaubare Zahl an Möglichkeiten zu bedienen, diese intensiver anzusprechen und einen verbindlicheren Kontakt aufzubauen.

Die entsprechenden Websites verraten Ihnen, wie die verschiedenen Berufsgruppen organisiert sind oder zumindest, wen Sie fragen können. Es gibt viel mehr Möglichkeiten als die öffentlich-rechtlichen Wirtschaftskammern. Botschaften, Ministerien, Sport- und andere Hobbyvereine, Lesezirkel, Schulen und Universitäten, kirchliche Organisationen – überall kann es Menschen geben, die Managementliteratur, Sportratgeber, Gesundheits-, Kochbücher oder Schreibratgeber brauchen.

Recherchieren – Potenzial checken – eine Kontaktperson evaluieren (direkt oder über Beziehungen) – überlegen, was Sie konkret anbieten wollen – anschreiben oder ansprechen, das ist Ihre Vorgehensweise. Sie können eine Buchpräsentation abhalten oder auch einen Vortrag, einen Miniworkshop, eine Diskussionsrunde oder auch ein Gruppencoaching, je nachdem. Ich bin sicher, es wird Ihnen das Richtige einfallen.

Mittäterschaften anstiften

Beziehen Sie, wenn möglich, alle mit ein, die an der Buchentstehung beteiligt waren: den Ideenbringer (falls es ihn gab), den Grafiker, die Lektorin, die Transkriptorin, alle Ihre Testleser, die Kollegin, die Ihnen für Fragen zur Verfügung stand, Interviewpartner, die im Buch zu Wort kommen.

Überlegen Sie konkret, was jede einzelne Person beitragen könnte: Ist sie in einem bestimmten Netzwerk aktiv, das für Sie interessant sein könnte? Hat sie Zugang zur Presse, kennt sie jemanden, dessen Kunden besonderes Interesse an Ihrem Buch haben? Weiß sie ein tolles Lokal oder einen Veranstaltungsraum, wo Sie Ihre Buchpräsentation abhalten können?

Lesen mit Mehrwert: die Buchpräsentation

Wer an Bücher denkt, denkt auch an Lesungen. Auf einer Bühne oder in einer Buchhandlung sitzt die Schriftstellerin mit ihrem Roman an einem Tischchen mit Wasserglas und Leselampe und liest aus ihrem Buch. Danach gibt es die Möglichkeit, das Buch zu kaufen und es von der Autorin signieren zu lassen.

Die Fans stehen Schlange und wenn sie an der Reihe sind, raunen Sie der Autorin etwas zu, das sie ins Buch schreiben soll. „Für Gerda, bitte" oder „Es ist für meinen Sohn, schreiben Sie ‚Für Hannes'".

Das können Sie mit Ihrem Sachbuch auch machen. Was Sie bedenken sollten: Sachtexte haben nicht denselben Unterhaltungswert wie Belletristik. Das soll nun nicht heißen, dass Sie sich die Lesungen sparen können. Stellen Sie sich aber darauf ein, dass Sie sich etwas mehr einfallen lassen müssen, als bloß Tisch, Sessel, Leselampe und Wasserglas auf die Bühne zu bringen.

Machen Sie aus Ihrer Lesung einen Event mit Mehrwert! Jedes Sachthema kann man so darstellen, dass die Zuhörerinnen und Zuhörer emotional angesprochen werden und nicht nur kognitiv. Nein, es ist nicht nötig, dass Sie alle fünf Minuten einen Kalauer zum Besten geben. Doch Sie sollten Ihr Kreativitätszentrum aktivieren: Was können Sie tun, damit Sie Ihr Publikum bei der Stange halten? Was sorgt für Abwechslung und Kurzweile? Ich habe ein paar Anregungen für Sie gesammelt:

- Ein Impulsvortrag mit anschließender Diskussionsrunde.
- Ein Kamingespräch, bei dem die Fragen Ihres Publikums im Zentrum stehen.
- Bitten Sie Ihre Lektorin, einen Journalisten, einen Kollegen darum, dass er Sie auf der Bühne interviewt, und flechten Sie kurze Vorlesesequenzen ein.
- Wenn Sie einen Co-Autor haben, können Sie eine Art Doppel-Conférence abhalten, wie man das aus dem Kabarett kennt.
- Veranstalten Sie einen Miniworkshop, bei dem Sie Ihr Publikum einladen, ein paar im Buch beschriebene Übungen durchzuführen.
- Nutzen Sie die Vielfalt der Medien: PowerPoint, Flipchart, Musik, Videoeinspielungen – alles ist erlaubt, nur nicht die Langeweile!
- Erwecken Sie den Inhalt Ihres Buchs zum Leben:

  - Laden Sie Ihr Publikum auf eine Duftreise mit mitgebrachten Kräutern ein, um Ihr Kräuterbuch zu präsentieren.
  - Machen Sie einen Minikochkurs zu Ihrem Kochbuch.
  - Verwöhnen Sie Ihr Publikum mit süditalienischen Gerichten, um Ihren Reiseführer Süditalien vorzustellen.
  - Verteilen Sie vierblättrigen Klee bei Ihrer Glücksbuchlesung.
  - Bei der Präsentation Ihres Regenerationsratgebers fordern Sie Ihre Gäste auf, dass jeder seinem Nachbarn mit mitgebrachten Massagebällen den Nacken massiert.

Ich denke, Sie haben nun eine Idee, worauf es ankommt. Selbstverständlich haben Sie auch einen Büchertisch aufgestellt, damit Ihre Gäste auch gleich das Buch kaufen können. Falls vorhanden, hängen Sie Buchplakate auf oder stellen ein Roll-up neben sich auf die Bühne und legen auf jeden Sitzplatz einen Flyer.

Wenn Sie einen Verlag an Ihrer Seite haben, ist dieser normalerweise gerne bereit, Ihnen sowohl bei der Organisation als auch beim Abhalten Ihrer Präsentation behilflich zu sein. Oft vereinbart die Marketingabteilung des Verlags für Sie Termine in Buchhandlungen. Wenn Sie aber spezielle Ideen haben – etwa, weil Sie Ihr Buch über Baustoffe und Dämmmaterialien lieber in einem großen Baumarkt vorstellen wollen oder Ihren Kunstführer im Museum – nur zu: Verlage freuen sich immer, wenn ihre Autoren neue Rhythmen auf der Werbetrommel anschlagen, und werden im Rahmen ihres Budgets bestimmt gerne ihren Teil beitragen.

Buchhändler und Special-Interest-Shops

Sofern Sie selbst verlegen, wird Ihr Buch im stationären Buchhandel nur dann anzutreffen sein, wenn Sie sich persönlich darum kümmern. Bei Verlagen läuft das über den Verlagsvertrieb, der regelmäßig mit der Verlagsvorschau die Buchhandlungen abklappert und hoffentlich möglichst viele der Neuerscheinungen unterbringt. Außerdem ist das Buch bei den Barsortimentern – so nennt man die Großhändler in der Branche – gelagert, und das ist ein wesentlicher Punkt: Ein Buch, das dort gelagert wird, kann schnell und unkompliziert bestellt werden. Für einen Buchhändler ist das das A und O, denn Geschwindigkeit ist oberste Priorität in der ohnehin schwierigen Branche. Ein paar Tage Lieferzeit sind für einen Buchhändler, dem der große Internetriese mit A im Nacken sitzt, ein Wettbewerbsnachteil. Bei Verlagen ist das kein Problem, deren Bücher werden alle über Barsortimenter vertrieben. Wenn Sie über eine Selfpublishing-Plattform ver-öffentlichen, ebenso, denn auch sie sind bei den Barsortimentern im Lager zu finden.

Wenn Sie jedoch im Eigenverlag publizieren, kann das schon schwieriger werden, denn nicht alle Buchhändler bestellen gern beim Autor direkt. Es ist einfach zu viel Administrationsaufwand. Als Selbstverleger haben Sie es also nicht so leicht mit dem Buchhandel. Versuchen Sie, die Barsortimenter zu überzeugen, dann haben Sie gute Chancen, dass Ihr Buch im Einzelhandel verkauft wird. Die drei wichtigsten Großhändler in Deutschland sind

Umbreit, Libri und KNV, in Österreich vor allem Mohr Morawa und Pichler-ÖBZ, in der Schweiz wird der Zwischenhandel von SBZ dominiert.

Vermutlich werden Sie nicht die Zeit haben, jeden einzelnen Buchhändler im deutschsprachigen Raum zwischen Eisenkappl und Flensburg abzuklappern. Es ist jedoch eine gute Idee, den Radius einzugrenzen. Sprechen Sie mit den Buchhändlern

- in den Buchhandlungen im Umkreis Ihres Büros,
- der speziellen Fachbuchhandlungen, die sich auf Ihr Thema konzentrieren,
- der Buchhandlungen in einer Region, die besonderen Bedarf an Ihrem Buch haben.

Buchhändler sind grundsätzlich gerne bereit, auch Selfpublishing-Bücher in ihr Sortiment aufzunehmen. Die Zeitschrift „Der Selfpublisher" berichtete von einer Umfrage, die BoD, eine der großen Selfpublishing-Plattformen, und Indie Publishing 2016 starteten. Das erfreuliche Ergebnis: Fast alle Buchhändler bestellen auf Wunsch einen Selfpublishing-Titel. Entscheidend ist für die Hälfte der Händler die Verfügbarkeit über das Barsortiment. Drei Viertel gaben an, dass die gestalterische und inhaltliche Qualität ausschlaggebend dafür ist, ob sie einen solchen Titel verkaufen wollen oder nicht.

Schließlich wären da noch Geschäfte, die an und für sich gar nicht mit Büchern handeln, in denen jedoch Ihre Zielgruppe bevorzugt kauft: die Special-Interest-Shops. Ein Elternratgeber ist in Spielwarenhandlungen ebenso gut platziert wie in einem Fachgeschäft für Kinderwägen, Kinderkleidung oder Umstandsmode. Ein Ratgeber für die Musikerkarriere findet in jedem Musikfachgeschäft sein Publikum. Das Mentaltrainingsbuch im Sportladen. Auch das kann ein guter Weg für Sie sein, Absatz zu finden.

Was du sonst noch tun kannst

Vorverkauf und Aktionen

Der Startschuss für den Verkauf Ihres Buchs beginnt nicht erst mit dem Erscheinungstermin. Bereits ein paar Wochen davor können Sie den Vorverkauf ankurbeln. Geben Sie einen Hinweis auf der Startseite Ihrer Website mit Link auf die Verkaufsstelle Ihrer Wahl (den Onlineshop Ihres Verlags zum Beispiel). Legen Sie eine Liste an für alle, die im persönlichen Gespräch mit Ihnen sagen, dass Sie Interesse haben, und informieren Sie sie über den Startschuss des Verkaufs.

Manche Autorinnen und Autoren führen auch Gewinnspiele durch. Über ihr Blog und/oder die sozialen Medien stellen sie ihren Abonnenten eine Frage; die schnellsten, besten, originellsten Antworten oder auch das Los bestimmen dann den oder die Gewinner, die sich über ein Gratisbuch freuen dürfen, vielleicht kombiniert mit einer kleinen Zusatzleistung wie einer Coachingstunde. Beachten sollten Sie nur unbedingt die rechtlichen Bestimmungen, die einem Gewinnspiel zugrunde liegen.

Hinweise in der Signatur und auf Ihrer Korrespondenz

Einige Wochen vor dem Erscheinungstermin schreiben Sie einen Hinweis in die Signatur Ihrer E-Mails und in die Briefvorlage, die Sie für Rechnungen und andere Korrespondenz verwenden – selbstverständlich mit dem Hinweis, wo man Ihr Buch bereits vorbestellen kann. Und wer sagt, dass auf Ihrer Visitenkarte kein Platz für einen solchen Hinweis ist? Auf der Rückseite vielleicht. Oder anstelle der Zeile, in der sinnloserweise immer noch die Nummer Ihres Faxgerätes steht, das seit Jahren ohnehin keiner mehr angewählt hat.

Newsletter

Der gute alte Newsletter hält sich schon sehr lange und wird wohl auch weiterhin noch existieren. Informieren Sie auch Ihre Abonnentinnen und Abonnenten, um ihnen mitzuteilen, welch hilfreiches Buch bald erscheinen wird oder gerade erschienen ist, das ihre Probleme lösen wird.

Werbematerial

Praktisch sind Postkarten oder Lesezeichen, eventuell auch Flyer zum Buch, weil Sie sie immer in der Tasche haben können und sie so stets parat haben, falls Sie jemanden treffen, der Interesse an Ihrem Buch zeigt. Fragen Sie Ihren Verlag, möglicherweise ist er bereit, diese kleinen Helfer für Sie zu produzieren oder sich zumindest an den Kosten zu beteiligen.

Wenn Sie nicht nur eine Buchpräsentation, sondern eine ganze Lesereise planen, gefällt Ihnen vielleicht auch die Idee, ein Roll-up neben sich auf der Bühne stehen zu haben, das Ihren Auftritt in einen noch wirksameren Rahmen stellt. Generell kann man jedoch sagen, dass diese klassischen Werbemittel im Buchmarketing eine eher untergeordnete Rolle haben.

Löse dich von deinem Mantra „Ich kann nicht verkaufen"

Eines der wohl wunderbarsten Nebeneffekte meiner Tätigkeit ist, dass ich sehr viel lerne. Mit jedem Autor, der mich um Hilfe für sein Buch oder auch andere Texte bittet, habe ich die Ehre, in seine Wissenswelt einzutauchen. Um ihm Wege zu zeigen, wie er prägnanter und aussagekräftiger formulieren kann, muss ich sein Wissen gut verstehen und stelle daher viele Fragen. Und so kam es, dass ich vor vielen Jahren eine Art „Erweckungserlebnis" in Sachen Verkauf hatte, als ich Claus-Dieter Beck, einen Vertriebsprofi, beim Texten half. Bis zu diesem Zeitpunkt war ich überzeugt, dass ich nicht verkaufen könne, schon gar nicht meine eigenen Leistungen.

Was meine Meinung so sehr ins Wanken brachte, war vor allem seine Haltung und seine Definition von Akquise: Verkaufen heißt, sich für seine Kundinnen und Kunden ehrlich zu interessieren. „Was sind ihre aktuellen Themen? Worüber denken sie gerade nach? Welche Wünsche haben sie? Ich verkaufe keine Dienstleistung, sondern eine Wunschvorstellung: etwas, das ihnen Erleichterung bringt. Und ich will herausfinden, was das ist und wie ich das erfüllen kann", sagte er mir einmal in einem Interview, das Sie in meinem Blog nachlesen können.

> **Shortcut**
>
> Verkaufen heißt nichts anderes, als ein nettes Gespräch zu führen und zu signalisieren: Ich habe etwas, das dir vielleicht hilfreich ist!

Ein Verkaufsgespräch ist also nichts anderes als ein nettes Gespräch mit jemandem, für den man sich interessiert! Diese Erkenntnis hat in meinem Kopf einen großen Knoten gelöst. Vielleicht gelingt das in Ihrem Kopf auch. Falls nicht, kann ich Ihnen das Buch „Wir sind Verkauf!" von Gerhard Feiler und Gernot Krickl empfehlen. Die beiden Verkaufsprofis räumen darin mit den vielen Vorurteilen gegenüber dem Verkauf auf. Denn es sind in erster Linie unsere Vorurteile, mit denen wir uns selbst behindern. Wenn Sie beispielsweise jemand sind, der überzeugt ist, als Verkaufstalent müsse man rhetorisch begabt sein, sitzen Sie einem gehörigen Irrtum auf. Eine authentische Kommunikation, in der Sie sich so verhalten, wie es Ihrem Naturell entspricht, ist viel glaubwürdiger, sympathischer. Nur so können Sie wirklich eine Beziehung zu Ihrem Gegenüber aufbauen. Alles andere würde nur aalglatt und aufgesetzt wirken. Also stottern Sie ruhig herum – solange man Ihnen anmerkt, dass Sie von Ihrem Buch begeistert sind und überzeugt, dass es hilfreich ist, ist alles gut.

Ein weiterer hilfreicher Punkt: Es geht – entgegen aller Vorurteile – niemals darum, dass Sie irgendjemandem etwas andrehen müssen. Das ist eine ganz furchtbare Vorstellung, oder? Es geht vielmehr darum, dass Sie etwas haben, das dem anderen vielleicht hilfreich ist. Sie haben ein Buch geschrieben, das für andere von Nutzen ist – nicht umsonst haben Sie sich doch in der Konzeptphase ausführlich mit Zielgruppen, Lesernutzen und Markttauglichkeit beschäftigt! Also: Sie haben ein nützliches Buch geschrieben. Tun Sie den Menschen den Gefallen und erzählen Sie ihnen von Ihrem Buch. Sonst hat niemand eine Chance, in den Genuss dieses Nutzens zu kommen. Verkaufen ist kein egoistischer Akt, bei dem es darum geht, dass Sie Ihren Gewinn maximieren. Verkaufen ist vielmehr eine Begegnung auf Augenhöhe, bei dem am Ende beide etwas gewinnen. Im besten Fall ist der andere an Ihrem Buch interessiert und Sie freuen sich über einen gewonnenen Leser. Oder er ist nicht interessiert – dann haben Sie immer noch ein hoffentlich gutes Gespräch geführt und jemanden kennengelernt. Und es ist nicht gesagt, dass dieser Mensch nicht trotzdem am Abend seiner Tochter von Ihrem Buch erzählt und die begeistert in die nächste Buchhandlung läuft.

Wähle das für dich Passende

Außer diesen weiter oben vorgestellten Möglichkeiten zur Vermarktung und Promotion Ihres Buchs gibt es bestimmt noch viele andere Ideen. Wenn ich an das bereits erwähnte Buch des Amerikaners John Kremer mit dem Titel *1001 ways to market your book* denke, kann einem schon fast schwindlig werden. Doch ich glaube, Sie finden auch unter meinen Vorschlägen genug Anregungen, zumal sie nach pragmatischen Gesichtspunkten gewählt wurden: Was wirkt gut und ist realistisch umsetzbar?

Den Realismus sollten Sie nun auch walten lassen bei der Frage, was von alldem Sie nun umzusetzen gedenken. Denn alles werden Sie vielleicht nicht schaffen, ist vieles davon zwar nicht unbedingt kostenintensiv, doch auf jeden Fall zeitintensiv. Und es ist nicht nur der Zeitfaktor, der zählt. Nur Sie selbst können einschätzen, mit welchen Handlungen und Kanälen Sie am besten Ihr Publikum erreichen.

Ich freue mich immer sehr, wenn Autorinnen und Autoren begeistert die Werbemaschinerie anwerfen. Denn es gibt auch viele, die am liebsten gar nichts tun wollen, und das ist wohl das Schlechteste, was Sie Ihrem Buch antun können – und auch Ihren potenziellen Leserinnen und Lesern, die nie davon erfahren werden, dass Sie ein Buch geschrieben haben, das ihnen weiterhelfen würde. Zum Berufsbild einer Autorin gehört heutzutage nun einmal auch das Vermarkten dazu. Doch bleiben Sie auf dem Teppich. Wenn Sie sich zu viel auf einmal vornehmen, kann es passieren, dass am Ende gar nichts dabei herauskommt, weil Sie sich verzetteln oder nicht mit ganzem Herzen bei der Sache sind. Besser, Sie wählen nur wenige Aktionen und setzen sich aber voll dabei ein.

> **Shortcut**
>
> Bleiben Sie authentisch bei der Wahl Ihrer Marketinginstrumente, sonst büßen Sie Glaubwürdigkeit ein.

Wichtig ist für den Erfolg all Ihrer Maßnahmen außerdem, dass Sie rechtzeitig beginnen. Eine Website ist nicht in zwei Wochen fertig. Um eine ausreichend große Leserschar für Ihr Blog zu sammeln, sollten Sie bereits mehrere Monate vor dem Erscheinungsdatum zu bloggen beginnen. Dasselbe gilt für alle Social-Media-Kanäle. Und wenn Sie erst zum Zeitpunkt der Publikation damit beginnen, Medien und Journalisten zu recherchieren, verpassen Sie den besten aller Zeitpunkte, um auf Ihr Buch aufmerksam zu machen: die kurze Zeit rund um den Erscheinungstermin.

Auch den laufenden Aufwand sollten Sie im Auge behalten, hier ein paar Beispiele:

* Für eine neue Website können Sie Profis beauftragen: Werbegrafiker, Content-Texter, Programmierer. Doch das heißt nicht, dass Ihr Zeitaufwand sich auf wenige Stunden beschränkt. Abgesehen davon, dass es Zeit braucht, bis Sie die geeigneten Profis finden, die zu Ihnen passen, denken Sie bitte auch an den Abstimmungs-, Koordinations- und Entscheidungsaufwand, bis die Website dann endlich *on air* ist.

- Auf Social-Media-Plattformen genügt es nicht, wenn Sie sich alle paar Tage einmal um einen Eintrag bemühen. Facebook, Xing & Co wollen regelmäßig gefüttert werden, vor allem am Anfang, wenn es gilt, viele Follower zu generieren. Auch Fotos – nicht nur für Instagram und Pinterest; Fotos machen sich eigentlich auf allen Kanälen gut – wollen erst einmal gemacht werden, bevor Sie sie auf die Plattform stellen. Am besten, Sie fangen damit schon an, während Sie noch am Manuskript arbeiten.
- Ein Blog braucht erstens ein Konzept, zweitens eine Webpräsenz und drittens Content. Viel Content. Damit ein Blog überhaupt einmal wahrgenommen wird, reicht nicht ein einzelner Beitrag. Zum Zeitpunkt der Veröffentlichung sollten Sie bereits ein paar Beiträge online haben und möglichst mehrere auf Lager, damit Sie sie regelmäßig online stellen können. Sie müssen also mit ein paar Monaten Vorlaufzeit rechnen.
- Buchpräsentationen und Lesungen müssen rechtzeitig organisiert, Einladungen bereits Wochen vorher gestaltet, getextet und verschickt werden. Wenn Sie eine Lesereise planen, haben Sie auch die Reisezeit zu berücksichtigen.

Nicht zuletzt plädiere ich an dieser Stelle noch einmal für Authentizität. Verbiegen Sie sich nicht, versuchen Sie nicht, Menschen mit Mitteln zu überzeugen, die Ihnen nicht liegen. Wenn Sie der Horror plagt allein bei dem Gedanken, sich auf eine Bühne stellen zu müssen, wo hundert Augenpaare auf Sie gerichtet sind, dann lassen Sie es. Oder Sie lassen sich etwas einfallen, mit dem Ihre große Angst sich ausreichend bändigen lässt, sodass Sie sich trotzdem wohlfühlen – einen Interviewpartner mit auf die Bühne zu nehmen beispielsweise kann schon helfen.

Bücher sind – marketingtechnisch betrachtet – kurzlebig: Alles, was Sie in den ersten sechs Monaten nicht an Promotion geschafft haben, können Sie später kaum aufholen. Was nicht heißt, dass Sie nicht immer und immer wieder über Ihr Buch reden, es präsentieren und überall einbringen sollten, wann und wo es auch passt. Doch gerade die Ansprache von Journalistinnen und Journalisten wird schwieriger, wenn das Buch nicht mehr neu ist.

Schritt 10: Feiere gebührend die Geburt deines Buchs

Was Sie sich selbst und allen Beteiligten schuldig sind: Feiern Sie und freuen Sie sich, dass Sie es geschafft haben. Über die Möglichkeiten, rund um den Erscheinungstermin möglichst viele wissen zu lassen: Es gibt ein tolles, neues Buch!

Für den Schnellstart

1. Nutze die Kraft des Rituals, um den Abschluss des Schreibprozesses und die Geburt deines Buchs zu markieren.
2. Lasse dein Team und deine Mithelferinnen teilhaben an der Freude.
3. Feiere dich selbst und genieße den Erfolg!

Jedes Ende ist ein Anfang und braucht ein Ritual

Mein Vater war in seiner aktiven Zeit passionierter Bergsteiger. Ich weiß nicht genau, wie viele Gipfel er im Laufe seines Lebens bestiegen hat, ich weiß nur, es waren eine Menge. Die Erstbesteigung eines Siebentausenders im Himalaya war dabei und ein paar Sechs- und Fünftausender quer über den Erdball, von Südamerika über Afrika bis nach Russland. Die Alpengipfel kannte er selbstverständlich wie seine Westentasche. Jede dieser Besteigungen war nicht nur gefährlich und in hohem Maß anstrengend, sondern immer auch beglückend. Ich erinnere mich an viele Hüttenabende, an denen mit Gitarre und Gesang und dem einen oder anderen Schnäpschen ausgiebig gefeiert wurde. Man freute sich über den Erfolg, man dankte dem Schicksal für seine Gnade und überhaupt: Das Leben muss man feiern, erst recht, wenn man es ein paar Stunden zuvor riskiert hat.

Ein Buch zu schreiben ist ganz und gar ungefährlich, wenn man einmal von möglichen Bandscheibenproblemen und Sitzmuskellähmungen absieht. Trotzdem ist es ein Projekt, das es verdient, gefeiert zu werden. Denn anstrengend, da werden Sie mir bestimmt recht geben, war es allemal! Nun können Sie sagen: Projekt beendet, abgehakt, auf zur nächsten großen Herausforderung. Wen kümmert schon das Gestern, wenn am Horizont bereits das Morgen winkt? Vielleicht sind Sie auch einfach nur heilfroh, dass Sie alles überstanden haben, und schlagen die Hände über dem Kopf zusammen: Heureka, es ist vorbei, jetzt habe ich endlich Zeit für all die Dinge, die wegen des Buchs liegen geblieben sind! Also auf, auf, keine Zeit verlieren, es ist viel zu tun!

Falls ein Buch für Sie nichts weiter ist als eines der vielen Projektchen oder wenn Sie sich partout nicht davon überzeugen lassen wollen, dass man bestimmte Ereignisse im Leben feiern sollte, dann bitte. Lassen Sie sie ruhig verstreichen, die einmalige Gelegenheit, etwas Besonderes zu feiern: die Geburt Ihres womöglich ersten Buchs, Ihre Geburt als Autorin oder Autor. Sie sind nicht alleine mit Ihrer Eigenart, Erreichtes nicht gebührend zu würdigen. Die meisten Menschen in unseren Breitengraden neigen dazu, etwas Erreichtes in dem Moment hinter sich zu schieben, in dem es gerade eingetroffen ist.

> **Shortcut**
>
> Ihr Buch hat Sie Blut, Schweiß und Tränen gekostet. Feiern Sie es entsprechend mit einem Ritual.

Für den Fall jedoch, dass Sie sich von mir überzeugen lassen wollen – oder Sie ohnehin nie etwas anderes vorhatten, als dieses besondere Projekt zu feiern, dann freue ich mich. Etwas Erreichtes mit einem Ritual abzuschließen hat viele Vorteile, egal, ob Sie alleine feiern (weil Sie tatsächlich alles alleine gestemmt haben) oder ob Sie alle Beteiligten dazu einladen, von Ihrem Ehemann bis zur Grafikerin:

- Es motiviert Sie selbst und alle anderen auch.
- Es ist wertschätzend Ihnen selbst gegenüber – und die anderen Beteiligten freuen sich, weil ihr Anteil am Erfolg anerkannt wird, egal wie groß oder wie entscheidend er ist.
- Es stellt den Menschen in den Vordergrund, weil Sie signalisieren: Das Buch ist das manifestierte Ergebnis dessen, was wir alle zu leisten imstande sind. Und wir sind in der Lage, so zusammenzuarbeiten, dass etwas Tolles dabei herauskommt.
- Rituale geben Energie. Egal, ob Sie alleine oder gemeinsam mit anderen Ihren Erfolg feiern – Rituale tragen dazu bei, dass Emotionen Platz bekommen. Sie werden sich besser bewusst, was Sie geleistet haben, welchen Nutzen Sie bereiten. Und Ihre Vorfreude kann wachsen und die Aufregung, wie das Buch nun tatsächlich bei Ihrem Publikum ankommen wird.
- Rituale machen Sie frei für Neues. Indem Sie einen bewussten Punkt hinter die Sache setzen, schaffen Sie in Ihrem Gehirn Platz. Sie können die

viele Arbeit und vielleicht auch den einen oder anderen Ärger abhaken, sodass Sie bereit sind für neue Schandtaten!
- Und nicht zuletzt: Feiern bereitet Freude, zaubert ein Lächeln in die Gesichter der Menschen, setzt Endorphine frei, bringt einander näher (und sei es auch sich selbst gegenüber) und macht glücklich.

Feiere mit deinem Team

Mit anderen gemeinsam zu feiern, da denken Sie bestimmt als Erstes an ein gemeinsames Abendessen oder Ähnliches. Das ist auf jeden Fall eine feine Sache. Ich dachte, ich liefere Ihnen noch ein paar andere Ideen, damit Sie aus dem Vollen schöpfen können und so für weitere Ideen inspiriert werden. Denn vielleicht passt es viel besser, wenn Sie sich etwas Originelleres oder Besonderes einfallen lassen. Schon allein, dass Sie sich Gedanken machen und bereit sind für den Aufwand, ist schon ein Zeichen der Anerkennung gegenüber Ihrer Grafikerin, der Lektorin, dem Webprogrammierer, Ihren Testlesern oder wer auch immer dazu beigetragen hat, dass Ihr Buch entstehen konnte.

- **Ein Geste des Danks für jede einzelne beteiligte Person**
  Gemeinsam zu essen ist an sich eine feine Sache. Doch da geht noch was. Sagen Sie jeder Person einzeln Danke. Ein pauschales Danke in die Runde hat nicht einmal annähernd diese Wirkung, als wenn Sie jedem individuell ein paar wertschätzende Worte schenken.

  Lassen Sie sich für Ihren Grafiker, Ihre Lektorin, ihre beiden Testleser und die Ehefrau, die Ihre Nervosität kurz vor Abgabeschluss aushalten musste, etwas Persönliches einfallen. Nein, Sie überreichen ihnen nicht Ihr frisch gedrucktes Buch, falls es schon verfügbar ist. Das sollte eine Selbstverständlichkeit sein und keine Besonderheit! Vielmehr lassen Sie sich für jede Person etwas Individuelles einfallen, etwas, mit dem sie eine besondere Freude hat, oder etwas, das im Zusammenhang mit ihrem Beitrag steht. Das kann durchaus auch nur symbolischen Charakter haben und muss nicht teuer sein. Die Geschenke, die am meisten Freude bereiten, erkennt man nicht am Preisschild. Es sind vielmehr jene, bei denen der Beschenkte merkt, dass man sich Gedanken gemacht hat. Das kann für die Lektorin ein hübscher Rotstift und für den Grafiker ein kleiner Aquarellmalkasten sein – wenn dies mit den richtigen Worten überreicht wird, ist die Anerkennung gelungen!
- **Ein Besuch im Literaturmuseum oder einer Bibliothek**
  Sie finden Essen gehen langweilig? Dann möchten Sie Ihre Leute vielleicht zu einem kulturellen Genuss einladen. Vielleicht gibt es in Ihrer Nähe ein Literaturmuseum, das Sie gemeinsam besuchen wollen, oder auch die

Nationalbibliothek, die Führungen in ihre Prunkräume und zu den schönsten und ältesten und wertvollsten Büchern anbietet.

- **Ein gemeinsamer Ausflug**
  In Ihrem Buch geht es um die Wirkung der Natur auf den Menschen? Dann wäre doch eine Wanderung durch den Wald am Stadtrand passend. Ihr Buch handelt von zeitgenössischer Architektur? Eine Führung entlang interessanter Bauten, die Ihren Leuten auch in natura veranschaulicht, was sie da gelayoutet, lektoriert und testgelesen haben, findet bestimmt Anklang.
- **Eine themenbezogene Rätselrallye**
  Die Wanderung durch den Wald oder entlang architektonischer Besonderheiten können Sie auch anreichern, indem Sie sie mit einem launigen, nicht allzu streng gemeinten Ratespiel verknüpfen.

Feiere dich selbst

Als ich beim Überarbeiten meines Manuskripts fünf Tage vor dem Abgabetermin ächzend an dieser Stelle anlangte, schwor ich mir feierlich: Wenn ich es abgeliefert habe, mache ich zwei Tage blau. Ich werde mich nur einer einzigen Sache widmen: dem Nichtstun. Beine hochlegen, meinen armen Rücken entspannen, Löcher in den Himmel starren. Alles, was sich in den letzten Wochen an Arbeit aufgestaut hat, ganz lässig und ohne mit der Wimper zu zucken links liegen lassen. Vielleicht gönne ich mir auch einen Wellnesstag in der Therme. Mich vom warmen Wasser umarmen lassen, mir eine Hand- und Armmassage gönnen. Haben Sie das schon einmal versucht? Sollten Sie unbedingt probieren. Für Finger, die gerade den Mount Everest der schreibenden Zunft erklommen haben, eine Wohltat! Ich hoffe, dass ich das dann auch getan haben werde, wenn Sie nun beim Lesen an dieser Stelle sind.

Bücher schreiben kann man ganz alleine – daher kann man auch ganz alleine seinen Erfolg feiern, finde ich. Das sollten wir Autorinnen und Autoren unbedingt auch tun! Und zwar unabhängig davon, ob Sie auch mit Ihrem Team feiern oder nicht. Außer einem Wellnesstag hätte ich da auch noch ein paar andere Ideen.

- **Ein Tag nur für sich alleine**
Schon lange nicht am See gewesen? Oder auf dem Berg? Oder einen gemütlichen Einkaufsbummel in der Stadt gemacht, Eissalon- und
Kaffeehausbesuch inklusive? Gönnen Sie sich einen Tag Auszeit oder zwei,
am besten an einem Wochentag, damit die Auszeit auch etwas Besonderes
ist (da ist in der Therme auch nicht so viel los). Streichen Sie alle
Verpflichtungen, organisieren Sie einen Babysitter. Ich würde noch nicht
einmal meinem Mann sagen, wann er am Abend mit mir rechnen kann –
wer weiß schon, wie lange ich Lust habe, das zu tun, was ich an diesem
einen wunderbaren Tag alles anstellen möchte?

- **Einen langersehnten Wunsch erfüllen**
Wenn Sie sich schon lange die engelsblonde Prinzessin gewünscht haben,
die Sie zum Traualtar führen können, wird es schwierig, sich diesen Wunsch
gerade jetzt herbeizuzaubern. Mit einem Prinzen zu hohem Ross wird es
ähnlich sein, denn auch die gibt es nicht im Warenhaus und schon gar
nicht von der Stange. Aber es gibt vielleicht einen Wunsch, den zu erfüllen
Sie sich bisher nur nicht die Zeit genommen haben. Jetzt ist die
Gelegenheit gekommen.

Ein neues, besseres Rennrad? Chromteile fürs schicke Cabrio? Ein schönes Kleid? Schuhe von diesem Modelabel, das Sie sonst fast nicht zu kaufen
wagen? Ein besonders edles Schreibgerät? Ein Städtetrip? Ein Überfall in
die nächste Buchhandlung, weil Sie in den letzten Monaten sich solche
Vergnügungen verkniffen haben? Ich bin sicher, Sie haben schon eine Idee,
was das sein könnte. Ein Geschenk ist so viel wert wie die Liebe, mit der es
ausgesucht worden ist, heißt es. In diesem Sinne wünsche ich Ihnen viel
Selbstliebe, damit Sie das Richtige für sich wählen.

- **Wertschätzen Sie sich selbst**
Normalerweise fällt es uns leichter, andere zu loben als uns selbst. Doch Sie
können doch einmal eine Ausnahme machen! Erkennen Sie an, was Sie
vollbracht haben, indem Sie sich zum Beispiel bewusst machen, was Sie in
den letzten Monaten geleistet haben. Machen Sie es sich auf Ihrem Sofa
gemütlich, schnappen Sie sich Papier und Stift und lassen Sie Revue
passieren:
  - Wie zufrieden sind Sie mit dem Ergebnis? Hätten Sie zu Beginn gedacht,
    dass Sie über das Thema so viel Wissen und so viele Erfahrungen ange-
    sammelt haben?
  - Was haben Sie während des Schreibprozesses gelernt – inhaltlich und
    auch über sich selbst? Konnten Sie Ihr Schreib-Know-how ausweiten?
    Inwiefern?

- Weil man es sich nicht oft genug vor Augen halten kann: Welchen Nutzen bringen Sie Ihren Leserinnen und Lesern? Denken Sie auch an konkrete Personen – Kunden, Klientinnen, Patientinnen: Was werden die dank Ihres Buchs nun besser bewerkstelligen können? Wie genau wird es deren Leben erleichtern?
- Welchen Beitrag haben Sie nun zur Wissenscommunity geleistet? Welche besondere Sichtweise haben Sie hinzugefügt?
- Wie fühlt es sich an, nun Autorin bzw. Autor zu sein? Haben Sie diese Tatsache eigentlich schon so richtig verinnerlicht?
- Was wird sich nun für Sie ändern? Worauf freuen Sie sich am meisten: auf die Buchpräsentationen, auf die größere Beachtung im Fachkreis, auf das Erhöhen Ihres Honorars – oder etwas ganz anderes?

Eigenlob – so sehr viele von uns es als unerwünscht gelernt haben – ist wichtig: für unser Seelenheil und für die Karriere ebenfalls. Man muss es ja nicht so sehr übertreiben, dass man seine Heldentaten täglich jemandem auf die Nase bindet. Doch wer, wenn nicht Sie selbst, weiß schon, welchen Aufwand es bedeutet hat, Ihr Buch zu schreiben? Also tun Sie sich den Gefallen und wertschätzen Sie, was Sie in den letzten Monaten geleistet haben!

Literatur

Angelika Petrich-Hornetz: http://wirtschaftswetter.de

Askeljung G (2013a) BrainRead. Effizienter lesen – mehr behalten. Lesen wie die Schweden. Linde international, Wien, S 138–140

Askeljung G (2013b) BrainRead. Effizienter lesen – mehr behalten. Lesen wie die Schweden. Linde international, Wien, S 150–152

Axt-Gadermann M (2018) Schlank mit Darm Kochbuch: 100 Rezepte für eine gesunde Darmflora. Südwest Verlag, München

Berndt JC (2014) Die stärkste Marke sind Sie selbst! Schärfen Sie Ihr Profil mit Human Branding. Kösel, München, S 10

Bösel S, Bösel R (2010) Leih mir dein Ohr und ich schenk dir mein Herz. Wege zu einer glücklichen Liebesbeziehungen. Orac/Kremayr & Scheriau, Wien

Bösel S, Bösel R (2013) Warum haben Eltern keinen Beipackzettel? Über Risiken und Nebenwirkungen des emotionalen Erbes fragen Sie Ihre Partnerin oder Ihren Partner. Orac/Kremayr & Scheriau, Wien

Coyle D (2004) Sex, drugs & economics. Eine nicht alltägliche Einführung in die Wirtschaft. Campus, Frankfurt am Main

DeMarco T (1998) Der Termin. Ein Roman über Projektmanagement. Carl Hanser, München

Der Selfpublisher (2017) Jeder zweite Buchhändler führt Selfpublishing-Titel, Ausgabe 1/2017. Uschtrin Verlag, Inning am Ammersee, S 21

Enders G (2017) Darm mit Charme. Alles über ein unterschätztes Organ, Bd 10. Ullstein, Berlin

Epstein J (2001) Vom Geschäft mit Büchern. Midas, St. Gallen und Zürich, Vorwort

Feiler G, Krickl G (2017) Wir sind Verkauf! Die innere Haltung zählt: Wege zu mehr Selbstbewusstsein und Erfolg. Springer Gabler, Wiesbaden

Goleman D (1997) Emotionale Intelligenz. dtv, München

Grabs A, Bannour K (2018) Follow me!: Erfolgreiches Social Media Marketing mit Facebook, Instagram und Co, 5. Aufl. Galileo Press, Bonn

Gurschler S (2018) 111 Orte in Innsbruck, die man gesehen haben muss. Emons, Köln

https://www.campus.de/autoren/autoreninformation.html

https://www.tagesspiegel.de/wissen/beck-verlag-bestaetigt-plagiatsverdacht-zu-viel-wikipedia-in-historischem-sachbuch/9827068.html

Kastner H (2012) Schuldhaft. Täter und ihre Innenwelten. Kremayr & Scheriau, Wien

King S (2002a) Das Leben und das Schreiben. Heyne, München, S 82

King S (2002b) Das Leben und das Schreiben. Heyne, München, S 137

Kremer J (2016a) 1001 ways to market your books, real world edition: authors: how to sell more books, ebooks, multi-media books, audios, videos, white papers, and other information products in the real world. Open Horizons, Kindle Edition, Taos

Kremer J (2016b) 1001 ways to market your books, real world edition: Authors: how to sell more books, ebooks, multi-media books, audios, videos, white papers, and other information products in the real world. Open Horizons, Kindle Edition, Taos, S 63

Langer I, Schulz von Thun F, Tausch R (2002 Sich verständlich ausdrücken, 7. Aufl. E. Reinhard, München/Basel

Lencioni P (2017) Tod durch Meeting. Eine Leadership-Fabel zur Verbesserung Ihrer Besprechungskultur, 2. Aufl. Wiley-VCH, Weinheim

Lencioni P. Die 5 Dysfunktionen eines Teams, Tod durch Meeting, Der Vorteil u.v.a., alle erschienen bei Wiley-VCH, Weinheim

Lundin SC, Paul H, Christensen J (2001) Fish! Ein ungewöhnliches Motivationsbuch. Redline Wirtschaft, Frankfurt/Wien

Matting M (2019) Die Selfpublisherbibel. Autorenhandbuch für verlagsunabhängiges Publizieren. Independently published

Mestmäcker B. https://www.mehralstext.de

Münk K (2006) Und morgen bringe ich ihn um! Als Chefsekretärin im Top-Management. Eichborn, Frankfurt a. M.

Ölsböck N (2013) Mit Leichtigkeit. Sorgenfrei, fröhlich und unbeschwert leben. Goldegg Verlag

Ölsböck N (2019) Meine kleine Seelenwerkstatt. 50 hilfreiche Tools für Gelassenheit und Lebensfreude. Springer, Heidelberg

Pucher D. Akquise ist das falsche Wort. https://www.daniela-pucher.at/2014/05/akquise-ist-das-falsche-wort/. Zugegriffen am 05.04.2019

Raidl M (2018) Erbschleichen für Anfänger und mäßig Fortgeschrittene. BoD, Norderstedt

Schneider W (2001) Deutsch für Profis. Wege zu gutem Stil. Goldmann, München, S 91

Trey B, Gantt SP, Marchessault C (2005) Meetings that work: making common sense „common". In: Gantt SP, Agazarian YM (Hrsg) SCT in Action, iUniverse, New York/Lincoln/Shanghai, S 143–162

www.boersenblatt.net/titelschutz, Merkblatt des Börsenvereins, Zugegriffen am 01.04.2019

Und nun: Weiter auf der Karriereleiter?

Eine Schwalbe macht noch keinen Sommer

„Man sollte nie aufhören, das zu wiederholen, was Erfolg verspricht", sagte mein Kunde Emanuel Treu, seines Zeichens Songwriter für so einige Stars und Sternchen der deutschen Musikszene, als wir in einem unserer zahlreichen Gespräche beisammensaßen und an seinem Buch arbeiteten. „Ich schreibe einen Song, und noch bevor ich weiß, ob er ein Erfolg wird, schreibe ich schon am nächsten. Und so wiederhole ich immer wieder, wovon ich überzeugt bin, dass es mich weiterbringt. Und diese Vorgehensweise bringt mich auch tatsächlich weiter!" So steht es in seinem Buch – und so ähnlich steht es auch im Buch des Bestsellerautors M. J. DeMarco, *The millionaire fastlane*. DeMarco bringt das Beispiel eines Immobilieninvestors: Es ist gut, wenn jemand ein Einfamilienhaus aus einer Konkursversteigerung kauft und durch Vermietung Erträge erwirtschaftet. Doch besser ist es, dies öfter zu tun, etwa aus den Erträgen ein weiteres Haus zu kaufen und aus den Mieterträgen daraus wiederum weitere Häuser. In der Wirtschaft nennt man das „economies of scale" – Skaleneffekt: Je mehr man investiert, desto mehr Ertrag kann man

© Springer-Verlag GmbH Deutschland, ein Teil von Springer Nature 2019

D. Pucher, *Zur Sache, Experten!*, https://doi.org/10.1007/978-3-662-59224-3_4

erwirtschaften. Eine Frage der Risikostreuung ist es auch, denn wenn eine von einer Investition floppt, sieht es schlecht aus. Floppt hingegen eine von zehn, kann ich das besser verkraften.

Den Skaleneffekt können Sie in Ihre Überlegungen aufnehmen: Mit dem ersten Buch verschaffen Sie sich Zutritt zu Ihrem Publikum. Ein Teil dieses Publikums wird Sie vielleicht persönlich kontaktieren und möglicherweise sogar Kunde werden. Ein größerer Teil jedoch wird hoffentlich mit Wohlwollen Ihr Buch lesen, es vielleicht weiterempfehlen. Journalistinnen und Journalisten werden auf Sie aufmerksam. Dann vergehen ein paar Monate, ein Jahr geht vorüber – und Sie geraten in Vergessenheit. Auf dem Buchmarkt genießt man im Normalfall nicht sehr lange die Aufmerksamkeit der Öffentlichkeit.

Es sei denn, Sie bleiben dran und sorgen dafür, dass Sie weiter im Gespräch bleiben. Ein weiteres Buch wäre dafür bestens geeignet. Es würde Sie wieder in Erinnerung rufen und bei Ihrem Publikum die Wahrnehmung Ihrer Expertise weiter schärfen, weil Sie sich mit einem neuen Aspekt Ihres Kernthemas präsentieren. Oder vielleicht doch mit einem ganz anderen Thema? Nun, darüber sprechen wir gleich.

Wenn es Ihnen gut gelungen ist, eine funktionierende Marketingmaschinerie mit Ihrem ersten Buch aufzubauen, dann haben Sie bereits tolle Kanäle geschaffen und Kommunikationsmöglichkeiten mit Ihren Kundinnen und Lesern. Die erwarten oft ein weiteres Buch – tun Sie ihnen den Gefallen!

Pflege deinen Expertenstatus

Sie haben viel investiert, um Expertenstatus zu erlangen: Sie haben sich in Ihre Materie vertieft, Erfahrungen gesammelt, sich Ihre eigene Meinung gebildet, sich ständig auf den aktuellen Stand gebracht, vielleicht eine eigene Theorie oder ein Modell entwickelt. Sofern Sie selbstständig sind, haben Sie sich um Aufträge bemüht und darum, dass man Sie in Kundenkreisen als Spezialistin auf Ihrem Gebiet erkennt. Als Angestellte haben Sie dafür gesorgt, in Ihrer Expertinnenkarriere voranzukommen.

Nun sind Sie einen Schritt weiter gegangen, haben noch viele weitere hundert Stunden investiert und ein Buch geschrieben. Aus welchen persönlichen Gründen auch immer Sie dies getan haben – aus positionierungstaktischen Gründen war das in jedem Fall sehr klug: Wann auch immer ein Experte die Chance hat, durch eine spektakuläre Aktion bekannt zu werden, dann sollte er sie ergreifen, denn das stärkt den Status. Ein Buch zu publizieren ist so eine spektakuläre Aktion.

Dieser Status will nun am Leben erhalten werden – ach, was sage ich! Er will gehegt und gepflegt werden, denn von alleine bleibt er nicht. Positionierungsprofis sehen eine Reihe von Kriterien ausschlaggebend dafür, wie gut es gelingt, den Expertenstatus zu halten, zu festigen und weiter auszubauen. Elisabeth Schick empfiehlt beispielsweise in ihrem Buch "Der Ich-Faktor":

* Zeigen Sie Kontinuität. Die Idee ist, dass Sie Ihr Wissen, Ihre Stärken und Talente so lange an den Tag legen, dass andere sie als typisch für Sie erkennen. „Typisch Claudia", sagen sie dann, „jetzt hat sie schon wieder ein Buch über Nachhaltigkeit geschrieben". Sie bleiben dann gut in den Köpfen Ihrer Zielgruppe hängen, wenn Sie beim gleichen Thema bleiben und auch die Qualität halten. Eine Leserin, die Ihr zweites Buch liest und enttäuscht ist, weil sie sich nach dem ersten Buch deutlich mehr von Ihnen erwartet hat, wird Ihren Namen schnell wieder aus ihrem Gedächtnis löschen.
* Verhalten Sie sich erwartungskonform. Liefern Sie Ihrem Publikum das, was es erwartet, dann bleiben Sie bekannt. Sie dürfen die Erwartungen auch übertreffen, aber niemals untertreffen.
* Zeigen Sie ein klares Profil. Stellen Sie sicher, dass Sie von möglichst vielen Menschen gleich oder zumindest ähnlich wahrgenommen werden. Je einfacher Ihr Profil zu beschreiben ist, desto besser.

> **Shortcut**
>
> Zeigen Sie Kontinuität, indem Sie beim Thema bleiben. Damit schärfen Sie Ihr Profil und Ihre Positionierung als Experte.

Wenn Sie also an Ihr nächstes Buch denken, sollten Sie diese Punkte berücksichtigen. Schreiben Sie keinen Ratgeber für den Umgang mit Problemhunden, nachdem Sie ein Sachbuch zur Glücksforschung publiziert haben. Was sollen die Leute denken! Sie werden verwirrt sein: Wie jetzt? Felizitas Meier, die Glücksforscherin, schreibt etwas über Hunde? Ist sie jetzt Glücksforscherin oder Hundekennerin? Oder sie sind skeptisch: Als Glücksforscherin wird sie sich wohl nicht auch noch mit Hunden auskennen! Abgesehen von Ihrem Imageproblem haben Sie gleich noch ein weiteres am Hals: Das Zielpublikum, das sich für die Glücksforschung interessiert, ist ein anderes als jenes, das einen Problemhund besitzt. Mag schon sein, dass es eine kleine Schnittmenge gibt, doch groß aufbauen werden Sie darauf nicht können.

Doch lassen wir nun Gabriele Strodl-Sollak sprechen. Sie gibt Einblick in die Kunst des Positionierens und den Vorteil, den man mit einem Buch dabei hat.

Interview mit Gabriele Strodl-Sollak

Gabriele Strodl-Sollak ist PR- und Kommunikationsberaterin. Eines ihrer Spezialthemen ist die Positionierung von Menschen, die damit ihre Karriere vorantreiben wollen. Sie gibt uns einen tieferen Einblick in dieses Thema.

Liebe Gabriele, wie wichtig ist Positionierung für Expertinnen und Experten?

Mit der Positionierung erzähle ich ein Narrativ über mein berufliches Leben, meine Kompetenz. Entweder ich gestalte es aktiv oder ich lasse es geschehen. Wer sich für die aktive Variante entscheidet, spart sich in der Folge jede Menge Arbeit, weil der sogenannte Matthäus-Effekt[1] wirkt. Die Bekanntesten der Branche oder eines Themas werden immer wieder nachgefragt, egal ob es um die Plätze am Podium geht, um interessante Jobs, als Interviewpartnerin oder darum, ein Angebot zu legen. Wichtig zu wissen: Die Bekanntesten sind aber nicht unbedingt die Besten.

Positionierung ist auch nichts Neues. Denk doch mal, welche Bilder dir in den Kopf kommen, wenn du an Wolfgang Amadeus Mozart denkst. Wir denken an seinen Auftritt als Vierjähriger bei Maria Theresia, seine geniale und weltbekannte Musik und die vielen Reisen durch Europa, den Konflikt mit dem Erzbischof, die Affären mit seinen Frauen, seine derb-lustvolle Sprache und die mahnenden Briefe des Vaters. Wenn wir dem eine Headline geben, kommt wahrscheinlich heraus „lasterhaftes Genie". Und das wäre schon seine Positionierung.

Als PR-Agenturen haben wir das Thema Positionierung für einzelne Vorstände in den 1990er-Jahren in Österreich entdeckt. Inspiriert hat uns die Politkommunikation aus den USA, wo bereits mit diesen Konzepten gearbeitet wurde. Bei einem Dreiervorstand haben wir beispielsweise detailliert ausgearbeitet, wer sich zu welchen Themen wie und wo äußert und wer dazu sicher nichts sagen wird.

Das Kalkül dahinter: Mit einer klaren Positionierung wissen die Leute, wofür man steht. Es gibt eine Erwartungshaltung der Person gegenüber, man steigert den persönlichen Bekanntheitsgrad und noch dazu macht es sympathisch.

---

[1] Die Bezeichnung „Matthäus-Effekt" spielt an auf einen Satz aus dem Matthäus-Evangelium aus dem Gleichnis von den anvertrauten Talenten: „Denn wer da hat, dem wird gegeben, dass er die Fülle habe; wer aber nicht hat, dem wird auch das genommen, was er hat."

Man könnte auch sagen: Wozu so viel Kopfzerbrechen machen, ich tu einfach, was mir Spaß macht, dann ergibt sich die Positionierung ohnehin von alleine. Wie siehst du das?

Für manche Lebensphase ist das o.k. Dafür ist ja auch ein Gap-Year nach der Matura oder dem Studium sinnvoll. Manchmal beobachten wir das auch nach großen Lebensumbrüchen durch Scheidung, Krankheit oder einen anderen Verlust.

Wir sollten im Auge behalten, dass Positionierung immer stattfindet. Entweder ich gestalte das aktiv und sage: „Liebe Leute, so sollt ihr mich bitte sehen", und ich verstärke ganz bewusst einen Aspekt meines beruflichen Leistungsspektrums – oder aber ich lasse es zu, wie mich andere sehen, gehe in die Reaktion, finde es spannend, welche Anfragen an mich herangetragen werden, weil die Leute mir etwas Bestimmtes zutrauen. Gerade für Menschen, die Generalisten sind, ist es eine Verlockung, eine vermeintlich passive Rolle einzunehmen. Letztendlich entscheidet man dann doch, ob man ein Offert zu einer Anfrage legt, und das Leben hält oft wunderbare Begebenheiten bereit.

Allerdings gibt es eine Gefahr bei dieser Strategie: Man wartet darauf, „entdeckt" zu werden. Also dass der Prinz am weißen Ross dahergeritten kommt und einen mit eleganter Geste auf den Schimmel hebt und fortan reitet man gemeinsam ins Glück. Vor allem Frauen müssen sich da in Acht nehmen. Die Genderforschung spricht vom „Tiara-Syndrom", also Frauen, die ihre Arbeit gut machen und darauf hoffen, dass ihre Chefs darauf aufmerksam werden und als Dank ihnen eine Tiara auf den Kopf setzen, sprich eine freiwillige Gehaltserhöhung geben oder eine andere Form von Beförderung. Selten tritt dieser Fall im richtigen Leben ein, dafür werden Romane geschrieben …

Ein Sachbuch, so heißt es, ist die beste Visitenkarte, um die eigene Positionierung noch klarer und einem größeren Publikum bekannt zu machen. Was würdest du einer Expertin, einem Experten empfehlen, der ein Sachbuch schreiben möchte?

Klasse Sache. Wenn es um die Umsetzung geht, würde ich sie zu dir schicken. Dazu bräuchte es die Expertise, und wozu selbst viele leere Kilometer laufen, wenn man leichter zu einem besseren Ergebnis kommt?

Parallel zur Buchentwicklung empfehle ich das Marketing für das Buch zu planen. Sonst wird „das Baby" veröffentlicht und man kann sich die erste Auflage ins eigene Buchregal stellen oder an Familie und Freunde verschenken.

Mein Tipp: Überlegen Sie sich zwölf bis neun Monate davor: Wie generiere ich Bekanntheit und Reichweite? Welches ist meine Kommunikationsstrategie? Bin ich auf Social Media zu Hause oder baue ich dort während des Schreibejahres ein Netzwerk auf? Wie sieht die Webpage zum Buch aus? Publiziere ich Textausschnitte und Snippets, noch bevor das Buch erscheint? Informiere ich über meine Lesungen?

Bin ich eine Quasselstrippe und suche mir Auftrittsbühnen? Viele Verbände und Vereine laden ihre Mitglieder zu kostenlosen Veranstaltungen ein und laden gerne Referenten ein.

Ein weiterer strategischer Ansatz ist Medienarbeit: Welche Special-Interest-Medien und Publikumsmedien interessieren sich für mein Thema? Redaktionen müssen immer schnell zu Informationen kommen. Wer in der Redaktion als Expertin oder Experte bekannt ist, hat auch später die Chance auf ein Interview. Oder Sie bieten Ihre Expertise als Kolumne in Subthemen an …

Behalten Sie jedenfalls den langen Vorlauf für die Planung im Kopf. Selbst der Google-Algorithmus braucht etwas Zeit, um Ihre Webpage zu entdecken.

Man liest immer wieder, Authentizität sei ein zentraler Aspekt, andere sprechen von Glaubwürdigkeit, ohne die niemand in der Karriere weiterkommt. Wie siehst du das? Und wie hängt das mit der Positionierung zusammen?

Wenn wir uns Karrierebooster ansehen, dann geht es um die Bereiche Know-how, Kommunikation darüber, Netzwerke und Unternehmenskultur, in der ich tätig bin. Das Know-how ist immer die Essenz, die Basis und hat den größten Anteil an diesem Kuchen. Erst in der Folge geht es darum, über die eigene Kompetenz und das Know-how zu sprechen. Mit der Positionierung treffe ich eine Auswahl, nämlich welche meiner Kompetenzen ich in der Öffentlichkeit darstellen und zum Leuchten bringen möchte. Es ist vergleichbar mit einer Lupe, die sich auf einen Forschungsgegenstand richtet. Es ist mehr da, als der Ausschnitt, auf den ich fokussiere. Der Ausschnitt vergrößert sich in der Wahrnehmung, wird mehr. Bei der Positionierungsarbeit geht es um diesen Fokus. Das Bild mit der Lupe hat noch einen weiteren Aspekt. Wenn dann noch die Sonne hindurchstrahlt, beginnt sich der Gegenstand zu entzünden. So ist es auch mit der Positionierung. Sie brennen für Ihr Thema und es steckt jede Menge Kraft dahinter.

Überlegen Sie, wie erfolgreiche Unternehmerfamilien ihre Sprösslinge zum Kompetenzerwerb antreiben. Ich denke gerade an den Stanglwirt, *das* Fünf-Sterne-Wellnessresort in Westösterreich. Die Kinder bekommen eine Topausbildung und sammeln ihre erste Berufserfahrung in anderen Topunternehmen der Branche, bevor sie das eigene Unternehmen übernehmen.

Wenn eine Autorin nach dem ersten Buch ein zweites, vielleicht sogar drittes Buch schreiben möchte, liegt der Gedanke nahe, alle Bücher zum selben Themenkreis zu schreiben, um die Positionierung nicht zu verwässern. Gäbe es auch gute Argumente, die das Schreiben eines Buchs zu einem ganz anderen Thema sinnvoll machen?

Eine Positionierung ist keine Festlegung auf Lebenszeit. Wir entwickeln uns weiter und können mit der Lupe einen anderen Ausschnitt fokussieren, wenn wir auch dafür kompetent sind. Die Frage ist immer: Wie will ich von der Öffentlichkeit wahrgenommen werden? Ich gebe dir zwei unterschiedliche Beispiele:

Tatjana Lackner ist ein gutes Beispiel für die organische Weiterentwicklung eines Themas, in ihrem Fall die Kommunikation. In ihren ersten Büchern *Die Schule des Sprechens* und *Rede-Diät* hat sie sich mit der Verbesserung der persönlichen Sprache befasst, in ihrem mittlerweile sechsten Buch spannt sie den Bogen zur Kommunikation in der digitalen Gesellschaft. Sie bleibt also kontinuierlich an ihrem Kernthema dran.

Anders als bei Marcus Rafelsberger. Der gelernte Werbeprofi hat seine ersten Bücher, einen satirischen Roman und Kriminalromane, unter seinem bürgerlichen Namen veröffentlicht. Als er das Genre wechselte und zum Meister des Science-Thrillers mutierte (Blackout, Zero, Helix, Gier), entschied er sich zur Namensänderung auf Marc Elsberg, setzte also eine klare Zäsur mit der unmissverständlichen Botschaft: Ich habe mich neu erfunden. Mit dem Pseudonym erkennt die Leserschaft auch – bewusst oder unbewusst – den Wechsel in der Positionierung. Rafelsberger, das war der mit den Krimis, Elsberg, das ist jetzt der, der Science-Thriller schreibt. Auf der Metaebene betrachtet: Er hat sich entschieden, eine neue Autorenidentität anzunehmen.

Was würdest du, abseits vom Buchschreiben, einer Expertin noch empfehlen, was ihrer Karriere guttut? Womit kann sie noch ihre Expertise ins Rampenlicht stellen?

Wer die Beharrlichkeit an den Tag gelegt hat, ein Buch zu schreiben, also das eigene Know-how darzustellen, sollte in allen erdenklichen Formen kommunizieren und mutig in die Sichtbarkeit gehen. Für viele wird es bedeuten, die Komfortzone zu verlassen. Das Mantra könnte lauten: „Ich kann das. Ich bin mutig. Ich spreche oder schreibe darüber." Noch nie war es so leicht, mit dem Publikum über die sozialen Netzwerke direkt zu kommunizieren.

Als weiteren Schritt der zuvor angesprochenen Karrierebooster ist es nun an der Zeit, sich mit dem eigenen Netzwerk zu befassen.

Hast du eventuell eine skurrile/haarsträubende/unterhaltsame Geschichte aus deiner Erfahrung mit Kunden oder deinen Seminarteilnehmerinnen zu erzählen?

Bei meiner Ausbildung zur systemischen Organisationsentwicklung sagte Prof. Fritz W. Simon gerne: „Wer immer ganz offen ist, ist nicht ganz dicht." Und dieser Satz fällt mir ein zu einer Vorstellungsrunde, als ich ein Gender & Diversity-Seminar hielt.

Die Aufgabe war, etwas über die eigene Person zu sagen und was man mit dem Thema Gender & Diversity verbindet. Der zweite Teilnehmer, ein kompetenter Texter, ergriff das Wort und erzählte munter darauflos, dass er eigentlich homosexuell wäre, aber im Laufe der letzten Jahre bemerkt hätte, er wäre wohl mehr bisexuell. Es hat nicht lange gedauert, und ich habe dann eingegriffen, auch um ihn vor sich selbst zu schützen. Schließlich war es ein Seminar und keine Supervisionsgruppe. Er hatte sich ungewollt zur Schau gestellt und von seiner Kompetenz abgelenkt. Vorstellrunden in offenen Seminaren sind auch geeignet, einen Elevator-Pitch zu halten. Mir fällt bei Vorstellungsrunden oft auf, dass viele über sich in negativer Art und Weise sprechen, oft auch in Nebenbemerkungen, die in der Plenumsrunde durchaus wahrgenommen werden.

Gabriele Strodl-Sollak, MA, ist Inhaberin von Sollak Kommunikationsarchitekten. Sie trainiert und coacht zu einem breiten Spektrum von Kommunikationsthemen. Dazu zählen Positionierung, Public Relations und Führung. 2016 wurde sie mit dem BEST Practice Award des Public Relations Verbands Austria ausgezeichnet. www.sollak.at

Mach dir einen Namen mit deinem Namen

Der österreichische Kabarettist Günther Paal alias Gunkl tingelte eine Zeit lang als „Experte für eh alles" durch die Lande. Als Meister der Schachtelsätze schaffte er es, alles, aber auch wirklich alles wunderbar kompliziert und gleichzeitig überspitzt vorzutragen. Ob Mondlandung, Wirtschaftskrise oder Inkontinenz, er wusste über alles Bescheid. Sogar über die Unlogik des Kasperltheaters hat er sich den Kopf zerbrochen.

Tatjana Lackner, die Gabriele Strodl-Sollak im Interview erwähnt, ist der Meinung, sie habe ein Unternehmen aufgebaut, das sich mit einem bestimmten Thema beschäftige, und das gedenke sie weiterhin zu bedienen. Sonst wäre es schade um die Mühe des Aufbauens. Das ist ein gutes Argument. Natürlich haben wir aber auch die Möglichkeit, uns immer wieder neu zu erfinden. Wie gut Sie Ihre alte Reputation für Ihre neue Positionierung nutzen können werden, das ist eine andere, wenn auch nicht unlösbare Frage. Der Markt mag Schubladen jedenfalls sehr gerne.

Dennoch gibt es auch andere Konzepte für Sachbuchautorinnen und -autoren. Denn vielleicht haben Sie schlicht keine Lust, immer nur beim selben Thema zu bleiben, aber dennoch große Lust, weitere Bücher zu schreiben. Dann lassen Sie sich bitte nicht aufhalten. Schreiben Sie über Astronomie und die deutsche Sprache, über das Glück der kleinen Dinge und das Revival des Rumtopfansetzens. Nur zu!

Da wäre höchstens eine Sache, der Sie sich annehmen könnten: Eine gemeinsame Klammer sollten Sie finden, das wäre von großem Vorteil. Dann können Sie Ihr Hobby oder andere Interessen als weitere Buchthemen aufs Podest stellen. Matthias Matting, Autor der „Selfpublisherbibel" und umtriebiger Ansprechpartner für alle Selfpublisher und Indie-Autoren, hat es so gemacht.

Zusätzlich zu seiner „Selfpublisherbibel", die er regelmäßig überarbeitet und neu auflegt, schreibt er Sachbücher über Astronomie und unter einem Pseudonym auch noch Science Fiction. So ist er der Selfpublishing-Experte mit Liebe zur Science Fiction, Astronomie und Quantenphysik geworden. Macht ihn das unglaubwürdig? Nein. Er hat gleich zwei gemeinsame Klammern, die seine Themen zusammenhalten: Die Astronomie verbindet seine Sachbücher mit den SciFi-Romanen. Und über Selfpublishing spricht er nicht nur, sondern lebt es auch. Selbstverständlich sind alle seine Bücher selbst verlegt.

In einem Beratungsgespräch hatte ich kürzlich die Herausforderung, eine gemeinsame Klammer zu finden für einen Unternehmensberater mit Schwerpunkt Veränderungsmanagement, der kürzlich sein erstes literarisches Werk veröffentlicht hat. Um seinen Roman zu bewerben, stellte er ihn auf seiner Unternehmerwebsite vor – und erntete prompt Erstaunen und Irritation bei seinen Kunden. Es erfordert ein sehr sorgfältiges Kommunizieren, um den Kunden den Zusammenhang begreiflich zu machen, und dafür brauchen Sie ein noch intensiveres Selbstbild, um eine Klammer finden zu können. Bei meinem Kunden fiel mir seine spezielle Wortwahl auf. Er betrachtet alle Geschehnisse immer in Szenenabschnitten. Er spricht nie von To-do-Listen, sondern vom Tagesdesign, bringt Probleme auf die Bühne und inszeniert Erfolge. Wenn er Dinge erklärt, kommt er sofort ins Erzählen, und diese Geschichten haben eine auffällige, spontane Lebhaftigkeit. Sein ganzer Körper beginnt dabei zu erzählen. Kein Wunder, war er doch früher einige Jahre Schauspieler gewesen. Und so brachte uns sein unkonventioneller Lebenslauf schließlich zur Lösung: der Unternehmensberater mit dem Künstler-Gen. Seine Spezialität ist es, schwierige Situationen seiner Kunden in eine andere, spielerische Welt zu transponieren, sodass Probleme in einem anderen Licht sichtbar werden. Dass er das literarische Schreiben zu seinem zweiten Standbein gemacht hat, ist so betrachtet nur logisch und passt gut dazu.

Selbst Autorinnen, die Bücher zu offensichtlich sehr unterschiedlichen Themen schreiben, haben eine Art roten Faden, der sich durch alle Publikationen zieht. Die Bestsellerautorin Meike Winnemuth beispielsweise schrieb zuerst über ihre Weltreise, dann veröffentlichte sie ihre besten Blogbeiträge über Alltagsbetrachtungen, um schließlich ein Buch übers Gärtnern zu verfassen. Der rote Faden? Winnemuth schreibt über Selbstversuche verschiedener Art – ein Jahr um die Welt reisen, ein Jahr gärtnern, ein Jahr immer dasselbe blaue Kleid tragen – mit einer großen Portion Augenzwinkern und Selbstironie. Ich würde sagen, sie beobachtet sich selbst, wie sie zu sich selbst findet, und hält so ihren Leserinnen und Lesern einen Spiegel vor die Nase.

Ähnlich bei Andreas Salcher, einem der erfolgreichsten Sachbuchautoren Österreichs: Er schreibt Bücher über das Bildungssystem, psychische

Verletzungen, das Sterben, darüber, wie wir mit unserer Welt umgehen, Freundschaft, sogar mit der Kirche hat er sich beschäftigt. Der gemeinsame Nenner all dieser Bücher? „Von der Unachtsamkeit gegenüber dem Talent jedes Einzelnen: Über die Unachtsamkeit im Umgang miteinander bis zur größtmöglichen Unachtsamkeit, derjenigen gegenüber unserem eigenen Leben" schreibt er selbst auf seiner Website.

Beide haben gemeinsam, dass sie bereits einen gewissen Bekanntheitsgrad erreicht haben – Winnemuth als Journalistin und Bloggerin und Salcher als Politiker. „Ab dem Moment, wo du als Person Kult bist, kannst du über alles schreiben", sagt Gabriele Strodl-Sollak. Kritik ist dabei nicht ausgeschlossen. Wer viele verschiedene Themen beackert, muss sich gefallen lassen, als Besserwisser und Einmischer gesehen zu werden. Doch jedem kann man es ohnehin nicht recht machen, nicht wahr? Noch etwas müssen Sie sich gefallen lassen: dass man Sie mit Ihrem früheren Buchthema konfrontiert, das Sie gar nicht mehr so interessiert. Doch man kann damit ziemlich gelassen umgehen, Meike Winnemuth macht es vor. „Zur Urlaubszeit rufen immer noch Frühstücksradioredaktionen an, ob ich nicht morgen um viertel vor sieben live on air fünf super Kofferpacktipps geben könne", schreibt sie in ihrem Gartenbuch. „Nee, sage ich, tut mir leid. Mal abgesehen davon, dass ich zu der Zeit keinen geraden Satz rausbringe: Ich bin längst woanders."

Wenn Sie also an chronischer Neugierde leiden und Sie so vieles interessiert, sollten Sie zumindest zwei Ingredienzen in den Topf werfen: Leidenschaft und eine zentrale Botschaft. Wenn Sie es auch noch zu einer größeren Fangemeinde bringen, dann haben Sie es geschafft.

> **Shortcut**
>
> Wenn Sie über verschiedene Themen schreiben wollen:
> 1. Folgen Sie Ihrer Leidenschaft.
> 2. Finden Sie eine zentrale Botschaft.
> 3. Bauen Sie eine große Fangemeinde auf.

Noch eine Art von gemeinsamer Klammer bietet sich an: Positionieren Sie sich mit einer bestimmten Darstellungsart. Ein Beispiel: Sie sind Pädagogin mit Leib und Seele und schreiben ein Sachbuch über das Mittelalter – in Geschichten verpackt und so aufbereitet, dass Jugendliche Ihnen attestieren: Cool, diese Lehrerin! In genau derselben Weise können Sie nun Bücher über die Antarktis, Makroökonomie oder Literaturgeschichte schreiben. Ihre jungen Leserinnen und Leser werden jedes Ihrer Bücher gerne auf ihrem Kindle oder Handy lesen.

Ihren USP behalten Sie bei, obwohl Sie dauernd das Thema wechseln, denn: Sie sind die coole Lehrerin, die sogar Algebra witzig erklären kann.

Wie heißt dein nächstes Buch?

Die Self-Branding-Expertin Petra Wüst erklärt uns in ihrem Buch *Profil macht Karriere*, worauf es ankommt. Für die Positionierung, so meint sie, sollten wir nicht nur solide Leistungen im Kerngeschäft liefern, denn das ist eigentlich selbstverständlich. Damit ragen wir noch lange nicht heraus aus der Masse. Wir müssen schon etwas mit Mehrwert tun, uns über das normale Maß hinaus engagieren, wie etwa Arbeitsprozesse kontinuierlich verbessern oder andere Dinge tun, die einen zusätzlichen Mehrwert bringen. Und wir sollen Heldentaten vollbringen.

Heldentaten haben die Eigenart, Menschen zu verblüffen, ihnen ein „Wow" zu entlocken. Sie sind Leistungen, die niemand von Ihnen fordern oder erwarten wird. Und sie haben noch eine Eigenheit, der man kaum widerstehen kann: Heldentaten werden weitererzählt. Willkommen im Empfehlungsmarketing!

Seien wir uns ehrlich: Was gibt es für eine schönere Heldentat, als ein weiteres Buch zu schreiben? Ihr erstes Buch haben Sie ja nun bereits publiziert, und das heißt nichts anderes als: Sie haben das Zeug dazu! Den ersten Wow-Effekt haben Sie bereits ausgelöst. Nun, mit einem weiteren Buch, können Sie diesen Effekt wiederholen. Kurz gesagt, Sie brauchen ein neues Thema, und dazu habe ich ein paar Anregungen für Sie:

Wenn Sie in derselben Themenwelt bleiben wollen:

- Werfen Sie einen Blick auf Ihre Notizen, die Sie bei der Themenfindung Ihres ersten Buchs gemacht haben. Ich hoffe, Sie haben sie nicht weggeworfen! Ein Blick in diese vielen Ideen kann Ihnen in Erinnerung rufen, was Sie noch alles schreiben wollten, es aber aus taktischen und auch praktischen Gründen nicht getan haben.
- Vielleicht hatten Sie ursprünglich eine viel zu umfangreiche Idee und Sie sind meiner Empfehlung gefolgt und haben Ihr Buch nur einem Teilaspekt gewidmet. Nun ist es an der Zeit, sich um einen weiteren Teilaspekt zu kümmern.
- Ihr erstes Buch war mehr theoretisch oder philosophisch? Es könnte nun ein Praxisbuch folgen.
- Gibt es ein Kapitel in Ihrem ersten Buch, über das sich ein ganzes Buch schreiben lässt, weil das Thema so wichtig ist?

- Schreiben Sie über dasselbe Thema, aber aus einer konträren Perspektive.

Wenn Sie Lust auf Neues haben:

- Wo liegt Ihre Leidenschaft? Über welche Themen lesen Sie gern und in welche haben Sie sich schon vertieft?
- Betrachten Sie Ihr Hobby: Was fasziniert Sie daran am meisten? Ist dies geeignet, ein Buch daraus zu machen?
- Lebensthemen und Lebensstationen sind wunderbare Quellen für prospektive Bücher. Von der schwierigen Geburt von Drillingen bis zum Auswandern in ein exotisches Land gibt es viel Spannendes, Trauriges, Schönes und Außergewöhnliches, das sich in einem Buch verwerten lässt. Doch denken Sie dabei bitte an den Mehrwert, den Sie Ihren Leserinnen und Lesern liefern sollten. Daher sind zwei Fragen entscheidend: Hat das Thema genug Potenzial für eine größere Leserschaft? Kreativität ist hier gefragt, um es markttauglich zu machen (aber das wissen Sie ja bereits, seit Sie „Schritt 2" gelesen haben). Und Frage 2: Sind Sie bereit, sich ausreichend in die Materie zu vertiefen? Sie wollen schließlich nicht einfach nur Ihr Tagebuch veröffentlichen, nicht wahr?
- Werfen Sie einen Blick auf gesellschaftliche oder politische Entwicklungen. Vielleicht sind Sie auch sozial engagiert. Bücher, die den Menschen einen Spiegel vorsetzen, sind immer wertvoll.

Nun, wie sieht es aus? Haben Sie schon eine Idee? Dann wissen Sie, was nun als Nächstes folgt: Blättern Sie vor zu Schritt 1 in diesem Buch und machen Sie sich startklar für Ihr nächstes Abenteuer. Ich wünsche Ihnen gutes Gelingen und viel Freude am Buchschreiben!

„Solange ein Mensch ein Buch schreibt, kann er nicht unglücklich sein."
Jean Paul (1763–1825) deutscher Dichter, Publizist und Pädagoge

Literatur

DeMarco MJ (2011) The millionaire fastlane. Crack the code to wealth and life rich for a lifetime! Viperion Corporation, Phoenix, S 248–249

Matting M (2019) Die Selfpublisherbibel. Autorenhandbuch für verlagsunabhängiges Publizieren. Independently published

Schick E (2010) Der Ich-Faktor. Erfolgreich durch Selbstmarketing. Carl Hanser, München, S 76–99

Treu E (2018) Songwriting Cashflow. Sieben Schritte, um mit deinen Songs richtig Kohle zu scheffeln. Eigenverlag, Wien, S 82–83

Winnemuth M (2019a) Das große Los. Wie ich bei Günther Jauch eine halbe Million gewann und einfach losfuhr (Knaus 2013), Um es kurz zu machen. Über das unverschämte Glück, auf der Welt zu sein (Knaus 2015), Bin im Garten. Ein Jahr wachsen und wachsen lassen. Penguin, München

Winnemuth M (2019b) Bin im Garten. Ein Jahr wachsen und wachsen lassen. Penguin, München, S 6

Wüst P (2015) Profil macht Karriere. Mit Self Branding zum beruflichen Erfolg. Orell Füssli, Zürich, S 120–125